U0162940

上海老味道续集

沈嘉禄 著

沈嘉荣 绘

上海文化出版社

目录

淞沪风物

浦江帆影

妈妈味道

微醺絮语

序

　　嘉禄的《上海老味道续集》要出版了，邀我写些文字增添一点家庭气氛，共同温习一下早年在崇德路旧居那一方陋室里手足相抵的兄弟情趣。我很高兴地答应了。

　　如今确实生活好了，不用担心忍饥挨饿，咸菜汤淘饭的窘迫也渐渐淡忘，倒是翻翻日历，总想找出一个聚餐的理由，"呼儿将出换美酒"，不为消愁为无愁；随后把菜谱拿来装模作样地点兵遣将，真的菜盘子上了桌，花团锦簇，不心疼费用，只心疼自己怎么老已将至才尝到这份生活的滋味？其实没有多少人热衷于当美食家，也当不了美食家，对佳肴的品鉴和研究绝不是一件容易的事。之所以有这样对佳肴的热情追逐和感慨，还是因为心存感恩，没有祖国的强大，何有今日的饮馔之欢？

　　饮食对寻常百姓来说是件大事，一日三餐与健康相随、与心情相随、与生命相随。吃得饱了就想吃好，吃得好了又想吃出味道来。这怕是人在吃上面的心理轨迹。嘉禄的《上海老味道》及续集该就是踩着了这条轨迹，于是频频触动读者记忆，唤醒味蕾回归，与嘉禄的美文一起举杯欢呼。

　　上海是个大都市，百川纳海，精英荟萃。不但是在现代工业、现代科学、现代金融诸多领域，即便饮食也是包罗万象，佳肴纷呈。许多游客乐意来上海旅游，就奔着能在这里品尝到各地的风味，似乎吃遍上海大小饭店也就等同吃遍了全中国。这话有点道理，可是吃个遍、吃得好了，没有吃出味道，感觉还停留在物质层面。

嘉禄书中写的味道，指的是隐含于"食"的世故人情，是溪流一般激荡在襟怀的文化渊源。我们兄弟几个自小在石库门长大，门庭清寒，饮食简单，肉味难得一闻，哪敢奢望山珍海味？但还是让我们留恋那段清苦，跟随在母亲身后腌咸白菜、晒面饼做酱、过年磨糯米粉包汤团……都是极大的快乐。后来我和嘉荣分别在十九岁的时候走出家门，我去了新疆，嘉荣去了青岛，蹉跎岁月四十年，我退休后把户口迁回故里买下住宅，但不敢自称上海人。上海已很陌生，不只是她突飞猛进的变化，即便是被遗忘的角落也经不起时光脚步的踩踏。嘉禄一直在上海，在父母身边伺奉最久，享受的恩爱呵护也最多，也在那条弄堂里留守时间最长，墙门外挑担小贩的叫卖声、路边小摊青紫的炊烟、过街菜农披着晨曦的身影……都陪伴着他长大成人。他和大上海融为一体，他和街坊邻居同滋共味。上海像一棵梧桐栽进他的心里，随秋落叶、逢春爆绿，常有新的发现，绵长他对这座大都市的感悟。

他的作家生涯是从小说创作开始的，他的小说写活了市井人家。凭借着对生活的敏感和积累，他用细腻灵动的笔触勾画出上海市民的原生态、他们的艰涩步履和执着念想。他的小说里有青春闪光，也有理想主义的飞扬，因为他善良。

后来他写起散文来了，老家具、紫砂壶、字画、古玩乃至江南园林，琳琅满目，不过他最用情的似乎还是美食。"食色，性也"，"食"是民众百姓的一件大事，也是平时阅读首选的重要一项。如今进入网络时代，网络改变了人们长期养成的阅读心理和阅读习惯。人们在快节奏的行进间隙里阅读，希望能获取更多更直接的生活信息，并且不再是被动接受，而是要进入作家的创作，分享及对话，点赞或吐槽。交流很便捷，传播很迅捷，一个全新的书读关系已经形成，而散文是最适合这种关系的体裁。嘉禄将热情投入美食随笔，是与时俱进。

嘉禄的美食散文获得很大的阅读量，集子频繁出版、再版，读者不厌其读。那是嘉禄把写作当作了交友，坦诚方可待客，平易才能近人。他是美食家而自谓是个"吃货"，幽读者一默，大家会心一笑，彼此彼此，继续就没有了障碍。嘉禄的文章总会自然而然地写到旧时旧事，草根百姓的饭桌碗底，几分回味就有几分清苦，这是不可回避的集体记忆。说起来几乎都曾经历，读别人也在读自己。于是老味道才能被收藏起来，且行且珍惜。他在文章里还时常扮演起厨师（从不曾以大厨自诩）的角色，很亲和地讲解一道民间佳肴的前身后世，他不忘引证据典，穿插掌故轶事，把这道菜装点得分外妖娆，既撩拨得人食欲大开，也使人迫不及待蹿进厨房跃跃欲试。因为被他点名的菜肴具有一定的可操作性，并在可实现的范围之内。

嘉禄把美食写成了美文。他的此类文章写得很有情趣，以情趣胜。中华民族文化就是诗性文化，亲情爱情友情是我们百姓交往和抱团取暖的重要凝聚力，也是宴席上一道最堪回味的人生佳肴。高楼伟屋再轩昂，抵不过我们草根对破旧石库门的眷念，那里的情感之草，"野火烧不尽，春风吹又生"，嘉禄的散文似乎也是那一缕春风。当他讲到他的那些吃货朋友、那些大厨同志，还有那些孕育民间农家乐的山村水乡，都情不自禁地眉飞色舞，音量都增高几倍——不，说错了，是文字格外精彩。

　　嘉禄的文字很美，似乎是信手拈来，随意写出，可是颇含机巧，有古典式齐整的抒情诗句、有上海人熟知的切口俗语，也有时尚的网络语言，各就各位，严丝合缝。写到忘情处，他就凑个热闹为中国大妈跳街舞叫声好喝个彩，蓦然回首，却又寻见他二十四桥明月夜在那里独自吹箫。感性之热和理性之冷交迭穿梭，使文思起伏有致，宛如一桌佳肴，冷盘热炒，令各位读者美餐一顿，难忘这一读。

沈贻伟

2020年早春

江南水色

李白
古郎
月竹
詩
之

心陰
嘉榮作

江南水色，中秋佳味

现在商家重视包装，月饼盒子也做得十分精美，创意迭出，佳构妙制，令人作买椟还珠之想。去年留了几个，放瓷片、印章、颜料、扇骨正好。眼睛一眨，今年中秋节又到了！明月几时有，把酒问青天。不知今年月饼，又有多少花头！

上海老男人都说小时候吃过的苏式小百果、小苔条味道最好，这几乎成为一种信念。老味道之所以令人怀想，一半缘于彼时体内脂肪薄瘠，一半凭借时间慢慢沉淀。一位英国作家说过：过去的时光都是美好的。美好的想象和落空的小确幸，不经意为往事罩上一层金色光芒，于是，外婆红烧肉就占据了餐桌C位。

长大后吃到新雅的玫瑰细沙、奶油椰蓉和杏花楼的上等五仁，方知天外有天，小街南货店里酥皮斑驳的小月饼不能望其项背。但老男人聊天时一提到它俩，仍然激动得哇哇大叫。风水轮流转，作为"国民记忆"的五仁月饼近来常被吐槽，叫人很生气。做一款五仁月饼有多烦你知道吗？光是将上好的果仁、瓜仁召集拢来就是一项大工程。再说舌尖享受，层层递进，惊喜连连，中老年粉丝对它不离不弃，亦是对匠人精神的礼赞。本人跻身"糖友"队伍后不敢为所欲为，但月圆之时还是要尝一小块五仁，否则就不好意思举头望明月啦。

上等五仁"饼老珠黄"，说明喜新厌旧是年轻消费者的习性，而物质供应的充裕也容易把人宠坏。近年来市场竞争激烈，月饼花头翻得也真快，无论传统媒体还是网络平台，都将一年一度的"月饼秀"当作重要新闻来张扬，从小龙虾到芝士培根，从腌笃鲜到流心奶黄，载歌载舞，彩云追月，但聚焦多在馅心，饼皮不大有人提及。其实，馅心与饼皮君臣佐使，方能成就一款丰腴华滋的节令美食。现在月饼新秀的馅心大多出自珍馐佳肴，与饼皮一起入口是否更加好吃，吃过才晓得。今年我吃到一款手作月饼，饼皮分一酥一软两种，馅心也是双拼，栗子与豆沙、绿豆与老香黄（佛手）的组合，形态优美，轮廓清晰，格调清雅，味道隽永，真诚地诠释了月饼的本质。

中国人喜欢通过咀嚼某些食物来纪念一个节日或时令，这是农耕文明代代相传的文化指令。在市场繁荣的美好期待中，刺激消费、拉动内需仍然符合广大群众的意愿，所以我们心里要有谱，除了月饼，秋高气爽之际还有许多风味值得领略。

比如毛豆、芋艿，盐水一煮，最能体味时蔬的清香软糯。毛豆以"牛踏扁"为佳，香糯软绵胜出同类多多。糖芋艿现在不大有人吃了，过去是老阿奶的专利。芋艿籽煮至半熟后剥皮，回锅煮至酥而不烂，加红糖提味上色，装碗后再浇一小勺糖桂花。老阿奶郑重其事地端到小孙子面前，脸上的每一条皱纹似乎都在咏唱童年歌谣。随着岁月的流逝，这张脸便会在小孙子的记忆中化作青铜浮雕。

橙黄分橘绿，荷塘留苍鹭。芡实出水后，果实比石榴还大一圈，午后小镇，坐在河边廊棚下的老太太小心翼翼剥出珠玉般的鸡头米，装袋待沽，不小心剥碎了，自己留着吃。有些游客嫌贵，挑便宜一点的干货，这是标准的"洋盘"。新鲜的鸡头米的弹性、糯性及款款清芬，是其他食材无法替代的，与甜豆、河虾仁一起炒，红、白、绿三色赏心悦目，口感清雅，一年吃一次就满足了。《杨妃传》说"杨妃出浴，露一乳，明皇曰：软温新剥鸡头肉"，以芡喻乳，千古艳语。

晒干后的鸡头米在香气与口感上均逊于时鲜，只能烧芡实粥，烧

唐李嶠風詩之一

山陰嘉榮作

绿豆汤，或者做芡实糕。芡实糕也是嘉湖细点一种，但在自己家里不易做好。前不久在兴国宾馆吃到一款芡实糕，以糖腌渍秋梨丁入馅，蜕模后字扣爽煞，滑入一小碟桃胶羹中，仿佛蓬莱仙境再造。

吃了虾子茭白、油焖茭白、糟油茭白，塘藕、菱芰、荸荠也接踵而至。小时候当令水果没有条件经常吃，老爸会从菜场抱两节老藕回家，洗净刨皮，切片装在高脚碗里，一边看书一边吃，蛛网般的细丝常会牵绕在嘴角，这就是"藕断丝连"呀。生藕片不很甜，但在生脆上胜过秋梨，汁液在牙缝中进出，颇得闲趣。藕节整支填进浸泡过的糯米，焐熟后切厚片，有如玛瑙嵌白玉，浇桂花糖油，可以入席。

藕以一节为佳，但市场上售卖的多为两节以上。切开断面，可以看到大多为九孔。九孔就是塘藕，也叫白花藕，如果是十一孔，就是田藕。也有七孔的，叫红花藕，特别珍贵。藕与梨、甘蔗一起榨汁，是一款清热消渴的饮品。

"陂塘鲜品，秋来首数及菱"（郑逸梅语）。红菱有尖角，苏州人俗称"水客"，《酉阳杂俎》认为，有两角者为菱，有三角、四角者为芰，后人混称为"菱角"，生吃与塘藕一样清新可爱。剥菱后手指被染得红艳艳的，到第二天才能彻底洗清，但是乡间小囡乐此不疲。周作人写过一篇《菱角》，是旧式文人想入非非的印迹："水红菱形甚纤艳，故俗以喻女子的小脚，虽然我们现在看去，或者觉得有点唐突菱角，但是闻水红菱之名而'颇涉遐想'者，恐在此刻也仍不乏其人罢？""补白大王"郑逸梅也有文章写到："旧时妇女，竞尚纤跌。窄窄于裙底者，辄以水红菱相况。及天足盛行，无复有斯语矣。"

藕、菱、荸荠等也可以请甜豆、茭白、黑木耳等加盟，做一盘时鲜小炒，不大送饭，佐加饭酒倒有清逸之气。

还有一种菱要长老后再吃，也叫老菱，浅褐色，扁扁的，有盔甲般的硬壳，左右挂两只"牛角"。男孩子喜欢吃老菱，拦腰咬开硬壳，挤出壳里的雪白菱肉，很粉，甘甜。烧熟的老菱也叫酥角菱，西北风呼呼刮起，店家当街叫卖酥角菱，大铁锅上盖一条棉被保暖，热气从缝隙中逸出，构成温馨的冬日街景。女孩子吃老菱真叫人肚肠发痒，她是用一只发夹，从老菱头根部的洞眼里钻进去，慢慢掏出一点菱肉来吃，可以吃一个下午呢！

此时莲蓬也下来了，剥莲心吃，是女孩子们嘻嘻哈哈的闺阁游戏。莲心微苦，有回甘。我会买几株带柄莲蓬，晾干后转成紫黑色，插在长颈花瓶里左顾右盼。三九严寒，窗外北风呼号，读书至夜半，忽听客厅里有玉珠落盘的声响，莲子干缩后从开张的莲蓬孔洞掉下来，像挣脱羁绊的顽童，不知滚落到哪里去了。

辛弃疾《和赵晋臣送糟蟹》诗："人间缓急正须才，郭索能令酒禁开。一水一山十五日，从来能事不相催。"梅尧臣《吴正仲遗活蟹》诗："年年收买吴江蟹，二月得从何处来。满腹红膏肥似髓，贮盘青壳大于杯。"入秋后，江河湖泊水温渐凉，大闸蟹也完成了最后一次蜕壳。

没错，持螯赏菊诚为古代文人墨客打开秋天的优雅方式，但我有一感觉说与各位，这大闸蟹真是越吃越没有味道了，无论清蒸还是水煮，无论号称来自太湖还是阳澄湖，抑或来自遥远的新疆博斯腾湖，甚至俄罗斯的贝加尔湖，蟹香全无，蟹味尽失。听说阳澄湖将禁止人工养殖，为保护环境计，早该如此。我不免泡一壶六安瓜片，对着一丛菊花吟几首宋词吧。

再说，江南的秋天从来不缺河鲜，白鱼、白虾、鳜鱼、鲫鱼、鲈鱼、青鱼、鲢鱼、甲鱼、鳗鲡……不也是很肥美吗？我想念妈妈的清汤鱼圆和粉皮鱼头汤。

入秋后，又有一波水果嬉笑登场，苹果、梨子、橘子、橙子、芦柑、石榴、芦粟……我在街头叫住挑担的小贩，选三五枚模样俊俏的佛手，回家放在朱漆盘里，雅香满室，一年后就风干成手把件，稍经摩挲，便起包浆。

过中秋节还要买一只肥鸭，加芋艿、扁尖、火腿煲成一锅老鸭汤。现在老鸭可贵啦，三年以上的老公鸭索价两百元。褪毛后再要拔小毛，亦即成语"秋毫无犯"中的秋毫。小时候，妈妈在拔鸭毛这档事情上相当矛盾，没有小毛，要怀疑来路不正，小毛一多，又要嘀咕。瓶底似的眼镜架在鼻尖上，高兴起来瞪我一眼，后来这把镊子就传到我手里……

今天好不容易买到一只绿头老公鸭，加一块火腿、一把扁尖，关照太太煲足三个小时。饭点将至，给住在"一碗汤距离"之内的儿子、媳妇发个微信：吃饭喽！偏偏，要么暴雨突至，要么回复"手上有事"，其实他们刚刚叫了外卖。老鸭汤热气袅袅，青梅酒冰镇凛凛，父母来到阳台，月亮爬上了楼顶。

明月几时有，把酒问青天。除了月饼，我们还有许多美好的事物要分享。当我们进入IT时代，更要强调人与大自然的关系，通过节令美食来体悟与传承中华文明，感恩改革开放的伟大时代。当然，此时此刻，凭栏仰望最大最圆的月亮，会发现月球表面的斑疤也特别明显。

真实的世界就是这样，我们真实的生活也是这样。

"荤豆瓣"在舌尖颤抖

塘鳢鱼，苏州人也称之为"塘鲋鱼"，或者"鳢鲈"——"三月三，鳢鲈上岸滩"。有的地方也叫"土步鱼"。

这厮头大眼小，脑壳坚硬，通体微呈紫黑，鳞片小而有黄黑斑，颜值不高，太湖渔民叫它"老虎鲨"是有道理的。汪曾祺曾在一篇文章中说："苏州人特看重塘鳢鱼，谈起来眉飞色舞。"汪老为什么要强调"苏州人特看重"这几个字呢？

一般读者的眼光在这几行字上一扫就过去了，不知其中的关节，容我在这里解释一下。袁枚在《随园食单》里记了一笔："杭州以土步鱼为上品。而金陵人贱之，目为虎头蛇，可发一笑。肉最松嫩。煎之、蒸之俱可。加腌荠作汤、作羹，尤鲜。"

袁枚在此强调杭州人以塘鳢鱼为上品，其实更看重此物的是苏州人。那为什么在"同一个屋檐下"，对待塘鳢鱼的态度天差地别呢？上周去吴江品尝太湖春季风味时，就此问题请教了原苏州市餐饮协会会长华永根先生。老法师说，因为太湖流域一带的湖泊河汊底部多乱石，水流湍急，水质优良，以小鱼小虾为饵的塘鳢鱼不仅长相较为威猛，味道也十分鲜美，而南京一带的河床底部多淤泥，水质较硬，那里的塘鳢鱼不免带有泥土腥味，淮橘为枳，当地人就"贱之"了。

吴江的朋友也告诉我，他在小时候一到春天，就会约几个熟悉水性的小伙伴去河边捉塘鳢鱼，他们根据塘鳢鱼喜钻石缝的天性，带上两块瓦片，合拢后用草绳一缚，吊入河底，躺在河滩头吹吹牛皮哼哼小曲，不一会儿水面有了动静，就下水将瓦片两头堵住提上来，里面必定躲着一两条塘鳢鱼。或者用绳穿一只破旧的带耳瓦甏沉入河底，第二天一早来收拾，也有不差的收获。

苏州人还特别讲究吃塘鳢鱼的时节，历来以油菜花开时品尝最佳。油菜花开，正是塘鳢鱼产卵的时候，肉质特别鲜美，营养价值也最高，塘鳢鱼一旦产完卵，价值就大打折扣了。所以苏州人将此时的塘鳢鱼称为"菜花塘鳢鱼"。

上海人对时鲜是相当敏感的，每年刀鱼退场，塘鳢鱼就及时上位。与刀鱼相比，塘鳢鱼就比较亲民了，成为上海人餐桌上的亮点是有道理的。上海女人心灵手巧，能用红烧塘鳢鱼、鸡蛋蒸塘鳢鱼、雪菜烧塘鳢鱼等几款家常小菜来慰藉家人的味蕾。

与塘鳢鱼一起登盘的是昂刺鱼，昂刺鱼学名叫黄颡鱼，与塘鳢鱼一样有"武相"，头大而扁平，嘴巴宽阔，小眼睛滴溜溜的，还有四对胡须，比较入画，但鲜度要差不少，所以上海女人买回昂刺鱼后一般就加豆腐烧汤或浓油赤酱红烧。湖南人做"黄辣丁"也用这厮。

这次我们在吴江吃到了几款塘鳢鱼佳肴，对苏州厨师治河鲜的技艺有了进一步了解，不能不点个赞。比如糟油塘鳢鱼，拆骨取肉，出锅前加荠菜末和糟油，舌尖一接触嫩滑鲜美的鱼肉，不由得微微颤动起来，滑入喉咙时有一种惊心动魄之感。厨师告诉我：塘鳢鱼片特别娇嫩，必须像炒虾仁一样事先上浆，入温油锅稍滑后即可捞起，再用糟油与蒜蓉做成的调味料与鱼肉调和一下即刻起锅，要求鱼肉的软和糯都恰到好处，是很考验厨艺的。

松鼠塘鳢鱼也很费功夫。塘鳢鱼虽小，仍然一丝不苟地按松鼠鳜鱼之法刡花翻转，炸至外脆里酥，浇上红亮的甜酸芡汁上桌，每位一条。还有一道鸡汤汆塘片，以莼菜、鳢鱼为时令食材，塘鳢鱼去皮拆骨后批成薄片，略加薄腌，盅内有新鲜的太湖莼菜，上面覆盖塘片，以沸滚的高汤冲入盅内烫熟而成。莼菜状如荷叶幼芽，色泽润绿，将雪白的塘鳢鱼片衬得相当清雅。质地鲜嫩爽滑，入口后用舌尖一抿，即可体会湖鲜特有的隽味清气。

接着又上了一道色泽十分素雅的热菜：塘鳢豆瓣肉。洁白的腰形瓷盆，铺开了碧绿生青的蚕豆肉，蚕豆肉上面堆了如羊脂肉一般温润软绵、接近半透明的塘鳢鱼片，一勺入口，小块的鱼肉略有嚼劲，细洁非常，与蚕豆特有的园蔬清香混合后，令人有意外之味。

所谓的塘鳢豆瓣肉，就是塘鳢鱼面颊上的两块蒜瓣肉，俗称"荤豆瓣"，仅指甲盖大小，却鲜嫩异常。朋友说，为做这道菜，至少耗用了100条塘鳢鱼。我不由得惊呼"罪过罪过"，真是太奢侈了吧。厨师长出来解释，做塘片、塘柳、塘糜等都需要剔除头部，所以用豆瓣肉做成菜品，也算是对厨余的巧妙利用吧。

我不由得想起上世纪60年代，宋庆龄在上海大厦招待国宾，席间上了一道咸菜豆瓣汤。咸菜豆瓣招待国宾，这不是开国际玩笑吗？其实那碗汤里的豆瓣非同寻常，实为塘鳢鱼的蒜瓣肉！后来我见到上海大厦的老总，他居然不知道这个桥段。

我还知道，汪曾祺与同道聚饮，如果在饭桌上有塘鳢鱼或鳜鱼，他必执箸取下豆瓣给同座的女同胞享用。绝对绅士风度！

芽姜紫醋炙鲥鱼

进饭店吃饭，往往是菜谱未及打开，服务员小姐就迫不及待地问：先生，来条啥个鱼啊？

上海人吃饭，鱼是不可少的，讨个口彩：年年有余。但到底吃什么鱼，却大有讲究，如果来一条东星斑或者苏眉，埋单时难免心惊肉跳；来一条红烧鳊鱼，显得寒酸相；松鼠鳜鱼，甜甜酸酸早就让人翻胃了。所以请会吃的朋友吃饭，宁可选笋壳鱼、比目鱼、鲴鱼，如果有野生鳜鱼的话，就取清蒸或醋椒吧。如果请长辈吃饭，最好上一条鲥鱼。

鲥鱼素有"鱼中之王"的美称，与刀鱼、河豚并称"长江三鲜"。鲥鱼为溯河产卵的洄游性鱼类，因每年定时初夏时候入江，准时而守信，古人在造字时，就在鱼字偏旁右边加一个"时"字而得名。鲥鱼很娇嫩，据说渔人一旦触及它的鳞片，这货就立刻不动了，所以苏轼称其为"惜鳞鱼"。清代康熙年间，江苏的地方大员每年要进贡鲥鱼，为保持鲥鱼在运输途中不坏，将鲥鱼浸在熟猪油中"油封"，然后快马一站站飞驰送至京城，这情景跟唐明皇时"妃子笑"的典故略相似。后有谏官上书康熙，皇上才下令中止了这场"鲥鱼秀"。在《金瓶梅》里，鲥鱼只出现过两三次，被马屁精应伯爵说得相当扼要："吃到牙缝里剔出来都是香的。"

鲥鱼主要产于长江下游，据说以当涂至采石矶一带横江鲥鱼味道最佳，素誉为江南水中珍品，古为纳贡之物，为中国珍稀名贵经济鱼类。由于过度捕捞及生态环境破坏，继扬子鳄、中华鲟、江豚、胭脂鱼之后，长江鲥鱼也遭遇种群危机。

想起来，这场生物危机从半个世纪前就悄悄开始了。记得小时候也就吃过那么几次，动静很大，妈妈还会不失时机地讲讲古早时巧媳妇蒸鲥鱼孝敬公婆的故事，她将鱼鳞用丝线一片片串起来盖在鱼身上，再将网油垫在鱼身下面，堪称完美无瑕。这种故事要是放在今朝，小青年马上要吐槽了。不过，妈妈清蒸的那段鲥鱼，不在传说之下，网油丝丝缕缕渗透到鱼肉中，腴美无比，连透明的鱼鳞都可以送入舌尖抿几下。最后，盆底的那点汤汁也不肯放弃，拌饭吃，鱼汁鲜透每颗米粒，幸福感满满的。

不过当时菜场里好像没有鲥鱼供应，全靠亲戚朋友从南京、镇江等地带来，而且并非整条，只有手掌那么宽的一段，银光闪闪的鳞片，一直闪烁在童年的记忆深处。

上世纪80年代，黄河路几乎一夜之间成了闻名全球的美食街，小南国的古法蒸鲥鱼，是客人交口赞誉的招牌菜。我也是每去必点，以至后来简直到了无鲥不食的地步。从超市里买来的鲥鱼，即使如法炮制，也达不到小南国里的口感，看来食材本身的新鲜度，还有火候及"古法"的卤汁，都是一条鲥鱼能否成为席中珍品的关键。后来知道他们用的是缅甸海鲥鱼。再后来，在中区广场的顺风大酒店也吃到了古法蒸鲥鱼，鱼肉弹性足够，下的调味和蒸的时间也恰到好处，味道一点也不输给小南国。有一次江宏老师请几位书画界朋友去苏浙汇吃饭，我叨陪末座。江老师精于美食，点了一条烟熏鲥鱼，较之他家的古法清蒸别有一番风味，鱼鳞是松脆的，吃在嘴里很香。

上世纪80年代，长江鲥鱼基本绝迹。全球最大的长江珍稀鱼类养殖企业中洋集团从1993年起，致力于长江珍稀鱼类的繁育、放流、保护和开发，通过全程模拟自然洄游生态，成功养殖了鲥鱼、刀鱼、鲟鱼、鳄鱼、娃娃鱼、胭脂鱼、四鳃鲈鱼等长江珍稀鱼类，于是鲥鱼又重返餐桌。

中洋集团是国家重点的龙头企业，在长江与黄海交汇处建有养殖基地，如果在超市看到"中洋"商标的养殖河海鲜，是值得尝试一下的。

适逢夏至，鲥鱼当是首选。昨天与朋友在小南国吃饭，又点了一条鲥鱼，这条鱼以古法加工后上桌，双鳍挺拔，说明鱼的新鲜度很高。

中国的长江鲥鱼与一般饭店拿来滥竽充数的缅甸鲥鱼很是不同，长江鲥鱼值得回味的部分有三层，第一层鱼鳞闪闪发光，入口即化，富含胶原蛋白，对皮肤滋养有好处。第二层是鱼鳞下面的灰色肉质层，口感绵密，富含不饱和脂肪酸，可降低胆固醇。第三层为白色鱼肉，鱼肉细腻且蛋白质丰富。

据说鲥鱼以清蒸最能保全原味，顶多加几片火腿、笋片，比如太雕蒸和古法蒸两种，我本人比较倾向古法蒸，以江浙传统酱油水为基础调料，通过调用咸鲜味，更加突出长江鲥鱼的新鲜肥嫩。太雕蒸，是使用咸亨酒家的太雕酒，再兑入少许加饭酒和善酿酒，不但可保持鲥鱼的肉质细嫩，还能借助酒香将鲥鱼的肥美鲜嫩提升至极致。当然，以今天饭店的烹饪设备而论，烟熏也是不错的选项。

苏东坡也是鲥鱼的粉丝，有诗为证："芽姜紫醋炙鲥鱼，此种风味胜鲈鱼。"芽姜、紫醋，这两种调味品现在也不难得，但要享受古早味，看来也须古法。苏东坡没说，咱们就不好瞎猜这个"炙"究竟是如何操作的，若真是放在火上烤，鱼鳞会不会卷起来呢？

且为春盘作春醉

春饼

立春到了，大地回暖。

这个节气对美食而言也有着重要的意义。比如说，上海人喜欢吃年糕，吃汤团，水磨糯米粉要浸在水里，年糕买来后也要浸在水里，这样才不至于发霉变质。但立春一过，缸里的水就得每天换，否则糯米粉和年糕就会一夜之间长出点点霉花，味道也会发酸。上海人喜欢吃醉鸡，但立春一过，有些讲究的饭店和资深吃货就"刀枪入库"了，因为此刻做出来的味道与立春前就是不一样。做豆腐的师傅也知道，立春过后豆腐容易变酸。中药房里呢，熬药的技师将紫铜锅子洗洗擦擦收起来，此时已过冬令进补最佳时机，再说熬成的膏子容易发霉。

在农村，立春那天要吃春饼，文绉绉的说法是"咬春"。那个送进嘴里咬的"春"，就是春饼。这是一种烫面薄饼——用两小块水面，中间抹油，擀成薄饼，烙熟后可揭成两张。中间夹一些蔬菜，也可夹一些炒过的菜丝、肉丝、粉丝什么的，反正没有定律，然后卷起来吃，生生脆脆，相当爽口。

想起二十多年前的一个春天，我与太太去川沙探望她娘家的一位亲戚，亲戚就请我们吃了春饼。自家摊的面饼，薄悠悠、韧结结，将油锅炒过的绿豆芽、萝卜丝、韭菜、金针菇还有扯碎了的油条等卷起来吃，别有一番风味。亲戚说：今天是立春，老法头上讲究吃春饼，老话讲"咬春"。吃春饼不能剩，这叫有头有尾。城里厢的人在这天也要"咬春"，不过城里人条件好，吃的是油里炸过的春卷。

后来在台州临海发现，老街上就有类似的春饼，平底锅摊成两张薄薄的面饼，直径不足一尺，扎扎实实地包进芹菜、胡萝卜丝、豆芽、粉丝、金针菇等，抹上咸中带辣的酱料，卷起来大口吃，就是一顿不错的早餐，这是当地的名小吃。

在杭州还有一种小吃：葱包桧儿，就是春卷皮子抹上甜面酱，再加两根清清白白的小葱卷起来吃，吃不大饱，但颇具古意，想必从南宋那会儿就有卖了。桧儿者，千夫所指的秦桧也。

鞭春

事实上，试春盘、吃春饼的习俗在南宋以前就有了，南朝梁宗懔《荆楚岁时记》记载：元日"进屠苏酒、胶牙饧，下五辛盘"。屠苏酒不必解释，都懂。胶牙饧就是饴糖，现在江南小镇上还有卖，小时候玩过吃过，两根小竹棒绞着玩，可越拉越长，最后吃掉，很甜。五辛盘，就是"五辛所以发五脏之气，即大蒜、小蒜、韭菜、芸薹、胡荽是也"。唐代《四时宝镜》中也有记载："立春，食芦、春饼、生菜，号'菜盘'。"看，唐代人也吃春饼的。说不定春暖花开时节，杨贵妃娇柔无力地从华清池里出水后，也要将春饼当作下午茶吧。

通过吃春饼来享受地里收获的第一茬蔬菜，既可防病，祛除春困，又有迎春的欢欣。在清代，富裕人家做了春饼还要馈赠亲友，所以春饼的内容也相当讲究，除了萝卜、豆芽、菠菜、粉丝之外，还要夹一些炒鸡蛋、酱肉、熏肉、腌肉等，装在漆盒里差仆人送上门去，体面过人啊。好像是梁实秋或者老舍等前辈作家写过文章说，旧时吃春饼时讲究到盒子铺去叫"苏盘"（又称盒子菜）。盒子铺就是酱肉铺，店家派人送菜到家。盒子里分格码放熏大肚、松仁小肚、炉肉（一种挂炉烤猪肉）、清酱肉、熏肘子、酱肘子、酱口条、熏鸡、酱鸭等，吃时需改刀切成细丝，另配几种家常炒菜（通常为肉丝炒韭芽、肉丝炒菠菜、醋烹绿豆芽、素炒粉丝、摊鸡蛋等，若有刚上市的"野鸡脖韭菜"炒瘦肉丝，再配以摊鸡蛋，更是鲜香爽口），一起卷进春饼里吃。

吃就吃呗，为什么要叫"咬春"呢？我想古人用一个"咬"字，更能表达迎接新气象的激动心情。一年之计在于春，春天一到，万象更新，地里的农活就不可等闲视之，一家老小围坐在一起，卷紧了饼子这么一咬，体现的是同舟共济、戮力同心的精神。大家一条心，黄土变成金。

去年在台北阳明山上参观林语堂故居，得知那里跟一草一木都不能动的胡适故居最大的不同，就在于经常有民众借此举办一些"非严肃"活动，比如根据林语堂在文章里写到的老北京风情，举办美食会、茶话会、读书会，试春盘、吃春饼也是一个保留节目。我在那里买了一本小册子《春盘有味》，书中就回顾了林语堂在厦门吃春饼的故事，还记录了2014年台湾艺术大学图文系组织的一场活动，大家一起动手做春饼吃春饼，热热闹闹地恢复了当年的风俗场景。林语堂故居里的春饼饶有古意，夹了豆芽菜、胡萝卜、韭菜、红糟肉片、鸡蛋、花生粉、豆腐干、高丽菜、香菜、香菇等——台北大妈做起这种事情来是非常投入的。

这本小册子里不仅介绍了闽南春饼，还写到了台湾地区的春饼，当地也叫润饼。"润饼是一种中国传统美食，如今在台湾闽南家庭的习惯中，每逢尾牙、春节、寒食、清明，或宴客时，都会摆上琳琅满目的盘盛食材，以薄薄的饼皮包裹食用。林语堂先生为福建漳州人，林

梨花风起正清明。游子
寻诗春半城

宋吴惟信句

夫人是厦门人，受到夫人饮食习惯影响，家中常常吃润饼，次女林太乙也称赞润饼是'白纱包着的礼物'。"

以前，大江南北的村落和城镇在这一天还要举行"鞭春"仪式，之前先由几个手巧的男人做成一只比真牛小一号的泥牛，晾干后绘彩，等到立春这天抬到场院，由县太爷或德高望重的长者用柳条抽打几下，颇有些劝农的意思。最后，围观群众一拥而上，将泥牛打得粉碎，再抢几块泥巴回去，农民认为撒在自家田里能使庄稼丰产。在上海老城厢也有此旧俗，不过城里人喜欢去摸泥牛的腿，俗话说："摸摸泥牛脚，钞票有得赚。"现在外滩不是有一头象征财富的金牛雕塑吗，游客将哪个部位摸得最亮呢？

明代周希曜《宝安春色篇》："掀天爆声彻夜闹，沸地歌喉板敲檀，春牛高拥巡陌上，瑞麒婆娑影盘桓。"明代的鞭春活动除了泥牛，还配了泥塑绘彩的麒麟。麒麟在平时是相当神气的，但在立春这天只能乖乖地当好配角。

撑腰糕、马兰头、荠菜花、枸杞头、头刀韭

桃花盛开之时，春分不知不觉就到了，那就吃撑腰糕呀。吴地有民谣："正月正，看花灯；二月二，撑腰糕；三月三，荠菜开花结牡丹……"上海郊区松江、青浦等地直到现在还保留吃撑腰糕的旧俗。过年吃剩的年糕油煎后可以充作这道点心，但许多人喜欢新做，糯米或粳米磨粉后揉上劲，捏成两头圆中间束腰的薄饼，蒸一笼给家里的壮劳力吃。一年中最辛苦的农忙时节来临了，吃了撑腰糕，身子骨就硬朗，腰也不容易闪失。现在我看到的撑腰糕是长方形的，也可染色，蒸熟后浇糖油。

沈云《盛湖竹枝词》云："春盘苜蓿不须愁，潭韭初肥野菜稠。最是村童音节好，声声并入马兰头。"江南一带农村在这一天还要割野菜吃，比如到田埂、河边及坟地挑马兰头，沸水里一焯快点捞起，稍稍挤去一点汁水，切碎拌香干粒，用麻油一浇，满口都是春天的味道！有人以马兰头为馅做包子，我吃过一次，重油，加点糖，颇有山林逸气。小时候，妈妈在马兰头最便宜的时候买几篮回家，开水一焯，摊开在竹匾里晒干，收入甏内，到夏天烧五花肉，肉味与野菜味交织在一起，真是太好吃了。

俗话说：荠菜吃根，马兰头吃心。有些家庭主妇嫌荠菜根太老，一刀剪了，太可惜。如果包荠菜肉馄饨，将焯了水的荠菜根略斩几刀，可咀嚼出一股清香，这是难得的春味。荠菜肉丝豆腐羹也是上海人拥抱春天的温柔动作，饭店有时也会供应这时鲜，但又要装，用鸡汤作底，盛在瓷盅里上位，似乎从富人家私厨所得，可惜豆腐已经被厨师切成火柴头那般大小，根本吃不到豆腐的本味。我在家做的话就将豆腐切成半块麻将牌大小，小火笃透，再转大火，下素油煸过的荠菜末和肉丝，勺子推几下再勾薄芡。豆腐入口后经舌尖一抵，又鲜又烫，一直暖到心里。

有一次朋友送我一袋农民采集的野荠菜，株高接近一尺，叶片边缘微呈红紫，根部坚实，焯水后与香干末一起切碎冷拌，浇麻油，有一种旷远古奥的清香长留齿间。

在旧时江南一带农村，春二三月荠菜就开花了，人们会把荠菜花放在灶头边，或插在门框上，据说有驱虫防病的作用。到了农历三月初三，也就是"上巳"之期，男女老少把荠菜花戴在头上，"三月戴荠花，桃李羞繁华"。现在看不到荠菜花，在大棚里长成的荠菜等不到开花就被一刀割了，而且一年四季都有。

菜场里偶尔有枸杞头露面，此物也叫枸杞芽，外观与豆苗相像，被其他粗枝大叶的蔬菜挤到一旁，不太显眼，但看到了一定要买一把。枸杞头有补虚益精、理气疏肝、清火明目的功效。可凉拌，也可与春笋一起炒，只下盐，香远益清，微微有点苦，格调不俗。在宋代林洪的《山家清供》里有一品"山家三脆"，枸杞头与笋丝、香菇丝一起入盐汤焯熟，"同香熟油、胡椒、盐各少许，酱油、滴醋拌食"。还提到宋太祖赵匡胤四弟魏王赵廷美以"三脆面"伺奉双亲的故事："笋蕈初萌杞采纤，燃松自煮供亲严。人间玉食何曾鄙，自是山林滋味甜。"在《红楼梦》里，探春与宝钗也喜欢吃"油盐炒枸杞芽儿"。

妈妈在夏天还晒过豇豆干、刀豆干，也是很好吃的。《随园食单》里介绍了马兰头的另类制法："马兰头菜，摘取嫩者，醋合笋拌食。"我没试过，酸叽叽的马兰头会好吃吗？

蓬蒿菜又叫茼蒿菜，也是春到人间的恩物，与菊花叶片很像，也有相似的辛辣味。清炒或凉拌，汁液充盈，清香扑鼻。取蓬蒿嫩叶佘鳜鱼片汤，古人称之为"春汤"。我家煮过蓬蒿菜虾圆汤，一青二白，春意盎然。

对啊，头刀韭菜不能不吃，阔板、嫩绿，离根茎处有点白，切段时有点辣眼睛，不依不饶的春天消息。土鸡蛋三四只，哗哗打散，锅内下重油，煸香韭菜后再倒入蛋液一起炒，翻几下就装盆，不要耽搁时间！在上桌前偷吃一块，味道超赞，这可是下厨执爨的福利！

这一天对孩子而言，有一个游戏岂容错过！那就是竖蛋。"春分到，蛋儿俏"，竖蛋的游戏说起来也是"自古以来"，早在四千年前我们的祖辈就以这个游戏来庆贺春天的降临。天文学家告诉我们：这天南北半球昼夜均等，呈66.5度倾斜的地球地轴与地球绕太阳公转的轨道平面刚好处于一种力的平衡状态。我在小时候试过，屡战屡败，终于成功，高兴得不得了。不过摔破了也不要紧，剥了壳往嘴里一塞就成了。

内宴冷食和子推饼

清明那天对吃货而言也是值得欢欣鼓舞的，吃青团的道理中国人都知道，不必赘言。清明前后，杏花楼、王家沙、老大房门口最最热闹，长龙首尾不顾，气氛热烈而紧张。现在流行吃咸蛋黄肉松青团、小龙虾青团、腌笃鲜青团、流心奶黄青团，花样经越来越透。不过像我这个年龄段的上海男人，一直是豆沙青团的铁杆粉丝，忠贞不渝。

不惜排几小时长队买几盒咸蛋黄肉松青团的美眉未必知道，在古代，清明是寒食的下半场，寒食后一天或三天才是清明。寒食那天有一场饶有情趣的活动在等你，就是内宴冷食。唐代诗人张籍有诗《寒食内宴》："朝光瑞气满宫楼，彩纛鱼龙四周稠。廊下御厨分冷食，殿前香骑逐飞球。千官尽醉犹教坐，百戏皆呈未放休。共喜拜恩侵夜出，金吾不敢问行由。"

内宴冷食就是宫廷里举办的冷餐会，能分享一块奶酪的官员倍感荣耀，不免扬尘舞蹈，并捋须吟诗嘚瑟一下。

宫中的冷餐会是豪华版，不仅有"干粥、醴酪、冬凌粥、子推饼、徶子"（见《太平御览》），还有"香骑逐飞球"的马球比赛和"百戏皆呈"的文艺晚会，大臣们虽然天不亮就要出门，但有吃有喝又有玩，是一生中最难忘的经历，最后"吾皇万岁万岁万万岁"！

子推饼当然是纪念介子推的，何种形状，什么味道，我不知道，我倒是很想尝尝。《东京梦华录》里提到："用面造枣𪊏飞燕，柳条串之，插于门楣，谓之'子推燕'。……四野如市，往往就芳树之下，或园囿之间，遍满园亭，抵暮而归。各携枣𪊏、炊饼、黄胖、掉刀，名花异果，山亭戏具，鸭卵鸡刍，谓之'门外土'。"枣𪊏飞燕就是一种做成燕子状的面饼，上面嵌几颗枣子，专为寒食特制。黄胖和掉刀都是哄小孩子的玩具。

子推饼、枣馓飞燕失传了，介子推也只有一个，不可复制。

事实上，古代寒食节包括扫墓祭祖、禁烟、寒食、植树、插柳、踏青、秋千、蹴鞠、赏花、斗鸡、馈宴、咏诗等项目，有环保，有娱乐，有体育，有宴饮，有诗歌朗诵，内容相当丰富，要持续好几天。随着岁月的流逝，有些项目就融入到清明节中了，今天恐怕只剩下扫墓和青团了。

内宴寒食也许是中国最早的冷餐会。今天我们日子越来越好，其实也可以趁着踏青扫墓的机会来一次野餐，在河边找一处绿草茵茵的坡地，在柳树下抖开塑料布，有条件的话支一顶野营帐篷更有范，摆开啤酒、香肠、午餐肉、黄瓜、香蕉、蓝莓，如果备一只烧烤架，再带上一只风筝，那孩子们肯定更来劲了。与草地上萍水相逢的那几位交换一下面包、蛋糕，风月同天，如何？

如果这天我们在野餐之后还有余兴，可以去看桃花，并采些桃花来浸酒。《法天生意》载："三月三日，采桃花浸酒饮之，除百病，益颜色。"秀发及腰的美女们，穿上衣袂飘飘的汉服，足蹬绣履，手执纨扇，俯身拾花，回眸一笑，拍成小视频传到朋友圈，瞬间霸屏啦！

乌米饭

四月初八浴佛节，也叫佛诞日——今天知道的人不多了，是纪念佛教传说中悉达多太子在兰毗尼园无忧树下降生时，九条金龙口吐香水洗浴其身的事情。后来演化为中国的寺院在这一天用洁净的香水洗浴佛像。这本是僧人的事，关你什么事？但中国的信男善女们将这个节目与目连救母的故事联系在一起，传说目连看到母亲入了饿鬼道，于是送饭给她吃，不过地狱里的饿鬼一拥而上抢来吃，饭粒马上变成点点火花。于是目莲去询问师傅，师傅告诉他："你母亲身前罪孽深重，现在必须一心忏悔，方能脱厄。"目莲根据师傅的教导，又用乌桕树的叶子沤汁染米，使之青亮有光，再以乌米饭祭告母亲，地狱里的饿鬼傻傻看不清乌米饭，他母亲就能吃到并进行深刻反省了。后来目莲设法将母亲救出，母子重逢，喜极而泣。所以这天也被民间称为"报娘恩"。

有了这个故事，江南一带的老百姓也找到理由吃一回了。吃什么呢？就吃这个乌米饭呀。

中国人吃乌米饭也是"自古以来"的事情了，至少在唐代就有记载了。今天在江苏宜兴、溧阳、金坛和皖南一带的农村，仍保留着古老的习俗。每逢四月初八，村里家家户户会用乌桕树的叶子沤汁染米，蒸煮成乌米饭，拌了白糖上供后食用。有一次我在宜兴采访，当地朋友带我去一家农家乐吃饭，老板娘特意上了一盘乌米饭，跟一碟白砂糖，甜度由自己控制。老板娘说，她家乌米饭是接待旅游团队的招牌点心。

后来我在淘宝上看到有袋装的乌米出售，买了好几袋分送朋友。今年春节前有个朋友听了我的建议后就用乌米饭来做八宝饭，莲蓉奶黄馅，吃口比血糯米更加软糯，在网上卖得很火。

除了浙江、江苏，在湖北、湖南、江西、四川、贵州、安徽等地也保留着四月初八吃乌米饭的习俗。《舌尖上的中国》摄制组在贵州苗家山寨就拍到了这个情景，很具仪式感。乌米饭的升级版好像是五色饭，这就与佛教没有关系了。

有一次在宁波吃到搓条后摘剂的黑色糯米小甜食，颗粒仅拇指大小，有点像苏州的橘红糕，但并无掺入黑芝麻，嚼之微有植物清香。当地朋友说，这叫乌叶汤果，与橘红糕异曲同工，用乌桕树叶子的汁液上色。不错啊，那么我可以将它视作橘红糕的"同父异母姐妹"啦。

别了，三虾面

　　我是个"面糊涂"，三天不吃面就不适意。平时在家里烧一锅浇头，熬一锅棒骨汤，买一大袋切面分作几小包存在冰箱里，吃时取一包，这样就可以对付好几顿。春暖花开的时候，竹笋上市，更多的时鲜蔬菜也涌来眼前，浇头就比较有看头了。竹笋炒肉丝，是上海人家当春必尝的时鲜，做面浇头清鲜雅洁。新咸菜炒肉丝也不错，又爽又鲜的口感，吃了还想吃。竹笋炒鳝丝，少放生抽，可煸几枚拍扁的蒜子，最后勾薄芡，也是极好的面浇头。苏帮面馆的当家花旦就是一块焖肉，也是上海人百吃不厌的。春节前，国斌兄从吴江一位大厨那里给我拿了一长条，改刀分作十几块，每一块用保鲜膜包好，存进冰箱里，吃时取出埋在滚烫的面碗里。两分钟后，挑起面条，夹起焖肉，半透明的肥肉部分仿佛自己蹿进喉咙，直落胃袋，那个感觉真是爽极了，管它什么三高！本大爷就好这一口。

　　前天我又去我家附近一家无公害蔬菜专卖店买了一把香椿芽，这货现在身价大涨，店家居然按两计算，跟买黄金一个思路。七元一两，一把要我二十多元。想想农民剪香椿芽的不易，我连价钱也不敢还。

　　回家将香椿芽整理一番，切成细末，再取一把粗一些的小葱，同样切末。坐锅上灶，倒精制油250克，先投入葱末，小火慢慢熬香，一刻钟后看葱色转暗，再投入切碎的香椿芽，看水分走得差不多了，装碗冷却，加适量海盐和少许鸡精拌匀。接下来煮面，是那种号称放了鸡蛋的苏式细面,沥干装碗,一丝不乱地码成一个"观音兜",将葱油香椿芽挖一大勺盖上,拌着吃,那个香啊,满屋子都装不下!

这就叫沈家香椿拌面,吃了这碗面,才叫不负春天不负卿!

早十多年,我一到现在这个季节都要去沧浪亭吃一碗三虾面。现在淮海路上的沧浪亭还在,打浦路、山西路、马当路等处的分店也开了不少,但都不再供应三虾面了。有一次我问服务员为什么,她说价格太高,每碗开到四十元还没赚头,消费者还都嫌贵。其实这是托辞,LV贵吗?不照样有人排队买!关键是做三虾面的师傅退休了,如今在沧浪亭厨房里打转的师傅都来自安徽。

苏式三虾面,就此别过!

但我是不甘心的,叫老婆大人买来活蹦乱跳的河虾,不就花点时间吗?剥虾仁,剥虾脑,剥虾子,这过程比较烦琐,我就不一一细说了,请各位看看新民晚报"好吃"周刊上华永根先生的文章《苏州人吃虾》,透露了剥虾脑、虾子的秘辛。华永根是苏州美食界的大佬,徒子徒孙满天下,我写过一篇《观前街上独一桌》,刊登在文汇报"笔会"副刊上,写的就是在他的大师工作室里品尝美食的经历。

炒好河虾仁,加入灼过的虾脑和虾子,加少许盐起锅。再煮一碗面条,干挑,稍加一点鲜汤,舀一勺三虾盖上,拌着吃,虾仁嫩滑脆口,虾脑红亮硬扎,虾子细微鲜香,在骨子硬扎的面条衬托下,给咀嚼过程无比的满足,打耳光也不肯放,沧浪亭奈何沈家手段?

以上是我面对春光的两碗面。今天,被朋友拉到普陀区新村路上一家叫作"汤鲜笙"的面馆里尝鲜,开始有点"茄搭搭",普陀区有什么好吃的?但去了一看,发现面馆的装潢相当时尚,墙上有波普风格的图案,还展示了一些五谷杂粮,表示自家的食材来源可靠,这一套很对年轻人胃口啊。所以午时生意很不错,座无虚席。

坐下,我根据店经理的推荐吃了一碗招牌排骨面,底汤熬得很浓，乳白色上面漂了一抹奶黄。据说师傅每天一大早进厨房，心无旁骛地吊好两大桶高汤，这也是过去上海滩老面馆的优良传统。面碗上横着两大块软排，煮得相当入味，软骨也可以嚼碎。再加几株小青菜，碧绿生青，吃口爽脆，就吃得很饱了。对了，面条也很有讲究，面粉从河套地区来，据说是银川一带种植的小麦，店家包下一大片麦田，农民收获后小心囤着，店家要多少，一个微信发过去，农民就磨多少，确保面粉的新鲜。而且是全麦，有点黑不溜秋，像《霓虹灯下的哨兵》中的赵大大，而这正是富含维生素B的保健食品的颜色，让人感到一份有分量的珍重。

面粉空运到上海，拿到定点作坊加工成波纹状的面条，下锅后就会有更加充足的弹性，在碗里仿佛还在微微跳跃。面条都这样用心做，不免有些感动。

后来，得知老板是某大型医药公司的高管，以玩票的心态开这家面馆，但质量管理上参照了做药品的标准，怪不得！

朋友点的是一碗半筋半肉原汁面和一锅拌饭，我分享了一口，味道都不错。下回得换着尝尝。

吃饱了，大家就坐着喝老树普洱茶加奶，店经理拿来两盘炒饭请我们提点意见，我一看差点笑晕，水果炒饭！但一吃还有点新鲜感，菠萝、苹果、梨，全都切成小块，与饭粒混在一起，红红绿绿，不仅是味觉上出新，色彩上也赏心悦目，不过要让年轻消费者吃了还想吃，还得进一步研究。我的意见是再加点地中海国家的腌橄榄，或者再加一点切碎了的云南玫瑰大头菜，口感可以丰富些。装盘时在盘子边沿再放半只柠檬，柠檬酸不仅能解腻，还能激活味蕾的敏锐度。

炒饭得配汤，我想到了杏仁豆腐，但这个店家可能还不会做，那么配冰豆浆也行。

水果炒饭自己家里也可以做，关键有两点，饭粒要硬一点，颗粒清爽。二是炒的时间要短，速战速决，时间一长水果就会出水，一锅饭就炒烂了。再补充一点，水果炒饭不宜用猪油，更不宜用菜油，用纯度高的橄榄油，油温不要太高。

手机里的照片给店经理看，三虾面、香椿拌面都无偿提供给他们了，我知道看看可以，不一定照着做。有些美食只能在家里吃，店家照此办理不一定能收获普遍的认可。

武林高手华山论剑，我跟"汤鲜笙"掌门人是两个吃货，食而论面，也值得记上一笔吧。

一煮一烫皆有情

"扬州好，茶社客堪邀。加料千丝堆细缕，熟桐烟袋卧长苗，烧酒水晶肴。"这是清代惺庵居士在《望江南》中描绘扬州人吃早茶的情景。干丝加料、水晶肴肉、一杆长烟袋，打开了彼时扬州爷们一天的闲适生活。

二十年前，与朋友去扬州游玩，穿过一条幽深小巷，寻到大名鼎鼎的富春茶社，屁股还未坐定我就吵着要吃烫干丝。在上海一些江浙风味饭店里有鸡火干丝或蟹粉干丝，但没有烫干丝。烫干丝只在扬州、南京、泰州等地的茶楼里有，这是苏北食客的福分。

我之所以对烫干丝有意，还是受了周作人文章的蛊惑："江南茶馆中有一种'干丝'，用豆腐干切成细丝，加姜丝酱油，重汤炖熟，上浇麻油，出以供客，其利益为'堂倌'所独有。豆腐干中本有一种'茶干'，今变而为丝，亦颇与茶相宜。在南京时常食此品，据云有某寺方丈所制为最。学生们的习惯，平常'干丝'既出，大抵不即食，等到麻油再加，开水重换之后，始行举箸，最为合式，因为一到即罄，次碗继至，不遑应酬，否则麻油三浇，旋即撤去，怒形于色，未免使客不欢而散，茶意都消了。"（周作人《喝茶》）

富春茶社的烫干丝确实好，豆腐干切得很细，经过沸水一烫再烫之后仍不失弹性，堆在盆子中央，上面顶了一些葱丝和开洋末子，形成"峣峣者易折"的画风，用行业术语来说就是"一柱擎天式"。入口细嚼，干丝利爽而嫩滑，豆香味隐然而在，自行调配的酱油也是店家秘而不宣的核心竞争力，咸甜酸鲜香，收口有回味。

店堂里人声鼎沸，座无虚席，我们这班吃货也无暇顾及吃相了，三丁包、蟹壳黄、千层油糕、月牙蒸饺……来一笼扫一笼，"烫干子"——这是扬州人的称谓——等不到"麻油三浇"就光盘了。好像知堂老人笔下透露的行规也不复存在，我没见服务员提着油壶围着客人的桌子转嘛。

记得公输于兰女士也写过文章说："扬州人请尊贵的场面上人，要煮干子，而相熟的朋友多半选烫干子。相比煮干丝，烫干丝便宜且清淡些，扬州人朱自清就说：'烫干丝就是清的好，不妨碍吃别的。'浇头也最好不要鸡火的而改为清鲜的浸酒开洋。"

后来见到一位曾在扬州餐饮行业担任过领导的美食家，这位老兄强调，扬州干丝的原料很讲究，制作豆腐干的黄豆必定是里下河地区出产的。大白干到了富春厨师的手里则更加讲究，批层、切丝，再用沸水反复烫六遍，然后浸泡在温热的鸡汤里。早市开张，客人起叫，从大盆里搛起装盘，顶上盖一撮姜丝，移至大锅边舀起一勺沸水从上往下浇淋，让姜汁味渗透到干丝内，然后滗去热水，顶上再加开洋、笋末、香菜等，浇上自行调制的酱油、麻油即可。

"关键就是六次套水和鸡汤入味，这是其他茶楼做不到的。"这位老兄还不容质疑地认为"烫干丝的品格比煮干丝高一级"。

大煮干丝要做好也不容易。我有一厨师朋友，入行四十多年，拿手绝活就是大煮干丝，而且有创意：鸡火干丝、脆鳝干丝、雪松蟹干丝、秃黄油干丝，前些年还用西班牙伊比利亚火腿做过西火干丝，晒到网上，引发一片尖叫。"当学徒的第一天，师傅给我一把菜刀，两只脸盆，一只脸盆里装满了清水。师傅说，用刀把这只脸盆里的水搬到另一个脸盆里。要死，只知道勺子可以舀水，切菜刀是一块平面，水留不住啊。师傅示范，用刀一批，一刀面的水就乖乖地移到另一个脸盆里。这一横削功夫，内业称之为'飘'。"

这天他用了五个小时，将满满一脸盆水"飘"到另一只脸盆，手酸到断下来。练了一个月，师傅教他批豆腐干，一块大白干四边去皮，一开始批4层，然后批8层，一个月后能批到20层以上，再切成火柴梗那般细，总共一千多根，每根不能断。"我最厉害的时候，参加全国烹饪大赛，一块大白干能批出26层，干丝可以穿过针眼，上了电视。"

有一次翻《随园食单》，见杂素菜单中有"蒋侍郎豆腐"："豆腐两面去皮，每块切成十六片，晾干，用猪油熬，清烟起才下豆腐，略洒盐花一撮，用好甜酒一茶杯，大虾米一百二十个，如无大虾米，用小虾米三百个。先将虾米滚泡一个时辰，秋油一小杯，再滚一回，加糖一撮，再滚一回，用细葱半寸许长，一百二十段，缓缓起锅。"这不就是大煮干丝的前传吗？也许后来的厨师发现，猪油炸过的豆腐干弹性是有了，但嫩滑细腻上离豆腐的初心越来越远，从此改切薄片为切细丝，也不再油炸。至于虾米和葱段的数量，也不知袁枚是如何计算出来的，这纯粹是噱头了。

我在家里也做过几次煮干丝，无非多花点时间，只当笔耕时的工间操，一块大白干也能批出五六层，切出一百多根，汤用的是骨头汤或鸡汤，再加火腿丝和开洋，味道也不错。如果时间匆促，我就用开洋黄豆芽煮干丝，出锅前点少许醋，别有一种上海郊区的农家气息，可以吃到碗底汤汁不留。汪曾祺在一篇文章里写到煮干丝可以加火腿、冬笋、蛤蜊、海蛎子等，也不能多，多了喧宾夺主，就吃不出干丝的味道。

今年国庆前，国家级烹饪大师徐鹤峰打电话叫我去兴国宾馆品鉴几道国宴菜。半年前我在微信上晒出一份珍藏二十年的"开国第一宴"菜单，引起他的极大兴趣，经过小半年琢磨，成功复制了"开国第一宴"。传说中的"第一宴"是1949年10月1日晚上在北京饭店举行的，一共摆了六十余桌，以淮扬菜为底子，里面就有一道鸡汤煮干丝。徐大师说："煮干丝的食材与口味都是平民化的，但要体现中国烹饪的精妙，味道必须渗透到每根干丝，又不能煮太久，否则容易纠结成团。"不能久煮是经验之谈，我以前做的煮干丝有结团现象，以为是上海的豆腐干品质不行，原来是煮太久了。

犹记去年秋天去泰州，次日一早一帮吃货去吃早茶。小街幽静，秋风凉爽，老茶馆已经人头攒动，当地人推崇"早茶三宝"——烫干丝、鱼汤面、蟹黄包。还有评书表演，男女双档，绘声绘色，英雄本色，儿女情长。蟹黄包我多次吃过，猪肉与蟹粉蟹黄拌作馅，裹进薄薄的面皮里，一口咬开，蟹香浓郁。想起宋代已有一种蟹黄馒头，蔡京在府中大宴宾客，主食就是一人一盘蟹黄馒头。泰州蟹黄包是不是从宋代演变而来的呢？

不过我觉得靖江的蟹黄汤包皮薄汤清，更对我胃口，也不易吃饱。上海九曲桥边南翔馒头店的蟹黄小笼馒头玲珑可爱，体现了上海人的生活美学。但无论何地，以蟹入馅限于秋季，冰冻三尺的蟹肉蟹黄不免有腥，蟹香俱失。

泰州干丝在当地也被叫作"茶头"，早茶必备，开场锣鼓。泰州茶客一直自负地认为，泰州干丝胜于扬州干丝。一吃，果然在滑嫩软糯方面更胜一筹。

泰州朋友告诉我：泰州的大白干是盐卤点的，比较硬，扬州的大白干是石膏点的，又软又糯。泰州大白干一般厚2.7厘米，厨师用月牙刀将豆干横削成厚薄均匀的二十多层，然后再斜铺切成丝，丝丝如缕。2008年，干丝制作技艺被泰州市政府收入第二批非遗名录。

与扬州干丝还有一点不同的是，泰州厨师要将干丝投入碱水缸中浸泡片刻，浸泡时间和碱水浓度必须随季节调整。老师傅入行数十年，早已天人感应，只能意会，不可言说。这个浸泡过程也叫提碱，提碱不够，干丝外软内硬，口感不佳；提碱过度，干丝变烂，没有弹性。老师傅用手一捏，或用筷子在水中搅和一下，就能作出精准的判断。

泰州烫干丝也叫五味干丝，因为干丝中还加入了榨菜丝、香菇丝、姜丝、香菜叶和肴肉条。不过我觉得素直风格更能突出干丝的原香，蒸至出味的开洋粒屑足够提升它的品质了。

品了干丝，又吃了一小碗鱼汤面。鱼汤面的精华在于汤，厨师用黄鳝骨和筒骨熬制四小时以上，汤色乳白，当天用尽，不可隔夜。据说这家店的枸杞头烧卖和野菜麻球也是极好的，可惜季节不对，留待下次再来吧。还有汪曾祺在文章里写到的草炉饼，也是叫张爱玲起了好奇心而叫她姑妈买来一尝的苏南风味，但是我们实在吃不下了。

眼前的这杯茶也有讲究，融龙井之味、魁针之色、珠兰之香于一体，泰州人叫它为"福香"，倒过来读就叫"享福"，讨个口彩。

汤卷，经高手点化的鱼肠

　　橙黄橘绿，丹桂飘香，前往苏州吴江区参加一年一度的吴江美食节。吴江美食节办到今年已经是第十五届了，已成为"中国太湖美食之乡"这一城市品牌的有机组成部分。以美食名义办节，说大不大，说小也不小，现在谁都知道美食这档事对地区经济拉动有不可忽视的作用。在上海，各大"销品茂"基本上靠餐饮这一块撑市面了，那么在太湖边上搞旅游，美食更不能缺席。甚至可以说，知味的游客都是奔着一年四季轮番上场的美食而与太湖约会的。

　　仅以太湖东南的吴江为例，春天有塘鳢、昂刺、花鲈、螺蛳、蚬子、香椿芽、莼菜、菜花头；夏天除了闻名遐迩的"三白"和"水八仙"，还有青虾、黄鳝、蚕豆以及杨梅、枇杷等小水果；秋天是丰收的季节，大闸蟹横爬，四大家鱼与鳗鲡也到了最肥美的时节，还有芡实、荸荠、白果、板栗以及别处没有的香青菜、八坼皮蛋、香大头菜等；冬天当然要吃羊肉啦，但套肠、酱鸭、酱肉、酱蹄髈、辣脚等也值得大快朵颐。环太湖而居的苏州人，口福好得让人羡慕嫉妒恨啊！

　　美食节前一夜，吴越美食推进会会长蒋洪兄在吴江宾馆为我们上海客人洗尘。从上海驱车至吴江才一个小时左右，几乎无尘可洗，但是以洗尘名义品尝美食，就急不可待地等着被洗了。蒋洪兄主持的吴越美食推进会，创办美食杂志，引进烹饪大师，发现民间达人，开设家庭课堂，为传承、开掘、整理、创新太湖美食做了大量实事，踏石留痕,有声有色。比如在这顿便宴上,他就请中国烹饪大师徐鹤峰先生专门为我们做了一道汤卷。

如果当时有人给我拍照,一定会留下一个吃货才有的夸张表情。本人已经有三十年没吃汤卷啦!上一次是在城隍庙老饭店里吃的,后来此物在沪滨销声匿迹。我请教了多位厨师,都说汤卷做起来颇费手脚,原料要求也很高,能解卷菜之味的人又寥寥无几,备好了货也不一定卖得出。有一次戴敦邦先生在建国中路的砂锅饭店赏饭,他说汤卷也曾是砂锅饭店的特色,他用此菜招待过丁聪、芦芒,都说好吃,后来也没有了。谈笑间,一砂锅汤卷热气腾腾地上桌了,汤色浓郁,青鱼头尾以及番薯粉皮垫底,上面铺了一层鱼肠,两旁堆了京葱丝和韭黄段。我舀了一勺细品,鱼肠没有一丝腥味,嫩软滑爽而微微弹牙,鱼汤芳香扑鼻,鲜味醇厚。再搛了几块头尾来吃,软糯滑嫩,丰腴甜鲜,太湖风味,境界高阔。

或问,汤卷不是本帮菜中一品吗?据苏州餐饮协会会长华永根先生说,汤卷,包括红烧肚裆、红烧头尾等,其实都是苏州菜,后来传至大上海,为本帮厨师吸收,日久生情,也归于本帮名下了。

徐鹤峰大师笑着告诉我:"为做这道汤卷,我用了四条重达十公斤的乌青,取其肠子与鱼泡、鱼鳔等,肠子长一米有余,剪开后最阔处有两寸,如此,鱼肠才肥厚不梗,有期待中的质感和鲜美度。考虑到收缩率,鱼肠要切成四寸长的段。鱼泡用剪刀一剪成三段,最硬的一节弃用,入汤后软糯韧滑,略有嚼劲。"

说白了,汤卷就是用太湖流域的青鱼(专门在河底吃螺蛳的青鱼,因鱼背乌黑,俗称"乌青"或"血青")的内脏,主要是鱼肠鱼泡做成的汤菜。为了提味,厨师还要请青鱼头尾烘云托月,不加头尾的汤卷充其量也只是"下真迹一等"。汤卷价廉物美,旧时也是坊间老吃客与引车卖浆者的心头好。与汤卷对应的是炒卷,不加头尾,卤汁较少，是一款别具水乡风味的下酒菜。

大乌青的鱼身一般用来做熏鱼、鱼片、鱼米、肚裆等，尾巴可以炒划水，青鱼头不如鲢鱼头肥腴，但也聊胜于无，内脏似为厨余，上海人呼作"鱼夹鳃"，买回去喂猫。但在秋冬两季，青鱼内脏经高手点化，可有华丽的呈现。

徐大师离席片刻，又端来一盘热菜：煎糟。

煎糟，我也是在三十年前领略于上海老饭店的，后来与汤卷一起隐匿江湖。用筷子拨下一块送入口中，糟香浓郁，鲜美无比。赶快请教徐大师治法，得知关键在于生糟，取青鱼肚裆半爿，治净后刮去腹内黑衣，用海盐内外擦匀，略压重物，腌制6小时。再取75克香糟放入大碗里，加黄酒65克徐徐搅匀，复将腌过的青鱼肚裆放入大碗中拌匀，压紧加盖，待20小时后取出，洗净沥干。进入烹饪程序比较简单，先用老菜油煎至鱼块结皮，再加调味料红烧，秘密在于要加一种糖油丁（用白糖拌猪臁腌制一周而成）。华永根先生在注释清代《桐桥倚棹录》"煎糟鱼"一条中也强调："辅料必须用好糖及糖油丁来增肥鲜。"小火转大火后再加木耳、笋片等辅料，此时不要多动勺子，可将炒锅不停晃动，至汤汁收稠时再淋水淀粉勾芡，淋麻油后即可装盘。"此菜成品色泽枣红，糟香浓郁，咸中带甜，为苏州不可多得的一道冬季名菜。"（华永根语）

入冬后青鱼最为肥嫩，是做汤卷、煎糟、秃肺的最佳时机。如果用糟青鱼肚裆或尾巴做一款汤菜，也叫余糟（也有称参糟、川糟的），市面上也不见好久了。

徐鹤峰入行超过半个世纪，在昆山玉山饭店、木渎石家饭店学艺，又在南京饭店、丁山宾馆以及上海江苏饭店主政厨务，早在1980年即获全国优秀厨师称号，担任过无数次全国烹饪大赛的评委，为各省市培养了一大批技术人才。2015年起被吴江宾馆聘为高级顾问，短短十几个月，就为宾馆发掘、整理、创新了500多道菜肴，其中有不少是历史名菜和地方名菜。就在今年的美食节上，吴江宾馆的四季江南运河宴（春季版"春满吴江"、夏季版"昊天江城"、秋季版"金秋淞江"、冬季版"相聚鲈乡"）获得了唯一一块"中国名宴"的奖牌，徐大师功不可没。

徐大师精力充沛，性格豪爽，声若洪钟，好喝洋酒，一顿一瓶XO不在话下。胃口也健，品尝美食强调"一大口"，如此才能体会真味。酒后妙语联珠，滔滔不绝，谈掌故，谈美食，不知东方既白。

西湖醋鱼与肚肺汤

　　小时候跟着妈妈去杭州玩，杭州的亲戚带我们走白堤，翻过断桥、锦带桥，穿过平湖秋月，就来到孤山，在楼外楼坐定吃中饭，叫了一条西湖醋鱼，还有其他一些菜。我只记得醋鱼。厨师走出门外，马路对面就是西湖，靠岸系着两只竹编笼子，厨师掀起盖子从里面抓起一条青鱼，鱼尾巴剧烈甩动，一路上滴滴答答。厨师叫妈妈看过，妈妈嗯了一声，他就当着我们的面把鱼摔死，拿到厨房里去烧了。几分钟后，西湖醋鱼就装在腰盘里上了桌，妈妈搛了一块给我吃，甜甜的酸酸的，这是天下最好吃的鱼。

　　后来我长大了，工作了，结婚了，与新娘子去杭州旅游，特意去楼外楼吃西湖醋鱼。生意太好，上菜很慢，差点误了回上海的火车。

　　再后来……草鱼都养殖了，楼外楼的醋鱼好像不那么好吃了。有一次服务员居然一本正经地问我们："你们要吃活鱼还是死鱼？价格是不一样的。"什么？楼外楼堕落到这种地步啦？还有一年，我们看了半天菜单，狠狠心点了一条价格最高的醋鱼，上来一看是用鳜鱼做的，但是也不觉得好吃。从此，孤山还是去的，但只去西泠印社。

　　上周末，与家人在来福士商厦的"拾紫"吃饭，餐厅布置雅致，又以临安风味立身，我看到菜单上有西湖醋鱼，标明以笋壳鱼为食材，一吃，鱼肉嫩活，味道准足，应该胜过养殖草鱼多多。

　　有人认为西湖醋鱼的历史要从南宋算起，也有人认为西湖醋鱼是由清代的醋搂鱼演变而来。醋搂鱼在袁牧的《随园食单》有记载："用活青鱼切大块，油灼之，加酱、醋、酒喷之，汤多为妙。俟熟即速起锅。此物杭州西湖上五柳居有名。……鱼不可大，大则味不入；不可小，小则刺多。"进入民国以后，时风在变，名物也有变，醋搂鱼慢慢叫成了西湖醋鱼，在五柳居衰败后，幸有楼外楼崛起，使它满血复活。这道醋鱼后来又有了新的吃法，一鱼三吃，一半刺身蘸麻油胡椒面，一半糖醋软熘，剩下的鱼头、龙骨熬汤。俞平伯在《略谈杭州北京风味》一文中透露民国时的西湖醋鱼是"全带冰（柄）"的款式："大鱼之外，另有一小碟鱼生，即所谓'柄'。虽是附属品，亦有来历……尝疑'带冰'是'设脍'遗风之仅存者，'脍'字亦作'鲙'，生鱼也。其渊源甚古，在中国烹饪有千余年的历史。"

西湖醋鱼在去年被中国烹饪协会评为"杭州十大名菜"之一，在菜谱中它不可商量地要求以草鱼作为食材，"烧好后，浇上一层平滑油亮的糖醋，胸鳍竖起，鱼肉嫩美，带有蟹味，鲜嫩酸甜"。那么可不可以用笋壳鱼代替呢？

笋壳鱼是外来物种，是虾虎鱼中较大的淡水名贵种类，原产于东南亚诸国及澳洲大陆，直到上世纪八九十年代才引进我国珠三角地区，大量养殖，倒也没听过类似多宝鱼的"绯闻"。因为肉质细腻、味道鲜美而广受食客喜爱。我喜欢吃油淋笋壳鱼，皮脆肉嫩，价格也不算太贵，所以我认为以西湖醋鱼的古法来加持一条来自异国他乡的鱼，并不会影响杭州菜的名声。如果明天有饭店用东星斑来糖醋，我也认为不必诧异。

中国烹饪之道，食无定论，适口者珍，"拾紫"的这道菜，挽救了西湖醋鱼的名声！

放眼烹坛，许多已有定例的名菜，其实都可大而化之，推陈出新。中国烹饪大师徐鹤峰就是这样大胆探索的。本帮名菜中有糟钵斗，将猪肚、猪肺、猪肠、猪心等下水用大锅煮至酥而不烂，临起锅时加一大勺糟卤，顿时糟香馥郁，油腻立解。电影导演谢晋在世时是这道名菜的铁杆粉丝，还跟老饭店提要求：一定要用钵斗来盛这道汤！徐鹤峰取此菜的烹饪方法，但食材来个乾坤大挪移，用鸡、鸭、鹅来做，起锅前下糟卤的环节不变，糟香依然令人垂涎，美其名曰：三禽糟钵斗。他还以素鲍鱼、面筋、油豆腐、素鸡、腐竹等做成上素糟钵斗，笋头菇脚吊汤，糟卤增香，滋味清鲜隽永。

佛跳墙是闽菜招牌，通常选用鲍鱼、海参、鱼唇、皮胶、花菇、蹄筋、墨鱼、瑶柱、鸽蛋等，装入坛中，加入高汤和福建老酒以文火煨制数小时而成。满口的高蛋白，食客不免腻味。徐鹤峰根据太湖地区的物产，选取鮰鱼肚、鲃鱼肝、鲜鲍、辽参、膏蟹蚶、青鱼尾鳍以及河豚勒，以浓汤煨制，色泽微黄，香气飘逸，不腥不膻，绝对是颠覆味觉记忆的美好享受。

肚肺汤是不登大雅之堂的农家菜，徐鹤峰放弃"猪家门"而取新鲜的鮰鱼肚和鲃鱼肝，鸡汤滚至断生后捞出，另换鸡汤再小火煨熟，名字还叫肚肺汤，但品级要高出许多。以前一见"肚肺汤"三字就浑身起鸡皮疙瘩的人吃了这碗资产重组过的汤，整个人都不一样了。

以这样的思路去开发"八宝""什锦""大盆菜""全家福"等，肯定会获得广阔的表现空间。

江南乌青的如烟往事

青鱼，鲤形目，鲤科，雅罗鱼亚科，青鱼属。青鱼体形修长，近似圆筒，腹部圆润，尾部偏扁，头部略带平扁，吻端钝圆，体长可达150厘米。主要分布于长江以南的平原地区，为中国四大家鱼之一。"乌青"，是江南人对青鱼中肉食者的别称，它们是青鱼中的贵族，有隐士风度，喜欢栖息在河泊的中下层，专挑螺蛳、蚌、蚬、蛤等活物吃，肉质自然比"草青"鲜美多多，所以人们也称"乌青"为"螺蛳青"，苏州人通常唤作"乌栖"。

熏鱼与爆鱼，一门两兄弟

朋友自北方来，我设便宴小酌言欢。本帮菜近来名声远播大江南北，朋友提出要领略本帮名肴风味，这是给上海面子，于是参考大众点评的数据订了一家本帮馆子，再请两位"无酒不坐餐桌前"的朋友作陪。点菜时我不免犹豫，红烧肉要不要点呢？上海朋友异口同声：要！无肉不成宴嘛！

还有一道熏鱼，是本帮酒席中的冷菜八大金刚之一，任你花开花落，季节更迭，八大金刚中有几位爷可能换防，但熏鱼忠于职守，决不离岗。

冷不防北方朋友问了一句："熏鱼与爆鱼有何区别？"

我与其他两位"上海宁"面面相觑：吃了几十年的熏鱼或者爆鱼，几乎没人在意两者的区别。我早被大家戴了高帽子——"作家中的美食家""上海的蔡澜"，只得赶紧搜索大脑库存，再结结巴巴地对北方朋友解释：熏鱼与爆鱼的区别，大概在于前者经油炸至脆、浸卤入味后再加一道烟熏程序，爆鱼就不必烟熏了。

北方朋友问："那么咱们今天吃的熏鱼是不是也要经过烟熏？"

我肯定地回答："现在许多古法都变样了，或者说与时俱进了，熏鱼不可能再有烟熏环节，新雅粤菜馆过去有奶油烟鲳鱼，现在也送入烤箱一烤了事。不是说烟熏食物不利于健康吗？"

北方朋友相当可爱，估计属于"刨根问底俱乐部"的成员，不依不饶地追下去："在我们那里还能吃到熏蛋、熏鸭、熏肠、熏茶干，还有北欧风味的熏培根和熏三文鱼。对啊，还有烟熏肉啊！我去年还在西班牙参观过一个工厂，古法烟熏，培根、香肠、火腿阵势浩大，木屑与松果燃烧时散发出熔岩般的幽光，紫烟萦绕，闻着就跟抽上等雪茄一样，飘飘欲仙。这个工场排烟设备特好，工作着的美女，脸上照样白白净净，幸福指数老高了。"

说实话，如此温馨场景我也特别向往，但是为了人民群众的健康，为了青山绿水，有些东西就该割舍。呷着茶，热烈讨论着，熏鱼就端上来了。北方朋友搛起一块入口，唔，怎么是热的？

主陪席上的老张逮住机会开导北方朋友："这个你们不懂了吧，现在讲究冷菜热做。"

北方朋友指着我问："你可是白纸黑字写得清清楚楚，说冷菜是为了让主客在等其他人赴宴时一边聊天一边佐茶时吃的。冷菜就应该是冷的，冷菜一热，觚将不觚。"

好吧，学孔老夫子腔调了。我赶紧回应："后来，上海的厨师发现热的熏鱼或者爆鱼皮脆肉嫩，卤汁丰盈，味道比冷的好。好吃是硬道理，你说是不是？"

那是，主客双方撞响杯子，一口闷！

不过，极具探索精神的北方朋友又发现了疑点："我们杂志社有一位上海籍的老师，大老爷们娘娘腔，做饭做菜是一把好手，他做的熏鱼特别好吃，逢年过节大家伙上他家拜年、吃饭，第一光盘的就是熏鱼。他家的熏鱼切薄片，甜甜酸酸的味道一直渗透到骨头里。今天咱们吃的熏鱼厚实壮阔，气势宏伟，没想到上海人真的大气谦和了。"

什么意思？嘲叽叽！但是为了维护数十年的兄弟情谊，我只能婉转地解释：没错，现在物质供应丰富，上海人有条件摆个阔啦。

私房熏鱼，最堪回味

我一直以为，熏鱼也好，爆鱼也好，一开始都是为了携带方便而制作的，与客家人的"路菜"一样性质。比如去田头干农活，坐船去远方，跑码头做小买卖，甚至进京赶考，油炸并入味的鱼块就是路上简便而实惠的小菜，可下酒，可送饭，又不易变质。小时候家里做熏鱼，可以吃好几天呢，放得时间长了，回锅一煮，香气回魂。

以前上海饭店供应的熏鱼或爆鱼都比较薄，薄了就容易碎，也容易炸成葫芦瓢。但薄也有好处，容易入味，装盆后又有层峦叠嶂之感。我小时候住石库门弄堂，底楼前厢房有户徐姓人家，娇滴滴女儿待字闺中，说媒者踏破门槛。有一男青年，在被单厂食堂里做，上海人俗称"饭师傅"，不大看得起。不过野百合也有春天，他做的熏鱼就很好吃。开薄片，开成手掌那般大也不破不碎，每次来访必定带满满一饭盒熏鱼，有时被天井里闲聊的邻居大叔大妈截住，只得开盒请大家分享。有一次我出门打酱油，他也往我嘴里塞了一块，鱼皮韧结结的可有一番拉扯，浓郁鲜香、咸中带甜的味道不仅滋润鱼肉，还不可阻挡地渗透到龙骨中间，用力一嚼还有鲜美卤汁喷出。后来他就成了张家的金龟婿，当然，小天井里的舆论也起了关键作用。

有一年除夕，妈妈将姐姐从青浦拎回来的两条乌青杀了，分出一条嘱我做成熏鱼，我就找到徐家女婿求教，他告诉我几个要领：

一，将青鱼洗净沥干，从背部下刀，开成为两大爿，再以斜刀切成八至十块，每块都要带皮。

二，葱白与姜片挤成汁注入大碗内，再加酱油、酒、盐拌匀，将鱼片放入碗内浸泡四小时，每隔一小时翻一次身，以使鱼片均匀入味。

三，坐锅倒油一斤左右，烧至八成热后将鱼片分两批落锅油炸，鱼片结皮鱼肉坚硬后捞起沥油，趁热投入卤汁中（半碗开水加适量白糖和味精），浸泡五分钟后捞出。

四，当分四批次鱼块炸好并浸泡后，将锅内的油出清，锅中倒入原来浸泡生鱼块的腌渍料，并加入少许麻油，煮沸后关火，将鱼片倒入锅中颠翻几下，使鱼片两面再次上味后即可装盘。

当我出门时徐家女婿又追出几步说："听好了，还有一个秘诀告诉你：家里锅子小，油不多，鱼块在油锅里容易粘连在一起，这时候不要用铲刀拨开它们，等它们接触到冷的卤汁，仿佛给烧红的钢刀淬火，自然会分开。有些人做的熏鱼碎得不成样子，就是心太急，动作太多。"

"对了，这就叫'治大国若烹小鲜'，古人早就讲清楚了。"我说。

我按照徐家女婿的方法做，果然差相仿佛，亲戚朋友吃了都说好，妈妈很有面子。从此，逢年过节，熏鱼成了我家的招牌菜。我还用鲳鱼、带鱼、小黄鱼做过熏鱼，味道当然是乌青最好。

爆鱼在"红两鲜"中的杰出表现

那时候青浦城厢镇的集市里还能看到两尺来长的乌青，姐姐气喘吁吁拎着进大门，左邻右舍相当眼热。乌青浑身乌黑，身材修长，鳞片有铜板那么大。中段做熏鱼，头尾、肚肠加粉皮做成老上海的汤卷，出锅时撒一把青蒜叶，香浓美味！用乌青做熏鱼，外形美观，肉质更加鲜美。乌青是为熏鱼而生，为熏鱼而死的。

不过，熏鱼与爆鱼有什么区别？我还是弄不明白。后来我发现一个情况，在面馆里，作为浇头的只有爆鱼，没有熏鱼。焖肉加爆鱼，俗称"红两鲜"，昆山奥灶馆和震泽老严面馆都有红汤爆鱼面，我也吃过，爆鱼之巨，简直如舟桥一般横贯于面碗。三鲜汤里有油氽鱼块，也称爆鱼。但进了饭店酒楼，仿佛一跃而跨龙门，爆鱼成了熏鱼。大富贵、光明邨、老人和、乔家栅、德兴馆等大众化饭店里，熏鱼是深受群众喜爱的品种。食品一店的熟菜专柜从早到晚人头攒动，一半是为熏鱼而来的。对啦，食品一店还供应熏鱼头，炸得酥酥脆脆，美女们一称就是两三斤，晚上一边追韩剧，一边啃鱼头，那才是小时代的幸福时光。

但是在一般人眼里，混在江湖的熏鱼与爆鱼，卖相与吃口其实差不太多，无非是甜点咸点，干点湿点，深点浅点，都是在油锅滚过三滚的"硬汉子"。

多看几本书，有些问题就慢慢弄明白了。熏与爆，是中国烹饪的常用手段，油爆更加家常。在油炸之后的熟熏，应是锦上添花。明代《宋氏养生部》中有记载："治鱼为大轩，微腌，焚奢谷糠，熏熟燥。治鱼微腌，油煎之，日暴之，始烟熏之。"这里透露了两种熏法，前者是生熏，后者是熟熏。油炸之后再烟熏，定义了江南风味之一的熏鱼。

请教了苏州美食大咖华永根先生，他明确说："古法的苏帮熏鱼是油炸后再烟熏的，鱼片余好，另外再弄一只小铁锅，底下放些花生壳、茶叶、玉米芯、谷糠也可以。上架一只竹箅子，鱼片排列放在上面，盖上盖，果壳、茶叶受热后就会起烟，熏个五分钟差不多了。烟熏过的食物有特殊的烟香味，不少人喜欢这股味道。"

现在苏州餐饮界已将这个环节省略了，去年春天去吴江宾馆品尝全塘宴（每道菜均以塘鳢鱼为食材），冷菜中有熏整塘，也未经烟熏。

我查到袁枚在他的葵花宝典《随园食单》里有一条"鱼脯"："活青鱼去头尾，斩小方块，盐腌透，风干，入锅油煎；加佐料收卤，再炒芝麻滚拌起锅，苏州法也。"这个"苏州法也"的"鱼脯"，难道是熏鱼的另一种表达？

又从华永根的徒弟、苏州吴越美食推进会创始会长蒋洪兄的美食随笔集《寻找美食家》一书中看到有更为详尽的记载，兹照录如下：

"清曾懿《中馈录》有制五香熏鱼法：'法以青鱼或草鱼脂肪多者，将鱼去鳞和杂碎洗净，横切四分厚片，晾干水气。以花椒及炒细白盐及白糖逐块摸擦，腌半日，即去其卤，再加绍酒、酱油浸之，时时翻动，过一日夜晒半干，用麻油煎好，捞起。将花椒、大小茴香研细末，糁上，安在细铁丝罩上，炭炉内用茶叶、米少许烧烟熏之，不必过度。微有烟香气即得。但不宜太咸，咸则不鲜也。'"

既生瑜，何生亮。既然大家都说熏鱼好，爆鱼是不是应该退出历史舞台？倒也未必。魔都餐饮界以市场为导向，素来主张宽容，只要有人爱吃，爆鱼就不必自暴自弃，总有秀肌肉的机会。

那么关于爆鱼，古人有没有说法呢？也有。《清稗类钞》中记了一笔："爆鱼者，青鱼或鲤鱼切块洗净，以好酱油及酒浸半日，置沸油中炙之，以皮黄肉松为度，过迟则老且焦，过速则不透味。起锅，略撒椒末、甘草屑于上，置碗中使冷，则鱼燥而味佳。亦有以旁皮鱼（江南乡间溪流中常见小鱼，长不盈寸，正式名字叫鳑鲏鱼——作者注）为之者，则整而非碎，松脆香鲜，骨肉混和，亦甚美。"

皮黄肉松，松脆香鲜——人间正道沧桑，爆鱼不忘初心。

今天，不管一条鱼从哪里来，有追求的厨师都能拿出N种方案来调教它，但古人定下的"爆鱼法则"，已成圭臬。也不管黄鱼、鲳鱼、塘鳢鱼或龙利鱼、银鳕鱼，都可拿来一爆，也有些厨师不再撒椒末、甘草之类，顶多以五香粉或鲜辣粉加持。

徐鹤峰大师又告诉我：应该从上世纪60年代开始，江南一带制作熏鱼时就省略了烟熏环节。"不过，熏鱼与爆鱼还是有区别的，做熏鱼，先用酱油和黄酒'郁'一下，在风头里吹数小时稍许脱水，入锅油炸后浸卤片刻即捞起，有时候还要复炸，所以成品质地较干硬，颜色较浅，回味悠长。爆鱼也有腌制环节，不需吹干，油炸至香酥后捞起沥油，最后锅内出清，将浸鱼的腌渍料倒入锅内煮沸，加糖适量，再投入鱼块颠翻几下使之入味，最好用猛火将卤汁收干，味道更好。"

"郁"是吴方言，有浸渍之意。在具体操作时还要在腌渍物上加压重物，使之更加入味。

以上两种方法我都试过，作为冷菜，不妨卤汁多点，作为什锦砂锅的食材，就应该干硬点，否则汤里一滚就成碎屑了。

2019年10月2日，亚洲通讯社社长徐静波在朋友圈晒出他参加70周年国庆招待晚宴的亲历，餐桌上竖着一份菜单，冷菜应该有八样，具体是啥没写清楚。我从照片上看到有黄瓜、藕片、烧鹅等，还有一道熏鱼，也许叫爆鱼。以小黄鱼为食材，剁块而不是切片，酱色稍浅，但炸得有点过，鱼皮干结，鱼肉紧硬。厨师又加了一些豆豉提味，这个也无不可，但是盘底留下一层明晃晃的浮油，也许是浅黄色的卤汁，一不小心就呈现"高峡出平湖"的画风，这个就比较"北派"了。

光头爷叔的冷熏鱼

去年在绍兴路一家私房菜馆里与朋友小酌，菜好酒好，话题对路，主客尽欢。在厨房里忙得满头大汗的厨师将门帘一挑出来打招呼，小伙子叫刘毅翎，网名"光头爷叔"，本帮菜之外，还做虾子酱油和熏鱼，借助微信小范围销售。虾子酱油用酿造酱油和当年烘焙的河虾子制成，味道极鲜而无腥无涩，拌面、冲汤、烧虾子茭白、虾子冬笋、虾子海参，都有画龙点睛之功。熏鱼也是他家的祖传。

据光头爷叔说，这味冷熏鱼是刘氏祖传了一百多年的家常菜。选活青鱼宰杀，死鱼不用，也不能是"车浜鱼"，因为"车浜鱼"有泥土气，会影响质量。挑选青鱼时要打开鱼鳃嗅一下，如有泥土气，就是"车浜鱼"。辅材也简单，就是酱油、白糖、绍酒等等。切块也有讲究，不能太薄，也不能太厚，开面大，当然值得在朋友圈里炫一把。进入烹制环节，经验十分关键，调味料要一次加足，切忌频繁添加。前期工作不算，光是鱼块油炸后回卤复烧也要两个小时。

"我听父亲说，奶奶嫁到刘家后，我的曾祖母就把这道传了好几代的私房菜再传于她。上世纪40年代初，南京西路国际饭店东侧有个金谷商场（现永新广场，原体育俱乐部和华侨饭店之间），在商场的二层有两个剧场，一个是滑稽戏场，一个是演沪剧和宁波滩簧，每天有许多观众进进出出。我爷爷在底层开了家食品店，除了盐水鸭肫肝、五香牛肉干、五香茶叶蛋等'看戏标配'，还供应酱鸡酱鸭、广式叉烧、素鸭素鹅等，大家散场后顺便带点熟小菜回家过过小老酒，这就是上海人的小乐惠。还有我家祖传的冷熏鱼，但是奶奶每天只做十份，做好后由佣人送进商场。时间一到，来看戏的熟客已经等在店门口，冷熏鱼一上柜便遭秒杀。电影皇后陈云裳就非常喜欢吃我家的冷熏鱼，她是我父亲姑姑的过房女儿。我奶奶的冰糖甲鱼做得也是一流，还有我家的菜烧狮子头，一只大砂锅，十只狮子头，三斤霜打过的矮脚青菜垫底，小火慢炖，满室飘香，逢年过节必做，热气腾腾，吃得大家眉开眼笑。"

经过一两年小范围试销，光头爷叔的冷熏鱼已成网红产品，有人批评他这是"饥饿营销"，要求增加产量，他不听。"我遵循家法，每批次只做三份，锅内放多了，味道就出不来。也有老板要与我合作，做大市场份额，我也没答应。许多私房菜在做大之后都丧失了原有味道。"

我买过光头爷叔的冷熏鱼，一份四块，厚度约2厘米左右，横截面比我的手掌还大，霸气十足。照网名"明珠JJ"的美食作家孔明珠的说法，简直就是一块战斧牛排。浇上去的原卤将鱼肉紧紧包住，鱼皮韧结，肌理清晰，口感饱满，汁液丰盈，吃了还想吃。

前不久我约光头爷叔在兴国宾馆与朋友吃饭，请他带上三份冷熏鱼让大家分享。徐鹤峰大师坐在我旁边喝他的威士忌，我请他尝尝私房冷熏鱼，大师尝后给了光头爷叔充分肯定，也提了一些建议："颜色再浅一些会更好。"

光头爷叔很高兴："西北风一刮，我定点采购的商户就可以找到野生的乌青了，价格是一般青鱼的一倍，但是我愿意出这个价，因为用乌青做熏鱼，味道会更好。"

熏鱼、爆鱼，一条青鱼遇到了江南郇厨，巧手安排，别饶风味。只是，曾经萦绕在青鱼身上的那缕淡淡的紫烟，已然化为杏花春雨般的梦境。

柴火旺，鱼头肥

　　中外饮食区别最有趣的地方，莫过于中国人酷爱动物的"首级"，鸡头鸭头鹅头鱼头，大啃特啃，津津有味，吮指之乐，欲罢不忍，西方人别说不会吃，就是在餐桌上看到也会吓得面色惨白。

　　首级一类，中国人对鱼头或有偏爱，也许历史悠久，至少李时珍在《本草纲目》中就已经把话挑明了："鳙之美者在于头。"苏州老吃客则有一句话："青鱼尾巴鲢鱼头。"花鲢鱼，也叫胖头鱼，学名鳙鱼。在菜场里的鱼摊头上，别的鱼都是整条卖的，只有花鲢鱼分段待沽，而且肥硕的花鲢鱼头卖得比鱼身贵！饭店里的鱼头煲也是长销不衰的招牌菜，而鱼身只能做成鱼圆，太太平平当好配角。"扬州三头"天下闻名，其中拆烩鱼头最考验厨师的绣花功夫。花鲢鱼头斩成两瓣煮至半熟，捞起后浸在冰水里剔骨。剔骨需要技术和耐心，一只鱼头的骨刺有四百多根，剔骨后两扇鱼头要保持完整，然后回锅加高汤小火烩。烩至汤汁浓厚，勾薄芡淋油上桌，总能赢来满堂彩。我曾与沪上著名美食家阿德哥在一家扬帮饭店尝过此菜，肥嫩沃腴，想必传说中的龙肝凤髓也不过如此吧。

　　鱼头汤也是南方人的最爱。取花鲢鱼首级四五斤一枚，劈开后入油锅稍煎而去腥。取一只大炒锅，倒少量素油煸香海椒、泡椒、郫县豆板、姜等，将鱼头小心投放，有鱼皮的一面朝上，加料酒、生抽、老抽、冬笋头汤，文火煮两小时以上，再以大火快速煮至汤色浓稠，最后视各人喜恶加豆腐或粉皮。上桌后盖子一掀，沸汤还在嘟嘟地冒泡，看上去很美。撒一把青蒜叶，吃吧。此时窗外朔风呼啸，大雪纷飞，鱼头汤冒着热气，两杯酒下肚，对面的佳人已面如桃花，两眼含情脉脉，幸福死了。

上海老饭店有一味糟香大鱼头，国斌兄请我去老饭店吃饭，此菜必点，他认为性价比最高。

上周与阿德哥等几位朋友去蒲汇塘路上一家名为"老刘家"的饭店品尝苏北风味的农家菜，在暴食了草鸡面疙瘩、大煮干丝、酱炒螺蛳、塘鳢鱼炖蛋、土灶炖老鹅等特色菜后，一大砂锅鱼头汤上桌了！浓汤鲜香，鱼肉嫩滑，特别是鱼唇鱼舌，肉头软滑，膏脂肥厚，软糯腴美，五个大男人风卷残云，连汤带汁都消灭光了。

"老刘家"选用的花鲢来自千岛湖，在生长过程中不投入人工饲料，全靠它们自己找食吃，湖水清澈见底，水草丰满，成了鱼的主食。而湖边松林密布，秋冬两季，松花纷纷飘落在湖面上，成了鱼们的滋补佳品。"最大的可长到二十多斤呢！"憨厚的老刘对我们说，"我们这里的鱼，起码十多斤，否则鱼头就不够肥。"

煲鱼头汤也需要太极功夫，先用猪油稍煎一下，再下足够的沸水，转文火煲两三个小时，汤色乳白，鲜美浓厚。特别是鱼头中间的脑髓，如脂如膏，旧称"鱼云""鱼魂"，据说是很补的，也可治头晕头痛。

除了大鱼头煲汤，鱼身还可以做成本帮熏鱼、荠菜鱼圆、红烧鱼泡、松鼠鱼尾、椒盐鱼排、酸菜鱼片、糟溜鱼片、荠菜鱼珠……最奇特的是酒酿圆子烧划水，混搭得太离谱啦，但朋友都说好，我也不能扫大家的兴。

"老刘家"的点心也值得一尝，扬州富春茶社的三丁包美名远扬，老刘请来富春的点心师，三丁包馅心里放草鸡丁和草鸡汤冻，味道更胜富春一筹。每天一早安排点心师傅在店门口现蒸外卖，周边居民和商务楼里的女士天天排队，十只二十只一买，成了蒲汇塘路的一道风景。烧卖和千层油糕也相当不错。那天我们酒足饭饱后，就每人带了十只温香软玉的三丁包回家哄太太。

秋风初起树叶儿卷，老刘送我们出门时还热情相约下一场："立冬后来吃羊肉啊！我们这里白切羊肉也是一流的！"

我问："有没有羊头？""当然有！一大盘白汤煮羊头，两斤黄酒，三九严寒连秋裤也不用穿了。"

对了，"老刘家"的黄酒是原甏的，分装在粗壮的毛竹筒里上桌，别有一种纯朴的乡情。

咸鱼翻身在舌尖

有一句话被广泛引用："如入鲍鱼之肆，久而不闻其臭。"于是不少人想当然，以为鲍鱼是很臭的，其实这是一个误会。通常我们所说的鲍鱼，背负一个粗糙的、状如耳朵、厚而硬的壳，喜钻礁缝，渔人潜水而捕获，为海中珍品。如今人工养殖成功，在饭店里可以吃到，价钱也可以承受。而在古代，非王侯不能染指，至少在周代已经列入海八珍之一，时称鳆鱼或石决明，因为出于北方沿海，与南方的牡蛎并称为"南蛎北鳆"。

曹操是很喜爱吃鲍鱼的，他是挥鞭北海的魏王嘛。而《孔子家语·六本》中所说的鲍鱼，是指咸鱼。我曾在一本书里读到，记得是专指一种腌后没经暴晒或风干的鱼。加工方法有点像我家乡的暴腌肉或暴腌鱼。在农耕时代，暴腌过的鱼肉如果处置不当，就腐败发臭，书面语言称之为"馁"。孔老夫子所谓"鱼馁而肉败，不食"。

这就是鲍鱼之臭的真正原因。

话说公元前210年，秦始皇最后一次巡游，大队人马浩浩荡荡一路南下，到了会稽山下，秦始皇领着文武百官祭过大禹，立了石碑，再调头北上至平原津（今山东德州南），突然病倒，于七月丙寅日在沙丘（今河北平乡东），两腿一蹬挂了。大概秦始皇一直认为自己是个超人，活到五百岁没有问题，没想到立遗嘱，也没有把接班人的事情排上议事日程。因此，左丞相李斯怕皇帝的死讯会引起天下大乱，就秘不发丧，将秦始皇的尸体置于凉车中，一切就像皇帝还身体永远健康、吃喝拉撒照常进行的样子继续北上，一路上旌旗招展，吹吹打打，威武如仪。可老天不帮忙，时值盛夏，皇帝的尸体也是肉做的，富含脂肪、蛋白质和水分，很快就发出阵阵令人作呕的"馁"味。李丞相想了一个妙计，在秦始皇的座驾里塞进了许多鲍鱼，以馁盖馁，然后回到咸阳发丧，胡亥顺顺当当地坐上了皇帝的宝座——虽然是个傀儡。

鲍鱼之臭提供了一个证据：早在两千年前，我们的先人已经懂得腌渍咸鱼，并且形成了颇具规模的市场。

还有一个字：鲞。本意是指腌后晒干的咸鱼，今天我们还在使用，比如黄鱼鲞、鳗鲞、鳓鲞、墨鱼鲞等等。鲞与鲍对应，是干与湿的两种咸鱼形态。

咸鱼是一次偶然的发现，渔获一下子吃不完——冰窖只有皇宫王府才置得起，交通不发达，贸易途中不便久搁，渔民发现用盐腌一下可以"久存致远"，于是咸鱼就跃然"浮出水面"，成了一种于味觉有更大刺激的美食。

似乎还有一种咸鱼形态，大约是腌的同时再加点酒或糟，味道更加丰富，称为鲊。东晋大将军陶侃在年轻时做过鱼梁县吏，有一次拿了一瓦罐鱼鲊派人送至家中孝敬老母。他母亲没吃，当即封了瓦罐，还写了一封信教训儿子：你作为官吏，却以官物送我食用，这不仅对我没有益处，反而增添了我的忧愁。这就是后人传为佳话的"陶母封鲊"，放在今天可以作为廉政建设的教材。

到了宋代，随着海产品的大量捕捞与食用，海鱼海蟹也被大量腌渍。黄鱼鲞与鳗鲞大约就在这时实现了品质提升。

在我茁壮成长的火红年代，咸鱼是清贫生活的安慰，是调剂"淡出鸟来"的味觉的美食。比如咸带鱼，风干后油煎，佐泡饭最佳，它常有一点点"馁"味，但弄堂里的男女老少从不厌恶这种味道，相反如果没有这股味，心里就会不踏实。还有一种黄鲚，体小肉薄多刺，非得油煎至微焦才能连骨带刺一起嚼食，也是平民的恩物。"龙头烤"是宁波人的专利，此货内含水分很高，须加大量的海盐腌制，咸至苦口，晒至干枯如篾竹片，油煎或浇素油清蒸，可以镇压糙米饭两大碗，回味甘鲜。现在饭店有新鲜"龙头烤"应市，美其名曰"九肚鱼"，也叫"豆腐鱼"，上浆挂糊后入油锅炸，撒花椒盐趁热吃，外脆里嫩。

咸鳓鲞是属于教科书级别的咸鱼，去南货店买一条，头尾斩段，加肉糜或咸蛋蒸，可以吃两三顿。过去我家常买来吃，吃剩至咸鱼头一只，妈妈就加一勺醋冲汤，又是一道美味。入夏，暴腌小黄鱼就登场了。夕阳西下时分，弄堂底，水井旁，石库门前，搁小桌子一张，一家人围坐晚餐，暴腌小黄鱼油煎十余尾，黄金色赏心悦目，下酒下饭两相宜，虽寒素而其乐融融。

腌制并经曝晒的大黄鱼就是咸鱼中的极品了，称之为黄鱼鲞，品质最佳者也叫白鲞。我老家绍兴有黄鱼鲞烧肉这味民间佳肴驰名海内，逢年过节，小康之家都会焖上一大锅，从正月初一吃到元宵。

黄鱼鲞烧肉做冷盘飨客也不失风度，膏体鲜红如琥珀，味道也"交关好"，此菜在袁枚《随园食单》中有记载："法与火腿肉同。鲞易烂，须先煨肉至八分，再加鲞；凉之则号'鲞冻'。绍兴人菜也。鲞不佳者，不必用。"

黄鱼鲞还可以与鸡一起烧成黄鱼鲞扣鸡，与鹅一起烧就成了扣鹅，都比烧肉要高级。黄鱼鲞也可以单独成菜，加黄酒加糖清蒸，冷却后撕条，送粥一流。黄鱼鲞斩块煮汤，汤色乳白，加冬笋片和黑木耳，或只加嫩豆腐，均可致美。

浙江一带的鳗鲞，也是南方人过年时的必备品，清蒸后撕成条，喷些白酒增香，诚为下酒妙品。昔日渔民在海上捕鱼，收获鳗鱼后就开膛洗净，用竹签撑开鱼肚，挂在船尾，迎风吹干，上岸后就成了一味美食。我现在的家在老城厢大南门外，江阴街上有一鱼摊，每年春节前一个多月，老板就大张旗鼓地开始加工新风鳗鲞，长及一米有余，宽一尺左右，肚膛用竹签撑开，鱼尾处挂了红布条，上书买家姓名与重量，一条条挂在屋檐下吹风，是一道即将消失的风景。每次走过，总要张望一番。

有一位老作家写文章回忆上世纪30年代他初来上海时的印象。年关将近，他在南京路三阳南货店前看到，店家从二楼窗口挑出一条银光闪闪的鳗鲞，这条巨无霸长达五米，尾巴一直拖到地面，吸引了许多市民，这条鳗鲞于是就成了老字号的绝妙广告。过了元宵节，店家才收起保管，来年再用。他不明白这条鳗鲞何以能保持不坏。前几天我在上海电视台做节目，正好与三阳南货店有关，可是今天的经理也不知道有这么一节故事。

鳗鲞也可以与猪肉同煮，鳗鲞烧肉"味道交关赞"。

在宁波我还吃到一种沙鳗鲞，比海鳗小很多，比河鳗也小一号，但肉质更加鲜嫩，骨刺软绵，吃下去无妨。沙鳗鲞做冷菜也是很好的下酒小菜，沙鳗鲞切丝，炒芹菜，味道一流。

咸鱼是清贫生活的调味品，然而现代化的每一小步，都以牺牲诗意乡情为代价。电子时代的到来，无情地宣判了咸鱼的末日。如今一般家庭普遍用上了冰箱，家庭食谱也悄悄地起了变化，冷冻的鱼似乎比腌鱼鲜鱼更接近活货本味，于是家庭主妇舍咸鱼而逐冻鱼。其实，冻鱼貌似真本，但冷藏后的水产品鲜味大大走失，这是谁也不能否定的事实。再说，在抛弃咸鱼的同时，也等于自动放弃了一种生活乐趣。

如今，腌渍咸鱼的工艺似有失传之虞，即使在某些地方勉强存在，无良商家也为防止苍蝇袭扰后生蛆，在咸鱼内外喷洒强效农药。我亲眼看到一只苍蝇扑到一条色相俱佳的咸鱼上，搓了几下腿脚就呜呼哀哉了。这种咸鱼谁还吃呢？粤港人士把逆大势而盛的事喻为"咸鱼翻身"，而在内地，咸鱼本身已经很难"咸鱼翻身"了。

酒乡佳日祭酒神

立冬，这一天对中国人而言很重要。

在中国酒乡绍兴，意味着一年中的"酿酒季"开始了。立冬是绍兴黄酒开始投料发酵的日子。从立冬开始到第二年立春这段时间，鉴湖水体清冽、气温低，可有效抑制杂菌繁育，确保发酵顺利进行，又能使酒在低温长时间的发酵过程中形成良好的风味，是酿造黄酒的黄金时段，绍兴人称之为"冬酿"。整个冬天，酒坊里弥漫着糯米饭和酒曲的芳香气息，酿酒师傅忙碌并快乐着。

一坛黄酒的酿成，要经历制药、做曲、做淋饭、投料开酿、长达九十余天的发酵期、立春压榨、煎酒、封泥等36道工序，在"酒头脑"——主管酿酒的老法师的严格把关下，封坛入窖。若干年后挑一个良辰美景，开坛飘香。

九秋玉露开冬酿，百里鉴水酒飘香。我有幸参加今年的中国绍兴黄酒节开酿典礼，上午10点之前，古城一直细雨绵绵，但在典礼开始前十分钟，黄酒博物馆广场上方的这片天就一下子放晴了。据在场好几位嘉宾回忆，前几年的开酿典礼也遇到这样转雨为晴的奇迹，有如天佑。

典礼开始，十几位小帅哥身穿汉制礼服向酒神献上供品，中国酒业协会黄酒分会理事长、绍兴市黄酒行业协会会长傅建伟诵读祭文："黄酒之都，唯吾绍邑。壶酒兴邦，千古史迹。曲水流觞，书圣醉书。

鴻運當頭

丁酉春日

崔老泰榮作

船头悬壶，剑南诗传……"来自各著名酒厂的十五位老资格"酒头脑"敬了香，齐声宣誓："做诚实人，酿良心酒。"

在姑娘与小伙演绎了古朴优美的"采薇"舞蹈之后，"酒头脑"演示了浸米、蒸饭、落缸、开耙、发酵等流程，千百年来绍兴黄酒形成的独特风俗一一展现在人们眼前。

在观看表演时，我不由得想起历朝历代与绍兴黄酒交集过的文人骚客，比如王羲之、孟浩然、李白、杜甫、贺知章、白居易、元稹……他们或来长居，或来行吟，或来做官，常在竹林溪畔文会雅集，曲水流觞，长啸短吟，醉卧花丛，留下酒的佳话、书的巨迹、诗的名篇。可以说，书写中国文学史的砚池中一直流淌着甘醇的绍兴黄酒。

典礼之后，我们一行还参观了孙端镇的古越龙山中央酒库。走进库区，两边都是排列整齐、类似工厂车间的白墙黛瓦大仓库，数不清的酒坛子层层叠叠，它们在睡觉，在做梦，呼吸均匀而舒缓，幽幽的酒香一直笼罩、尾随着我们。

中央酒库占地308亩，拥有18间大型酒库，储存着1100万坛大坛原酒。这是什么概念呢？打个比方吧，如果将酒库里所有酒坛排成长队，可以沿着京广线排个来回。

2008年11月，经上海大世界基尼斯总部审核，被授予"大世界基尼斯之最"称号，总面积为149550.03平方米的古越龙山中央酒库成为中国和世界最大的黄酒酒库。

酒库里有多个亮点，其中一个亮点是七百多坛50年陈酿，据说每坛酒价值100万元以上，相当于一辆"上档次"的奥迪轿车。酒库年份最古老的原酒是1928年的，源自沈永和酒坊，算起来已有九十年。1974年酒厂扩建，需要拆除周围居民的城墙，结果在一幢大房子的夹墙里发现了一批沈永和酒厂的绍兴酒，酒坛上刻着1928年的字样。酒坛旁边还有当时的坊单："预订远年，直觉争先恐后。坛外特盖用月泉小印泥盖，内并封入此单，务请大雅君子购时认明，庶不致误。"

原来这是当年收藏主人亲笔写下的字迹，物主不知哪里去了，这是天上掉下来的馅饼，酒厂员工如获至宝。这批酒现在已成为文物，北京钓鱼台国宾馆也陈列了一坛。

此次绍兴之行还有一个收获。以前只知道中国的酒神是杜康，到了黄酒博物馆才发现绍兴人供奉的是仪狄，女神塑像温柔端庄，足具母仪天下的风范。仪狄传说是夏禹的一位祭司，是最早见诸史书的酿酒专家，她的贡献在于发明了"曲药酿酒术"。不过绍兴的朋友又补充一句：仪狄究竟是男是女还有争议，在先秦文献记录中是女性，而后世的文献则完全男性化了。

我私心希望仪狄是一位女性，因为在中国的神话谱系中，女神实在是少之又少，与古希腊根本不能比。我们能记住的除了女娲、西王母、嫘祖、嫦娥、九天玄女、三霄姑娘、娥皇与女英、妈祖以外，还有谁呢？女娲留下的那块石头已经把我们害苦了，西王母的形象已经被孙悟空大闹天空丑化了，嫦娥嘛，除了我们在吃月饼时被偶尔提起，平时没她的事。三霄姑娘与九天玄女的故事讲得太离谱，有点把人民群众当成弱智。娥皇与女英，年轻美貌，双双做了虞舜的妃子，虞舜死后她们失去了依靠，整天哭哭啼啼的样子，把斑斑泪痕染在竹子上，千年不变成基因，今天只有玩扇子的收藏家才说得清楚她们的特殊贡献。嫘祖对养蚕缫丝有功，妈祖是有着广泛群众基础的海上保护神，渔民出海打鱼，都由她一路罩着，影响力可能超过女娲。所以仪狄如果是位女同志，就容易让人亲近，因为我们在吃甜酿时，都会不约而同地想起自己的外婆或妈妈，她们都是做酒酿的高手，都是"曲药酿酒术"的忠诚传承人，当然也是我们心中的女神。

生态农庄的"海门愚公"

朋友张妙霖，人品好，运气也好，外贸公司顺风顺水地办了三十年，在全球经济大滑坡的形势下还有相当不错的赢利，去年还在伦敦买了房子，据说与英国前首相布莱尔成了街坊邻居。但不知哪根筋搭错，在老家海门租了一百亩地，种起了有机蔬菜，养起了土猪土羊土鸡。本来一身名牌的他，三个月后被太阳晒得像奥巴马的表弟一样，还获得了"海门愚公"的雅号。

有一天愚公上门来，掷下一箱蔬菜，拣出一棵扒开叶子送到我眼前：这是有机的，你看看——菜叶有虫咬的洞洞。那专注的神情，简直像设计师在观察钻石上的八心八箭。这还不算，还当场掰下一叶塞进嘴咔咔乱嚼："甜，就是甜！"

近年来，鉴于食品安全频频亮起红灯，不少人就将目光锁定有机食品。档次高一点的超市也抓住商机，开辟有机食品专柜，价格比一般食品贵出许多。同时呢，有机农场也雨后春笋般地在全国各地兴起，但大多数成了土豪的特供基地，真正能为普通消费者服务的并不多。

几天后我与几位好友特意去海门东灶港看个究竟。骄阳似火，海风微拂，田间巷陌一片葱翠。张总这个有机生态农庄是向公众开放的，自觉接受监督。

当真，田头还有沤粪池，味道相当刺鼻，但有农村生活经历的人闻着亲切。蔬菜有露天生长的，也有棚里生长的，但打不打农药一看就知道，香菜、芹菜、韭菜、莴笋等虫子不吃，其他蔬菜叶子上都有洞洞。为了除虫除草，农民从清晨起就趴在田里劳作，汗珠子叭叭地摔在地上。特别是鸡毛菜，芽叶一出，虫子总动员，蜂拥而上来尝鲜。为了虫口夺菜，海门愚公带领农民干脆来个薄膜全覆盖，挖洞让菜叶钻出来。大棚里还种了许多西红柿、豇豆、苦瓜、黄瓜等娇嫩的蔬菜，伺弄起来更加累人，而且温度特高，我在大棚门口一晃，一股热浪差点将我熏倒。

说起种植有机蔬菜的辛苦，愚公非常感慨："种植有机蔬菜的困难超过我的想象，用有机肥，蔬菜的生长速度比用化肥时的生长速度慢一半还不止。有机蔬菜的个头小，产量比化肥农药菜也要少。当初我们在定价时参照上海其他有机蔬菜公司的价格，现在看来吃大亏了。真正的有机种植成本要高得多！这还不算，最头疼的问题是病虫害防治，我们的农民眼瞅着虫子排着队吞噬菜叶，刷刷直响，心疼得直掉泪啊。我跟他们说：吃一点没关系，吃了一半，还有一半嘛。谁想到啊，我们种下的第一茬鸡毛菜给虫子们吃了个光盘！比虫子更厉害的是病菌！我们农庄第二茬水果黄瓜刚刚开花结果，突然有一天全部病倒，两天内死光光，真叫人束手无策。还有几个品种的甜瓜，在病菌面前也无招架之力，一排排倒下，我蹲在田头真想大哭一场啊！"

有人开导愚公：用一点点农药没关系，只要农药残留控制好就行啦。愚公把头摇得跟拨浪鼓似的：不行！

再看看人家的有机农场，蔬果的长势相当不错，只不过用了一点点神奇妙药，丝瓜、黄瓜就长得笔笔直，碧绿生青，掐得出水。西瓜滚滚圆，刀刃轻轻一碰，嘣地一下就爆开来了，红瓤黑籽，甜得跟蜜似的，配送到户，谁不欢喜？但就是这种神奇妙药，愚公也坚拒。

后来有会员投诉：好年农庄的蔬菜看上去不新鲜，搭头甩脑的。愚公就写信致客户：好年农庄的蔬菜是从田间采摘后直接包装的，绝对新鲜。看上去不那么"水淋淋"，是因为我们从不使用保鲜剂。再说真正的有机蔬菜看上去就是要比化肥农药菜颜值差一点，但用净水浸泡半个小时后它们会苏醒过来，舒展曼妙身姿，再给你鲜嫩味美的回报。客户如法操作，果然新鲜如初了。

海门愚公的"有机主义"理念也体现在禽畜养殖上。土鸡土鸭是第一方阵，狼山鸡是南通的传统品种，历史悠久，名声远播，狼山鸡下的蛋为绿壳蛋，个头不大，品质却非常优良。全部谷物喂养，走地鸡，草鸡蛋，想想都叫人流口水。经过一段时间的研究，狼山鸡恢复了历史英名。猪羊是第二方阵。好年农庄养殖无锡的"二花脸猪"以皮韧、肉紧、肉香而闻名，2006年被列入国家级畜禽遗传资源保护名录，被誉为"猪中国宝"。海门山羊自古有名，正宗的海门山羊应当是"小耳朵山羊"，耳小个小，肉质鲜嫩。遗憾的是，近年来当地农民为了追求利益最大化，纷纷养殖外来大耳朵山羊，谱系也搞乱了，而一般消费者又分不清楚。再从物种角度看，大耳朵山羊耳大个大，与小耳朵山羊交配，使得传统的小耳朵山羊面临绝种的危险。好年农庄以保护海门传统山羊为社会责任，从当地农村收购了几十头小耳朵山羊为种羊，精心饲养，慎重繁殖，现在已经初获成功，小批量投放市场。第三方阵是淡水鱼虾，好年农庄内有十几条原始河渠，愚公严格保护自然生态，嘱农民投放鲫鱼、花鲢、鳊鱼及河虾等，不喂食，不撒药，让它们活在自己的世界里。

我们在农庄里巡察了一番，这里的鸡鸭鹅以及小耳朵山羊、二花脸黑毛猪等似乎都快乐地生活在和谐的动物庄园，物以类聚，自由自在，农场种了大量玉米、番薯供它们吃。愚公说："我们现在知道中国每年从美国进口数千万吨大豆，美国转基因大豆出油率高，那么消费者就有理由怀疑超市里供应的食用油与转基因有关。但我们又忽略了一点，榨油而产生的大量豆粕转入饲料环节，供养猪户用，那么这些猪肉就可能含有转基因的成分。我们不吃转基因大豆油，却糊里糊涂地吃了用转基因豆粕喂大的猪，仍然陷在这个坑里。"

好年农庄里的猪也吃豆粕，但这个豆粕是自己的油坊和外地村镇传统油坊提供的。在别的农场里总能看到颗粒饲料，装在编织袋里一堆就是小半年，这里没有。

我们在田头看到一头黄鼠狼闪电般地在河滩头蹿过，一眨眼就无影无踪。"会不会偷袭你家的小鸡啊？"张总胸有成竹地回答："我们农场养了五头大白鹅，它们警觉性很高，忠于职守，个头大，视野宽，成了鸡鸭的守护神，若是发现黄鼠狼，追过去一口啄中，黄鼠狼痛得吱吱直叫，赶快逃命。"

中午，我们在好年农庄里吃了顿风味别具的农家饭。猪头肉是上海男人的心头好，他家用老卤制作，皮厚肉糯，弹性适宜，猪肉本香扑鼻而来，我一口气吃了四五块。同行的杨忠明兄大为感慨：这才是小时候吃过的猪肉啊！还有红烧大肠！天哪，一口咬下，大肠软糯适口，弹性正好，大肠内壁附着的油脂立即喷发丰腴的香气，谁也挡不住。羊肉也参以海门的农家土法带皮红烧，起锅后撒大肥青蒜叶，肥瘦相间，红绿相映，略有轻微的膻味，而这正是羊肉应有的风味。刘国斌兄说："羊肉不膻，女人不骚，都是很无趣的。"大家哈哈大笑，包括女士在内。一枚硕大的花鲢鱼头劈成两爿，加辣椒、青蒜等清蒸，满口活肉。这条鱼是农庄里负责日常事务的江总大清早在河里钓到的，大鱼咬钩后，与他纠缠了一刻钟才乖乖投降。姜葱炒蛤蜊，蛤蜊是从蛎蚜山（其实是近海的一片浅滩）上捡来的。鳗鲞烧肉，这个鳗鲞是用南黄海特产的秤星鳗晒制的，与二花脸黑毛猪五花肋条肉共煮一锅，立即以令人难忘的复合味征服大家的味蕾。

有机蔬菜当然不可少，我们吃到了大小不一的番茄、茄子、弯弯曲曲的黄瓜、丝瓜，还有农民家里自己磨的豆腐。蔬菜本来的鲜香甘甜浓缩了大自然的光与水,简单的加工便能追回小时候的味道。最后上来的迷你粽子也是一个亮点,以农庄里种的赤豆与糯米为食材,新鲜芦苇叶包裹,红线绳拦腰一扎,大锅煮熟,剥出来就是一股清香,当然一抢而光,胡展奋兄还从厨房里"偷"了几只带回去孝敬他的太太,我笑称他也算陆绩怀橘了。

海门愚公告诉我,农庄供应客户的海鲜都是从东灶港采购来的。渔船披着朝霞一靠岸,早已等在码头的农庄采购员就着手装箱,稍作包装后全程冷链配送,当晚送到会员家里,保证客户吃到最新鲜的海鲜。

酒足饭饱,大家步出餐厅,突然尘土飞扬,来了三辆豪车,一拨人横着走到田头,为首者伸出肥嘟嘟的大手画了一个圈,要将这块里的蔬菜统统包下来。张总迎上去告诉他,我们这里有规矩,定量分配,人人平等。还告诉他,今天人手不够,要买就自己动手采摘。说完叫来一个老农,领他们去大棚里劳动。

"吃点有机蔬菜就这么烦?"画圈的那个男人皱着眉头嘀咕着,"我脚下这双意大利皮鞋才穿了一个礼拜呢。"

愚公笑嘻嘻地说:让他出一身汗,吃点小苦头,才会知道农民劳作的艰辛,才会知道有机蔬果生长的不易,也不会轻易糟蹋脆弱的生态环境了。

放生桥：向西怀旧，向东时尚

放生桥：我还想再活五百年！

  青浦一位做媒体的朋友告诉我，地铁17号线通车的当天，进入朱家角景区的游客瞬间爆棚，破历史纪录地达到6万人次。他还告诉我，2015年之前，朱家角年接待游客量是300余万人次，平均每天1万。2016年出现"井喷行情"，猛增到600万人次，2017年又增递了20%，为720万人次。想象一下2017年12月30日试运营那天，作为景区核心地带的漕港河南岸北大街，这么狭窄的街道，两边是鳞次栉比的商铺，从早到晚有6万游客在此聚散，浩浩荡荡像泥石流那样缓缓涌动，一路上还要左盼右顾，大呼小叫，吃吃熏青豆，尝尝大肉粽，该是何等的壮观，何等的欢悦？

  朋友还说："建于明代隆庆年间的放生桥，是上海地区最大、最长、最高的五孔石拱桥，体量浩大，气象壮阔，但每天超过一万人在此踩踏，这个老古董吃得消吗？政府请来专家团队给放生桥做体检，结果出乎意料，再使用两百年没有任何问题！不过，在国庆和春节这样的日子里，镇上不得不请来武警，在大桥石级中央排出人墙，引导游客单向通行，否则谁要是被挤下石栏，扑通一下掉进河里可不是好玩的。"

  可以预见，2018年朱家角古镇的游客接待人数将再创新高，突破

800万人次是三只指头捏田螺——稳扎稳打。不过我也在想，即使放生桥老而弥坚，再八面威风地撑它两百年，古镇上的老街吃得消吗？最怕它像只从小媳妇穿到老阿奶的绣花鞋，被一只大木榧一下子撑破啊！

朋友在电话那头呵呵一笑：看来你老兄躲进小楼成一统，不管冬夏与春秋啊。有好几年没来朱家角了吧！告诉你，朱家角扩容了。

古镇扩容？先是一喜，后是一忧。朱家角怎么个扩法？会不会像上海城隍庙的豫园商城那样，在方浜中路南边扩出一片仿古建筑，结果定位不明确，大小商铺像走马灯那样进进出出，十年光阴付诸东流，也没有取得预期效果。

于是决定挑一个日子去实地看看，会会朋友，顺便尝尝朱家角的美食。

北大街：扎肉、酱蹄、糖藕，还有熏青豆

对于大多数游客来说，逛古镇，就等同于品尝风味美食。单以上海的古镇来说，每个古镇都必须有一两样代表性风味小吃纲举目张，否则大妈大叔就会眉头一皱、嘴巴一撇："这种地方有啥好白相？"于是，七宝必须有汤团，南翔必须有小笼馒头，枫泾必须有丁蹄，周浦必须有羊肉，高桥必须有松饼，召稼楼必须有烧麦，金泽必须有熏拉丝（现已禁售）和豆腐干，朱家角有什么？阿婆粽子、扎肉、熏青豆、桂花糖藕！

当然，就像名角登台必须有几个配角一样，每个古镇都为游客配备了海棠糕、梅花糕、葱油饼、油墩子、八宝饭、棉花糖、花生糖、猪油糖年糕、袜底酥、姑嫂饼、状元糕、云片糕、芡实糕、酒酿饼、艾叶团、芝麻薄片、油氽肉皮、臭豆腐干、鸭脚宝……不怕你想不到，只怕

你胃口小。

朱家角应该是古镇旅游开发的"先行者",单单小吃这项就做得风生水起,游客一脚跨进老街,对满街飘香的扎肉、扎蹄、粽子、南瓜糕、熏青豆、桂花糖藕等绝不会无动于衷。北大街上光是粽子店就有四五十家,其中以腿肉、栗子、咸蛋黄三合一者最具风味。每个摊子前都亮出剥了一半的粽子:酱红色的一握糯米衬着一指宽的腿肉、两粒黄澄澄的栗子和一只半透明的咸蛋黄,生意做得坦坦荡荡。曾有一个老板跟我说,早先他父亲煮粽子,糯米要隔夜淘好,粽子必用新鲜箬叶包裹,大铁锅里还要放一点酒糟——放生桥边以前是有一家酒厂的。故此,锅盖一揭,满街飘香,吃口软糯鲜美。现在用新鲜粽箬的少了,酒糟也不放了,但游客蜂拥而至,朱家角的粽子名气更加响亮,生意比以前红火多了。

生意最火的几家粽子店,日销售逾万只!而他们的店门口又醒目地贴了一条广告,骄傲地告诉游客:某年某月某日,中央电视台一频道、二频道、四频道在这里拍摄过。哇,央视来过,不得了。游客相信央视,就相信他家的粽子。买了粽子,还要与包粽子的老太太合影,传到微信上,等于为他家做了免费广告。

酱蹄、扎肉、糖藕和熏青豆也是游客的心头好。熏青豆是江南小镇典型的茶食,一只炉子,笃笃定定地燃着三只煤饼(蜂窝煤),上面覆一张细格铁丝网,铺开一层已经盐煮过的毛豆和笋丝。店主时不时地拨拉一下,经过小半天的熏烤,青豆粒粒利索,色泽清爽,韧性十足。据说以前用砻糠熏烤,香味更浓。现在大家的环保意识强了,砻糠熏烤时因为有烟弥散,古法就废弛了。

熏青豆也有多种味道可选择,原味、奶油味、椒盐味、怪味,总有一款适合你。带两包回家,晚上看电视时一口一粒,青豆与电视剧的情节同时推进,小日子不要太好过噢。

熏青豆以"牛踏扁"为佳（蚕豆与青豆都有"牛踏扁"），这种晚秋毛豆外壳宽阔，扁扁如腰形，中间有凹槽，酷似牛蹄印而得名。成品分甜咸两种，色偏青绿，微黄如玉，韧结结很有嚼头。

过去镇上的老人去茶楼喝茶，一壶粗茶，一碟咸菜，与同桌谈谈讲讲，暖洋洋地孵个小半天。如今日子好过了，熏青豆就成了寻常之物，随意抓一把嚼咬，对老人来说有健齿功效。也有老茶客直接将熏青豆泡在玻璃茶杯里，汤色碧青，也是一绝。

茶馆：朱角家曾经很有文艺范

既然提到了老茶馆，我就有话要说。

清末民初，朱家角借了交通便利、物产丰富、人文兴盛之优势，一度相当繁华，镇上茶馆便有几十家。据老人回忆，北大街上有俱乐部茶楼、桥楼茶楼、长兴茶楼、中南茶楼等，铜壶煮三江，紫瓯乾坤大。滨河的渭水园是老街上生意最好的饭店，以前也是茶馆。

北大街208号的"江南第一茶馆"是古董级茶馆，十多年前由摄影家尔冬强接手下来经营了小几年。有一次他还举办了一个《朱家角老报纸文献展》，我前去观过展，用"恍若隔世、犹在眼前"八个字来形容当时的心情，似为贴切。

记者出身的尔冬强一直关注中国城乡的变化，对中国新闻史也十分留意，他偶然在青浦档案馆发现了一批保存较好的"土著"老报纸，仿佛哥伦布发现新大陆，于是在当地政府支持下，办了这个老报纸文献展。展览共展出老报纸18种、50份。《薛浪》是目前保存最为完好的一份报纸，由柳亚子的堂弟柳率初于1926年9月7日创办。"年纪"最轻的是蔡用之办的《明报》，出到1949年4月22日，此时朱家角民众隐约听到解放军南下的炮声了。从办报的时间段来看，上世纪20年代中期至30年代抗日战争全面爆发之前的十年，以及1945年8月抗战胜利到1948年的四年，是朱家角新闻业的两个高峰期。可见青浦的文人是如何地仰观宇宙，鼓歌而行，青浦的商人也是如何地紧跟市场经济的脚步。

与上海一样，同人办报也是朱家角的特色，几个文人凑在一起，酒后茶余，想发表一点对时局和风尚的意见，凑几分银两就办起来了。朱家角的报刊大多都是知识分子的自留地。新文化的浪潮也冲刷了江南小镇，在朱家角的报刊中，副刊也是一大特色。青浦不是出了一个陆士谔吗？他一生写了一百多部小说，对世博会的想象已成为现实，若没有朱家角的文化环境，可能不敢出此遐想。

朱家角在那个时候隶属江苏省，与经济中心上海、民国首府南京相距不远，受此影响，办份报纸似乎也在情理之中。但朱家角一办就是三十多种，蔚为大观，完全是一个成熟城市的文化格局。

后来，因为种种原因，尔冬强的这家茶馆又盘出去了，不过他对镇上一些从事手工业的老人做了口述记录，并编著了一本以老街为背景的影集，也算是雁过留声吧。今天，老茶馆作为保护建筑经过精心修缮，还在惨淡经营，上午卖茶，中午卖面和小笼馒头，生意不算好。其实，春暖花开时节，三五知己相约而行，直上二楼，挑一个靠窗座位坐下喝一壶龙井，天南海北地聊开去，顺便看看贴着水面一掠而过的白鹭，也是相当惬意的。

老字号：本爷在此，沧桑百年

后来我每次造访朱家角，都有令人尖叫的惊喜，北大街酒店屋檐下的百脚旗殷勤招展，小吃摊前蹿起的香气将行人的脚步勾得踉跄，朱家角的旅游开发实施之初即以风味美食为诱饵，轻轻松松就把游客的胃给俘虏了。

我不说淀山湖大闸蟹的螯肥膏满，不说"水晶虾"的体壮肉嫩，不说"鸡格郎"这种刀背样薄、多骨刺的河鱼与太湖白水鱼的相似风味，也不说塘鳢鱼烧笋尖咸菜是如何鲜美，就说说在北大街漕溪饭店吃到的几款农家菜。比如香螺炒虾仁，去了壳的香螺与拇指大的河虾仁一锅炒后，色如寿山石带一点巧色，口感又鲜嫩爽脆，在别地方是吃不到的。还有一款虾仁与鲜柚瓤共炒，以咸鲜提味，佐以果香与微微的酸甜，真是回味无穷。这说明朱家角的饭店还善于从客帮菜点中吸收技法与观念，尤其是几家百年老店，风霜雪雨，稳如泰山。

还有鳑鲏鱼！这厮拇指那般长短，又名旁皮鱼，古称妾鱼、青衣鱼等，因为在水中，"每游辄三，一先二后"，有点像今天的轰炸机编队。白居易曾有诗云："江鱼群从称妻妾。"还听说，鳑鲏鱼把卵产在蚌壳内，有良好的孵化环境，成活率很高，江南地区的河湖港汊处处可见，农人网上来后油炸了下酒，因无款无形，以前是不上台面的。但以所含钙量论，一条小鱼抵得上一瓶牛奶。故而今天的朱家角不少酒家也将此鱼油炸后浸入酱汁上味，用以餐前冷盆飨客，也算"入得厨房，出得厅堂"了。

尚都里：为古镇的旧梦，引入"当代江南"的炫彩

一开始，我对古镇上渐渐苏醒的市井气象都抱着惊奇、赞赏甚至感恩的态度，因为在我的潜意识里，它们都是传统文化的世俗化呈现，或多或少地体现着数百年前的生活方式和以士大夫为主导的文人情趣，沉淀着隐居时代的乡绅文化或处于激变转型中的前工业文明。所以我每到一个古镇，都会尝几样特色小吃，再买几样回家让家人分享，特别是对孩子来说，又似乎有一点传承与教育的意思在里面——当然孩子多半是未必领情的。

时至今日，古镇游遍地开花，似乎又有造"假古董"的嫌疑，常常为人诟病。如果不提升档次和品级，那么古镇理所当然地油腻，理所当然地喧哗，理所当然地通行讨价还价，满足于低端消费！这一切，不仅使同质化竞争趋于恶化，也给假冒伪劣提供了蠕动的缝隙。

古镇如何面向未来？这个问题就摆在政府主管部门与古镇的实际操盘手面前。

现在，朱家角漕港河畔的放生桥以东，在一片旧房的遗址上展现出新的人文景观，它就叫"朱家角·尚都里"。这个项目立项之初，经过专家反复论证，确定了以"当代江南"为核心理念：以新风路为界，一侧保留朱家角千年古镇的生态与风貌，另一侧则打造足以代表21世纪江南新风貌及生活状态的"当代江南"——尚都里，从而将朱家角建设成一个融传统与时尚为一体的特色小镇。

在青浦朋友的陪同下，我缓步走进这个全新的空间，享受它给予我的惊奇与喜悦。眼前的建筑都保持着朴素无华的低姿态，虚心地与镇上的原有建筑接续文脉，同时以不规则的造型，自然生态的建筑材料，中国元素融合现代建筑语汇，完美体现了张永和、马清运、登琨艳、柳亦春这四位享有盛名的建筑师的个人风格和集体智慧。曾经略

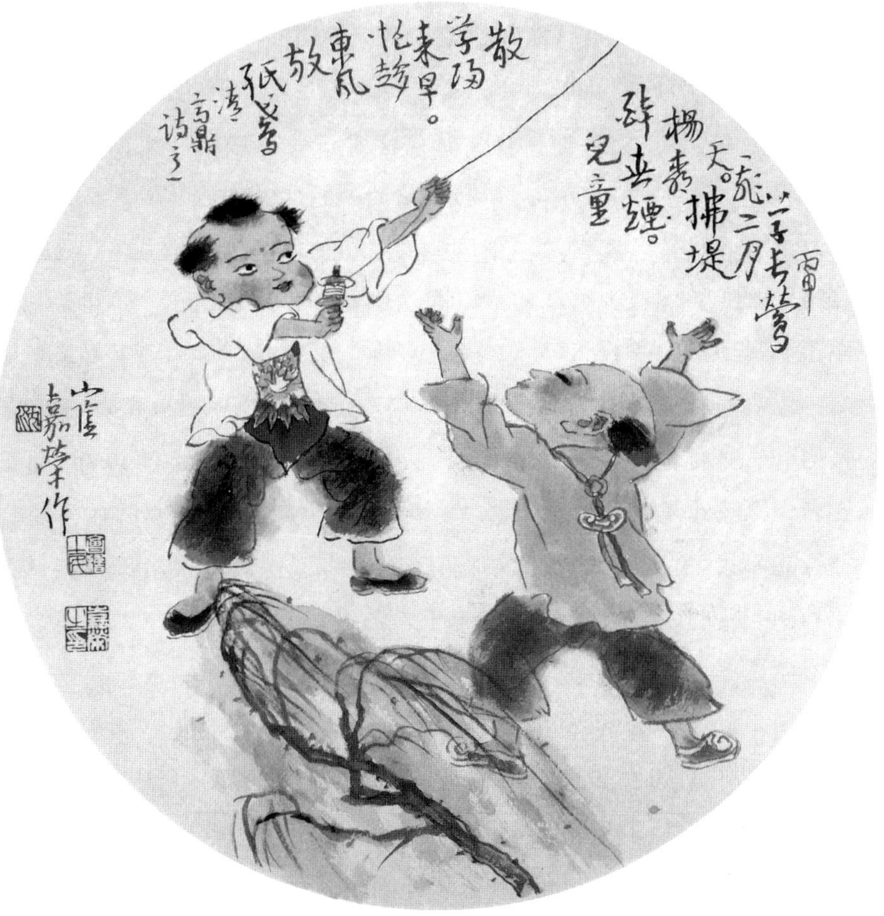
丙申
草长莺飞二月天。
拂堤杨柳醉春烟。
儿童散学归来早。
忙趁东风放纸鸢。
清高鼎诗之一
崔嘉荣作

显凌乱和灰暗的放生桥东侧崛起了一片当代江南建筑群，由此成为建筑业界的范本和古镇扩容的全新案例。

在商业内容和营运模式的导入上，也区别于古镇传统商业，引入了以"艺术、设计、生活"为核心理念的招商和营运，统一业态规划、统一招商推广，并对商户入驻设置一定的门槛，规划店招、门牌，从而形成了全新的商业面貌。我不仅看到了上海三联书店在本地辟建的第一家实体店，还看到了由青年人创业的巧克力店、文创店、肉纸店、糖果店、陶瓷店、餐厅、酒吧以及精品酒店，文旅体验成为闪闪发光的亮点。

码头酒吧的位置就在河边，以前这里是一个游船码头，不少许愿者将黑鱼和乌龟一盆盆投入河中放生。现在，这里是青年人最爱扎堆的露天咖啡座和争相飙歌的露天大舞台。酒吧老板祥子，帅哥一枚，只要有空就抱起一把吉他在店门口一展歌喉，见到我后就拿出一把新的吉他要我签名，原来他是我的粉丝。第一次在乐器上签名的感觉真好！

不能不说一下尚都里的壁画，真是太棒了！数位来自世界各国的艺术家在建筑和空地上留下了自己的艺术之花，其中有一位还是亨利·摩尔的学生。最让我动容的是一幅撑满整个墙面的人物肖像，一对来自伊朗的艺术家兄弟ICY AND SOT以当地一位老婆婆为原型，传神地表现出中国妇女的勤劳与朴实，还有历经沧桑的坚韧穆毅。这对艺术家兄弟长期从事滑板运动及绘画，在伊朗的艺术界素负盛誉，还参加过多个国际展览，在欧美各大城市都能看到他们的户外作品。

中国艺术家施政也在此留下一件令人过目难忘的作品，两个飞翔的孩子在搭积木。施政曾在2015年年初，因为与法国涂鸦艺术家在康定路动迁墙上合作涂鸦而轰动全国，此举还引起两会代表呼吁对涂鸦艺术的重视。2015年8月施政赴德国，在柏林墙上进行涂鸦创作。据说他还参与了甜爱路的涂鸦作品创作，再次引起媒体的广泛关注。

经过三年多的营运打造，尚都里已经颇具规模，这里不仅被誉为"看古镇落日最美的地方"，还是"上海市特色商业街"以及网评的"上海十大文艺小清新集聚地"。尚都里还合作举办了"朱家角水乡音乐节""上海城市艺术季""水岸市集系列""青浦旅游节、购物街开幕式"等大型活动。可以说，在深厚的传统文化背景下，尚都里已呈现出全新的文化气场，为前去短期度假和放飞心情的人们提供了优美时尚的慢生活场景。

当天晚上，朋友请我在尚都里一家名为"尚悦"的精品酒店吃晚饭，品尝了厨师小林用本地食材做的几道佳肴：家乡咸鸡中融入了潮州卤味的风味，美味花螺传递了粤菜的鲜香理念，和味鲜茄不用多说了，体现了日本料理的清鲜口感，爽口西芹兼有意大利地中海风味神韵，油醋汁野生木耳也予人全新口感。热菜中的千里飘香卷、红焖羊肉煲、文火焖牛肉、金不换蒸杂鱼、素炒杂菌等体现了混搭思路，但都可归纳为江南味道。

最后，每人一小碗菜饭，除了霜打过的矮脚青菜，还加了南风肉与菌菇，是家常风味的升级版，又仿佛是"九九归一"的提醒。我已经饱了，但还是贪婪地吃到颗粒归仓，很放肆地打了个饱嗝。

在今天文化多元、主张宽容、加强沟通的语境下，即便出于美好的愿景，"朱家角·尚都里"仍然会引起一些争议，但是，作为一个古镇游的积极践行者和古镇保护的真诚宣传者，我投赞成票。

互联网大会与鸡笃豆腐

世界互联网大会给乌镇大出风头的机会。跟随大佬出场的身影，摄像机镜头一路转转转，一直转到碧水蓝天、粉墙黛瓦、石桥酒幌……还有雄踞于树梢的伯劳鸟。镜头似乎要告诉大家：互联网时代的景观可以是穿越时空的、古灵精怪的，仰望星空也是一种品位很高的姿态，但底子却是人间烟火。

比如有一张照片，张朝阳、李彦宏、李亚勤、曹国伟、梁建章、田溯宁等互联网大佬聚在一家西栅的民宿里吃饭，觥筹交错，表情轻松。本色的长桌上摆满了大闸蟹、鱼头豆腐、酱爆茄子、荠菜肉馄饨等，粗枝大叶，家常风味。咦，大佬中间还夹着一个女孩子，初出茅庐的样子有点害羞。她是哪路神仙？

孔明珠告诉我：这位女子在江湖上混了也有些年头了，网名"穆穆"，"80后"，是西栅一家民宿的当家人。西栅刚开发时，乌镇旅游公司总裁陈向宏高瞻远瞩，鼓励本镇居民回迁经营民宿，穆穆就这样来到西栅帮她母亲打理。她老公曾在部队当过炊事员，就算军地两用人才啦。别人做生意是守株待兔，有一单做一单，穆穆肯动脑筋，她给自家的菜肴啊、客房啊、周边风景啊，统统拍了美图晒在网上，据说丁磊就"受了蛊惑"与她结缘，每次来乌镇开会，请客吃饭就去她的店。后来穆穆还认识了孔明珠。

孔明珠，不是上海女作家吗？知道她出过好几本小说集、散文集，怎么会跟乌镇的一个"80后"发生交集呢？事情是这样的：孔明珠的父亲是著名作家、出版家孔另境。孔另境资格很老，不是一般的老，他1925年加入中共，参加过北伐，还是茅盾先生的小舅子，1931年因参与地下党的活动被国民党逮捕，后经鲁迅先生营救出狱。关键一点，孔另境的故乡在乌镇，孔家是镇上大户，曾有一个占地十几亩的孔家花园，与木心祖居贴隔壁，抗战时被日本兵烧毁，当地老人至今还记得此事。乌镇开发时，旅游公司要建一个孔另境纪念馆，找到孔海珠、孔明珠两姐妹，她们不仅参与了选址、策划展览主题和展线设计，还捐出父亲留下的数百件遗物。纪念馆很快就建成了，与茅盾纪念馆和王会悟纪念馆一起构成了乌镇的人文景观。当时木心还在美国，陈丹青为木心建纪念馆是后来的事。

接下来的事全世界人民都知道了，乌镇的旅游搞得风生水起，河边桥头廊棚下游人如织，天天像赶集一样。但是一开始经营民宿的店主还没经验，一味走高端路线，却又重油重盐重口味，结果可想而知，生意清淡，自甘消沉，饭点到了还坐在家门口嗑瓜子，上演姜太公钓鱼的剧情。陈向宏知道孔明珠还有一个身份：美食作家，于是打电话再请孔明珠走一走基层，帮民宿提升一下厨艺。

孔明珠是热心人，对美食有热情，对故乡有感情，两股热情交织在一起熊熊燃烧，狂风暴雨也浇不灭。于是三天两头往那里跑，把民宿管理员和四十多位小老板召集起来上课，从食材选择、健康理念、饮食卫生讲起，"城里人吃腻了山珍海味，不要拍他们的马屁。旅游旅游，就是要品尝当地风味，你烧好家乡菜就成功了"。她还逛小菜场，走访老人，挖掘出了数十道几乎失传的故乡菜，比如鸡笃豆腐、稻香扎肉、酸菜蒸平菇、乳腐卤喜蛋、嫩姜老南瓜、糟香青鱼、上汤豆腐衣包肉、三珍斋咸蛋等。有些"民厨"不开窍，她就借了大饭店的厨房开公开课示范，油星溅到玉臂上，她忍住不哭。有一年她还搞了一场声势浩大的乌镇民宿特色菜点大评比，旅游公司的头头脑脑都到场了，画家贺友直、翻译家周克希、文史作家孔海珠等上海文化名流也被她拖到乌镇当评委，最后连我也临时被她抓了壮丁（我是当天去的，为了赶时间，在高速公路上不知不觉拉到150码，回家后同时收到上海、浙江两张罚单，教训深刻）。

　　老当铺前大广场，上演了锅碗瓢盆交响乐，一二三名都拿到了奖牌，奖牌挂在店里，还有厨师获奖时与孔娘子的合影，喜气洋洋，威风凛凛。像穆穆老公这样的"民厨"就很快炼成了"名厨"。此后大奖赛年年搞，民宿的厨艺水平年年有进步，各家各户都拿得出招牌特色菜，成了一道舌尖上的乌镇风景。前不久孔娘子还编了一本《乌镇当家菜》，正在寻找出版社。

糖老鼠。糖老鼠。嘴巴甜。狂包鼓

庚子安戲
山陰
嘉榮作

风雪涮羊肉

　　"迭个辰光到洪长兴吃涮羊肉是一桩蛮麻烦的事体，吃客各自取了羊肉、菠菜、线粉还有蘸料啥的，一大盘七八只盆子叠起来捧好，轧进店堂寻座位。灯光最亮的地方，一口直径超过两米的紫铜锅子突突突地沸滚着，一大群吃客围坐在那里开吃，各自拿着漏勺，将羊肉浸入沸汤中，一烫即熟，十几双筷子在锅子里不停搅来搅去，汤色真是浑浊。如果手势不好，羊肉片一不小心漂到别人地界，那也只能自认倒霉啦。生意太好了，要等前面的客人吃完喝足起身走人，你才能坐下去。而此时，你会发现身后又立着不少人，他们看你大吃大喝，手里也端着羊肉、菠菜啥的。雾气蒸腾，能见度差，你只能看清他们胸口以下的部位，头颈、脸面都湮没在雾中，一个个就像杀头鬼……突然听到'咚'的一声，有人被熏倒在地。旁边的大叔嘀咕：这种素质的人哪能好来吃涮羊肉？"

　　2018年的第一场雪，比往年来得早了些，而且在上海人的眼里算是一场大雪了，那么再也没有什么比一顿涮羊肉能够抚慰一颗寒冷的心。那天晚上，雪还没有停，但宁海东路新梅居小阁楼上却是热气腾腾，像个澡堂，老板娘应吃客要求只得开启空调新风模式，就这么着，我还得脱掉羽绒服。金宇澄、沈宏非及两个美女加上我，来这里吃涮羊肉，酒过三巡，"爷叔"以《繁花》一路的风格，笃悠悠地跟我们讲起他当年在洪长兴的经历。

金宇澄长我几岁，等我到洪长兴吃涮羊肉时，虽然百年老店仍开在连云路上，寒冬腊月吃涮羊肉还是要等位，但情景已经有变，传说中的"共和锅"不见了，改为每人一口锅。一进门，在收银台前看见小黑板上写着"上脑""小三岔""大三岔""磨裆""黄瓜条"等专用名词，都把我看晕了。据说只有老吃客才知道它们之间的细微差别。

老上海都知道，"要吃涮羊肉，就去洪长兴"。一百年前，马连良的叔父马赐立、姑姑马秀英领衔的马家班到上海跑码头，但这个班子的演员几乎都是回族人，当时上海滩的教门馆子很少，吃饭就成了大问题。马连良的二伯马春桥（大家都叫他马二爸）就在吕宋路（建国后改名为连云路）租下一间店面，开了一家"马家班伙房"，满足戏班疗饥之外，还供北方来的珠宝商人搭伙，这么一来造就了上海第一家清真羊肉馆。时间在1891年，那会儿紫禁城里的老佛爷还在为再现圆明园的繁华梦境而大伤脑筋呢。

后来马连良也搭起戏班到上海来唱戏，一炮打响。下得戏台，也在马家班伙房吃饭，当时供应的品种以芝麻烧饼、羊肉馅饼、炸酱面及羊肉饺子为主。不久马二爸又将北方人爱吃的火锅搬过来，从此，马家班伙房的涮羊肉落户申城，美名不胫而走，老饕们爱死了这款风味。

1918年，马二爸随马连良返京，就将伙房送给了一位人称"洪三爸"的回族兄弟。新店主将店名改为"洪长兴"，算是正儿八经的饭馆了，涮羊肉火锅成为拳头产品。上世纪30年代，洪长兴还接待过蒋经国、蒋纬国兄弟。梅兰芳、谭富英、盖叫天等梨园名角到魔都搭班子唱戏，也要抽空去洪长兴涮一顿，连黄金荣、杜月笙、王晓籁等海上闻人也是他家的座上客。

上世纪90年代初，为配合市政建设，洪长兴迁到南京东路燕云楼上面，我去采访过多次，对洪长兴的情况有些了解。作为中华老字号，洪长兴对质量把关还是严格的，从湖州、嘉兴、平湖等地采购湖羊，肉嫩、膘柔、膻味较轻。洪长兴还有一个特色，就是清水锅底，不加羊蝎子或羊腿骨，纯靠羊肉本身的鲜味取胜。羊肉片在沸水锅中一涮即熟，咀嚼时无筋无渣，萦绕于唇齿间的丰腴与鲜香会引爆满满的幸福感。

涮羊肉所用的羊肉必须切得足够薄，由于需求旺盛，近来许多店家都采用机器切片，但洪长兴还保留了手工切片，好几次我都能看到店堂里有一位大师傅，操着一把一米长的钢刀，将新鲜羊肉切成长短一致的薄片，装盆后直接送达客人的桌上。热气羊肉最能突出本味，供不应求。

洪长兴的蘸料也很讲究，用前一年收获下来的韭菜花，腌好密封后存在缸里，第二年才能用，酱油中加入卤虾油、醋、乳腐卤等十余种调味品，最后加花生酱和韭菜花调和，蘸着羊肉吃，可以突出羊肉的鲜香滑嫩，拉长回味。

对了，洪长兴的葱油饼也是极好的，羊油和面，酥皮分明，烘烤到位，香气扑鼻，我每次餐后再要带几只回家。

后来，云南南路美食街扩建，洪长兴在美食街北端延安东路的路口开了一家分店，与德大西餐馆双峰并峙，生意也不错，差不多每年入冬后都要去吃一顿。这家店内的数幅马赛克壁画绝对是亮眼的看点，每幅画由数以万计的、如指甲盖大小的进口瓷片镶嵌而成，就像帕慕克笔下的土耳其细密画，精致美丽，令人惊叹，据说创作一幅要耗时十几天。

那这次为什么我们选择新梅居而不去一箭之遥的洪长兴呢？因为沈爷要吃热气羊肉，更想体验一下金宇澄在小说《繁花》里对这条美食街描写的场景。新梅居是私人馆子，上世纪80年代开张，也算有点年头了，号称是"上海第一家供应热气羊肉的火锅店"。

《繁花》里这样写道："半小时后，阿宝走进云南路一家热气羊肉店，叫了两斤加饭酒，一盆羊肉，一客羊肝，其他是蛋饺，菠菜等等。

李李进来了，面色苍白，嘴唇干燥。阿宝一指菜单说，浑身发冷，现在可以补一补，来一盆羊腰子。李李轻声说，要死了，这几趟夜里，阿宝已经这副样子了，我已经吓了，再补，我哪能办，不许吃这种龌龊东西。铜暖锅冒出热气，两个人吃了几筷羊肉，两盅加饭酒。李李说，总算热了。李李摸了摸阿宝的手，笑笑。阿宝看看四周，夜半更深，隆冬腊月的店堂，温暖，狭窄，油腻，随意。"

听爷叔讲故事，胃口大开，我们吃了三四盆热气羊肉、一盆肥牛肉，还有羊腰、羊肝、蛋饺、线粉、菠菜、羊肉水饺等等，糖蒜也是必不可少的。新疆人做的馕也叫了两份，每只切成四个扇形，放在火锅烟囱口烘一下，又脆又香。老北京有一句话，涮羊肉必须要备足四样东西：羊肉、白菜、粉丝和糖蒜。新梅居里的糖蒜从京城定点采购，够味。金宇澄叶公好龙，怕吃羊肝、羊腰等"龌龊东西"。我不怕，照吃。沈爷带来的两位美女对美食有情怀，有追求，不忌"龌龊东西"，这就好。

新梅居在云南南路美食街一带有两三家，在浦东、徐汇也有，装潢简单，价廉物美，那种嘈杂和拥挤的环境，令人有相濡以沫的亲近感。

上世纪70年代末，我与同学还去浙江路和九江路外滩的东来顺、南来顺吃过涮羊肉，从外立面装潢到内环境布置，都与洪长兴相似，好像一开始也是回民开的。店经理告诉我：羊肉进来后须冷藏在零下5℃的冷库内，待肉冻僵后再修去边缘的碎肉、筋膜、脆骨，然后横放在案板上盖上白布，用长刀切薄片，业内规定是长20厘米、宽5厘米，只有手艺高强的师傅，才能将一斤羊肉切到80片。现在还有几个师傅能达到这样的水平？

现在这两家店都不存在了！当然，近二三十年来，魔都的涮羊肉地图不断在扩张，像"皇城根""小尾羊""小绵羊"等生意兴旺，近悦远来，上海人吃涮羊肉有很大的选择空间。

如果说洪长兴、东来顺都是"豪放派"，那么我在米其林二星餐厅雍福会倒是体验过一次"婉约派"。

先插段文字：涮羊肉，又称羊肉火锅，据说始于元代，兴起于清代。早在18世纪，康熙、乾隆二帝所举办的几次规模宏大的"千叟宴"中就有羊肉火锅，后流传至民间。据《旧都百话》记载："羊肉锅子，为岁寒时最普通之美味，须于羊肉馆食之。此等吃法，乃北方游牧遗风加以研究进化，而成为特别风味。"1854年，北京前门外正阳楼开业，是汉民馆出售涮羊肉的首创者。其切出的肉，"片薄如纸，无一不完整"，使这一美味更加驰名。

但事实上，将食物投入火锅中一烫即食，至少在宋朝已经有了。比如南宋的林洪在他的《山家清供》一书中也讲到了涮羊肉。他对当时流行的涮兔肉极有兴趣，不仅详细记载兔肉的涮法、调料的种类，还以一句诗加以形容："浪涌晴江雪，风翻照彩霞。"这是由于兔肉片在滚汤中一涮转色，如晚霞一般，故有此喻。林洪也因此将涮兔肉命名为"拨霞供"。但他在讲完涮兔肉后笔锋一转："猪、羊皆可"，这大概就是涮羊肉最早的文字记载了。按照林洪所说，当时是把猪羊肉切成薄片后，用酒、酱、辣椒浸泡一会儿使之入味（老北京称为"码味"），然后才在汤水中烫熟，这与今天的涮法略有不同。

2018年入冬后的某一天，雍福会发布宋宴冬季版。女主人李清与她的朋友一起，从徐鲤、郑亚胜等人所著的《宋宴》一书中汲取灵感，根据时序策划了四场盛宴，按宋宴菜谱、遵古法烹饪，加之现代创新创意，希望重寻风雅餐桌与传统文化的魅力。在这次"雪夜访宋——雍福会宋宴冬季版"上，我就品尝到了林洪在《山家清供》里描绘过的涮羊肉——"拨霞供"。

当然，风雅是足够了，但与洪长兴、东来顺、新梅居之类小馆子的气氛相比，我更爱后者的随意和粗犷。

"寒意渐浓的晚上，邀上三五好友找一家涮肉馆，扇上一个炭锅，点上两盘羊肉，要上几瓶'小二'（二锅头），边吃边喝边聊些闲话，其乐也融融。待到微醺时，再多烦心事，也都无影无踪了。"这是汪曾祺在一篇文章里对涮羊肉情景的深情描写。

葱油饼，堪与炸鱼薯条比美

　　在我小时候，上海街头的葱油饼还真是凤毛麟角，这货潮水般涌现，应该在上世纪80年代中后期。那会儿，知青纷纷回城，企业职工下岗，屋漏偏遭雨夜，一时半会儿找不到工作，只得自谋生路，有人在弄堂口摆个小摊或者将小车子推到路边屋檐下，东张西望地做起了葱油饼。好在当时政府和大环境都是支持下岗职工和回城知青创业的，大妈大叔在购买葱油饼时也饱含了对下一代的深切关怀与同情，于是，不愿跻身啃老一族的年轻人将生意慢慢做大，咸鱼翻身做了老板。阿大葱油饼的成长史就充分印证了这一点。

　　也因此，直到今天，上海的葱油饼还没有统一标准，好吃才是硬道理。一般来说，做起来也不复杂，小麦粉和净水调和后，盖上布饧一段时间，然后使劲揉匀，切条，摘剂，擀成长条，刷一层黄澄澄的菜油，撒上薄盐，再撒些略微粗放一点的葱花，卷成圆柱状，侧过来，按成直径三寸左右的扁圆形。也有人用一块焊了一根短柄的铁质圆饼一按，反正成圆形就得了。接下来放在平底锅上煎，也有人是在铁板上煎，长方形的铁板可以同时煎十几只，蓬头垢面的小老板手脚麻利，一边用一把油漆匠用来嵌猪血老粉的刮刀翻转饼身，一边不耽误收钱发货，与邻家小妹笑嘻嘻地打过招呼。

　　葱油饼厚薄大约一厘米，表面焦黄，斑驳诱人，外脆里软，一口咬开，一股微焦的葱香直蹿鼻腔，将沉睡了一晚的味蕾唤醒。好的葱油饼一定是两面油煎而成，而不是在大油锅里上下翻滚的。成饼油分不能太大，但也不能枯柴。边缘松脆，有适当的焦香，还必须有层层分明的酥皮，吃起来也不能有碎屑掉落。

梁实秋曾在《烙饼》一文里这么说："葱油饼到处都有，但是真够标准的还是要求之于家庭主妇。北方善烹饪的家庭主妇，作法细腻，和一般餐馆之粗制滥造不同。一般餐馆所制，多患油腻。"

看看，老前辈早就注意到这个问题了。

梁实秋还说："标准的葱油饼要层多，葱多，而油不太多。可以用脂油丁，但是要少放。要层多，则擀面要薄，多卷两次再加葱。葱花要细，要九分白一分绿。撒盐要匀。锅里油要少，锅要热而火要小。烙好之后，两手拿饼直立起来在案板上戳打几下，这个小动作很重要，可以把饼的层次戳松。葱油饼太好吃，不需要菜。"

锅热、火小、油少、饼松！梁老前辈的观察与体验，可以成为做葱油饼的工作手册啊！

有聪明人用饺子皮刷上油，撒葱花和盐，两张合拢，用擀面杖滚几下压紧，入锅油炸至金黄。这种迷你葱油饼脆性够了，但松软谈不上，拍拍小视频可以，大面积推广就算了。

再打个文玩界朋友才能明白的比方吧，一只好的葱油饼如果打成拓片，就像一枚汉代的瓦当，它的诡异图案是值得反复欣赏的。

葱油饼是魔都最具人间烟火气的一款风味，鲁迅在上海居住期间，很可能吃过虹口街头小摊的葱油饼，后来在自己家里也做过，"萧军、悄吟来，制葱油饼为夜餐"（1936年4月3日，悄吟就是萧红——作者注）。我在家里也做过几次，用熟猪油起酥，多放点葱，味道更香，不过用家里的平底锅煎总是缺口气。现在某些高档饭店也有葱油饼供应了，但我觉得除了洪长兴的羊油葱油饼，一般来说，都没有在街边现做现吃那般香。草根美食，不能脱离草根的环境，你让巩俐在《战

草长莺飞
二月天。拂
堤杨柳
醉春

烟。
儿童散
学归来
早。忙
趁东
风放
纸鸢

高鼎
村居诗
之一

嘉荣作

一角书屋

争与和平》里演个伯爵夫人，那是害她。

做葱油饼并不复杂，阿大在接受英国BBC的采访时一语道破全部秘密："这门手艺既没有技术也没有秘密，又不是造原子弹，要什么技术？用心去做，葱油饼就好吃了。"

有人将阿大比喻为"葱油饼骑士"，那么骑士的驼背身材就是这样水滴石穿形成的。

风云际会，葱油饼已然成为上海草根美食的代言，在大街小巷的路边摊排队吃一只葱油饼，其意义赛过在伦敦街头吃炸鱼薯条。名气最响的葱油饼，除了阿大，还有阿二阿三——这当然是笑话了。不过，大个子葱油饼、穆氏特色葱油饼、小扬州特色葱油饼、舟山路老摊头葱油饼、阿婆葱油饼、李向阳葱油饼、提篮桥老摊头葱油饼一号、中华路葱油饼等，出品都是很不错的。

最后再允许我啰唆一句，葱油饼当然应该趁热吃。废话了，中式的面饼都应该是现做现吃最佳，末代皇帝溥仪在宫中那会儿喜欢吃烧饼，但小太监出宫门从路边摊上买回来的烧饼都是又冷又软的，所以他一直以为烧饼就是这个样子的。几十年后，他成为新社会一个拥有选举权的普通公民，有一次在路边摊买了一个刚出炉的烧饼，才发现老北京的烧饼居然这么好吃！

不过，葱油饼在室温条件下放两三个钟头，仍然能吃出一股初心般的香味，而且表皮仍然松脆，质地依然酥软，也不塞牙、不油腻，那就是一只极品葱油饼了。

我家附近街头的葱油饼摊没有什么名气，由一对外地来沪的小夫妻制作，价格公道，出品也有保障。老婆大人经常买来当早餐，有时买多了，吃两只剩一只，下午有劳她在平底锅上烘一下，配咖啡，仿佛上海弄堂情怀。可惜，两个月前这个小摊被清理整顿了。

国际大都市，不妨保留一些无伤大雅的小摊小店，修鞋摊、修车摊、理发摊、书报亭、旧书摊、烘山芋、糖炒栗子、棉花糖、叫哥哥、栀子花茉莉花、桂花甜酒酿……都是温馨暖人的城市风景，人间烟火。伦敦的炸鱼薯条就是在路边卖的，英国首相跟老百姓一样站着大快朵颐，不丢人。

小杨，对生煎的重新定义

生煎是花旦，小笼是青衣

在马路上你随便问一个人：请你列举五种上海小吃。答案也许是五花八门的，但是生煎馒头（外省人或称生煎包，上海人简称生煎）一定排在前三甲。如果这位同志没推荐生煎，只能说明他还没摸到这座城市的门。事情就这么简单，在庞大的上海小吃谱系中，生煎始终站在最前沿，风味人间，魔都符号。

曾有朋友问我：你更爱生煎还是更爱小笼？我老实相告：更爱生煎。

如果以京剧行当来比喻的话，生煎是花旦，小笼是青衣。青衣是正旦，以唱功见长，但花旦出场，锣鼓点子就激越而欢快了，观众也可松一松正襟危坐的筋骨。作为早点，生煎比大饼、油条、粢饭稍微高档一点，但草根属性不变。小笼也可以作为早点，但她是小家碧玉，娇生惯养，弱不禁风。

生煎用烫酵面，在粉台面上操作，案板短小一点也能凑合，以前的炉子都用柏油桶改制，平底锅煎一锅十来分钟，师傅现煎现卖，一锅可以应付二十几个顾客，锅内有余量，不妨等客来。小笼用嫩酵面或水调面，在油台面上操作，案板的长与阔有一定要求，滚水锅上的铝皮板凿出品字形三只出气孔，可叠三幢笼屉，氤氲之际也令人有不识庐山真面目之叹，用时也在十来分钟，但讲究现蒸现吃，不能像刀切馒头那样出笼后摊凉，那么就比较考验顾客的耐心。

　　这点地方，这点时间，对其他城市来说也许无所谓，但在上海则是"性命攸关"的事情。大上海，寸金地，夫妻两人可以在老虎灶边上借一块犄角旮旯做生意，店名有没有都无碍。开小笼店必须有正式的店面，一开间门面最起码，有时候还要请文人秀才写块牌匾，轩、斋、阁之类。所以从历史上看，小快灵的生煎铺子要比正儿八经的小笼店多，它水银泻地分布在城市的各个角落，打得赢就打，打不赢就跑。吃小笼一般要配一碗小馄饨，有腔有调，就要有店堂，有跑堂的伙计。吃生煎呢，有汤当然皆大欢喜，但没有条件也可不配，顾客拿了就走，在灵活性上又胜了一筹。

　　生煎打包，回到家里还是热乎乎的，万一有只把皮开肉绽问题不大，底板依然嘎嘣脆。小笼一旦打包，回家路上步步惊心，袋里或盒内的小笼挤得前胸贴后背，取出后恐怕体无完肤，汤汁泄漏，花容失色。在老上海的观念里，有几样小吃当以堂吃为妙：咸豆浆、冰冻绿豆汤、桂花赤豆羹、小笼馒头。

　　其次，上海是工业城市，工人、店员、教师、学生各式人等要吃了早点赶时间上班、上学，尴尬头上捧了一袋生煎边吃边往公交车站疾走而去，路人是不以为怪的，我还看到过有中学生一边骑自行车一边吃一袋生煎。小笼呢，娇滴滴地说：臣妾做不到啊！

　　计划经济时代，强调"发展经济，保障供给"，为了给上中班回家的工人师傅有个地方吃消夜，在许多公车终点站旁边会开一两家饮食店，营业时间很长，等末班车进场才熄火关门，供应四大金刚、阳春面、菜汤面、大馄饨、生煎，似乎没有小笼。从电影《列宁在十月》里抄句台词改一改：小笼馒头不属于工人阶级！

　　我常常看到风雪夜归的工人师傅，从公交车上跳下来，拍去身上的浮尘，一头扎进车站旁边的饮食店吃二两生煎一碗牛肉汤，给一天的辛劳以及时犒赏。生煎体贴而忠诚，是尽职的守夜人。

于是，在我们这一代人的记忆里，清晨，生煎在一层轻紫浅蓝的薄雾中出锅，开启大上海崭新的一天。下午，生煎与鸡鸭血汤或咖喱牛肉汤组成黄金搭档，在斜阳照射下袅袅升起诱人的软香温热，在喧闹而愉快的市声中诠释着"相当上海"的涵义。

扩展中的城市疆界，总能看到生煎活泼愉快的身影

生煎馒头飘在魔都的历史并不长，我在2007年出版的《上海老味道》里指出：生煎馒头来自丹阳、武进、无锡等地，上世纪二三十年代在上海完成标准化。它的大背景是：一，江苏移民的加速进入；二，建成了多家现代化面粉厂；三，产业工人队伍进一步壮大。这一结论是本人根据历史资料和老前辈的回忆所得，至今没有异义。

将近一百年里，上海的生煎圈诞生了多个著名品牌，大壶春、萝春阁是第一代的佼佼者，它俩的故事吃货们已经耳熟能详。但说建国后计划经济年代，要创建一个小吃品牌是极不容易的，原材料都仰赖配给，师傅的工资也是死的，标准定得很死。那么要做出一款与众不同的好点心，全靠师傅的手上功夫与匠心精神。当我用爸妈给的零花钱或可怜巴巴的学徒津贴去街头寻找生煎的时候，淮海中路春江点心店的生煎一下子俘获了我。这家店只有一开间门面，坐南朝北。据家住光明邨旁边弄堂里的马尚龙兄回忆，春江点心店与西侧的渔阳里之间原来有一大片空地，有关方面曾计划建造一个展现刘少奇地下革命史料的纪念馆，"史无前例"一来，这个计划就黄了，空地成了"芳草萋萋鹦鹉洲"。为遮挡行人视线，一百多米长的木板外墙先后成了大批判栏和广告牌，最有名的是那幅顶天立地的油画《你办事，我放心》，

见证了中国历史的伟大转折。春江生煎是第二代的代表（还有乔家栅、沈大成、王家沙等），从早到晚以它那轰轰烈烈的香气，给踯躅都市街头的人们以无穷的想象与诱惑。去春江吃生煎要排队，而且你拿到了装有生煎的搪瓷盆子，还得寻找座位，坐下开吃后还得忍受身后有密切关注你吃相的顾客。

改革开放后，生煎馒头成为下岗工人再就业的选择，资本无需多，场地要求不高，只要吃得起苦，温饱无虞。同时，不少饮食公司面临改制重组，人员分流，比如丰裕生煎，就是从原卢湾区饮食公司转制而来的股份制企业，它旗下形成了两个品牌，一个是生煎，还有一个是原在马当路徐家汇路上的油豆腐线粉汤，也就是口口相传的"马南一汤"，在《上海老味道》里我专门写过一篇。

还有一种情景，个别资深老饕，为了一口心心念念的美食，也会下海玩票。大约在十年前，我认识一个年轻朋友宗沛东，他从小热爱生煎馒头，但跑遍魔都角角落落，发现真正能追回老上海味道的生煎不多，干脆自己开一家生煎馒头店，取名东泰祥。他家做的生煎是"复古派"，肉馅里放一点酱油，老顾客一吃，认为是老味道，现在也成了著名品牌，而且是上海传统生煎制作工艺非遗项目保护单位。

当然，户籍制度宽松后的上海又迎来了一场波澜壮阔的移民大潮，体现在小吃市场上就是群雄并起，百家争鸣，生煎也一样演绎着精彩纷呈的连台本戏。被吃货们点赞的有小杨、友联、光头、飞龙、蔡记和我家附近的晓贤，他们是第三代生煎的明星。

同理，大背景也是人流、物流和资金流的充沛，经济大发展的局面大大推动了餐饮业的勃发。加之城区面积的"摊大饼"式扩张，居民区的疆界延伸到哪里，哪里就有商业街，有商业街就有小吃荟萃，有小吃必定有生煎。

初识小杨生煎的滋味

在新生代生煎中，我觉得小杨生煎作为品牌成长的案例很值得一说，也生动演绎了大上海小吃的传奇。

小杨生煎发轫于吴江路。小杨生煎与吴江路美食街的关系是共生共荣，交相辉映，还是一只生煎馒头催生了一条美食街，我不敢妄下结论，留待专家去研究。我最早知道小杨生煎是在上世纪90年代中期，群众反映他家生煎太好吃，于是上班途中骑着"霸伏"去弯一下。当时吴江路还像"被爱情遗忘的角落"，保留着居民区的苍白容颜，商业网点不多。小杨生煎店面相当迷你，简陋而油腻，但生意出乎意料地好，炉子前围着一堆人，一股香气轰然而起，我不可能花半小时去排队，只得遗憾而别。渐渐地，越来越多的吃货口口相传，加上媒体记者的大肆渲染，小杨名声越发显赫，从早到晚，排队的顾客络绎不绝。

后来，单位里的同事也会买几盒来，在办公室里你一只我一只吃得欢呼雀跃。新闻周刊的工作节奏紧张，拼版面的那两天编辑部里忙得昏天黑地，生煎就能调节一下气氛。小杨的生煎做得真不错，个头大、面皮薄、底板脆、馅料足，一口咬下，热乎乎的肉卤就喷涌而出，对舌尖与"天花板"（上腭）造成了欲罢不忍的刺激。

老吃白食心里不安，有一次我摸出一张百元大钞，交给两个小青年去拉动内需，谁知他们一不做二不休，将一百元都换了馒头回来，每人手里拎了沉甸甸的两大袋，额头上也渗出了细细汗珠。还说排在他们后面的顾客一见他们将两锅生煎都包圆了，气得快要哭出来了。我马上招呼办公室里所有人都来吃，但仍然吃不完，留到晚上微波炉一转再吃，底板还是脆的，一口咬开还有卤汁。

网上常常有生煎粉丝为技术问题而吵得不可开交：生煎的收口应该朝上还是朝下？肉馅应该是清水的还是混水的？面团应该是酵面还

是呆面？争论是好事，说明有人关心它、在乎它。

我小时候在排队买生煎的时候仔细观察过师傅的操作，台板上，一只只生煎馒头排成方队，收口一致朝上，顶了碧绿的葱花或玉白的芝麻，灶头师傅将它们沿着平底锅的边缘排列，由外而内，不松不紧，然后操起一把小油壶浇上几圈金灿灿的菜油，盖上木盖焖两三分钟，再掀开盖头泼入一碗清水，顿时，无数细小的油珠四处乱飞，气氛特别热烈。赶紧地，师傅再将木盖压上，手垫抹布把住锅沿转上几圈。

加水的作用是为了在平底锅内迅速形成热气团，帮助生煎在油水相争的小环境里涨发成熟。

我还看过师傅揉生煎面团，一袋面粉倒在直径两尺半的敞口陶缸里，分几次注入温水，还要加入撕碎了的老酵。面团揉成后得用拳头不停地揿压紧实，直至不粘手为止。师傅起身后搓搓手，盖上棉被饧两三小时。揉面团绝对是力气活，现在都用绞拌机了，马达一响，师傅只需在旁边静观其变，或者蹲到门外抽支烟，生产力得到了解放。

计划经济时代的生煎馒头分标准粉和精白粉两种。前者色泽稍黑，类似今天的原麦面包，但咬劲足。后者卖相好，白富美的样子，价格也要贵两分钱。一两粮票四只，算作一客。在粮票退出历史舞台后，生煎慢慢做大了，在梅园村酒家里，一只生煎差不多就要消耗25克面粉。

传统的生煎馒头，收口有朝上也有朝下的，但以朝上居多，收口朝上耗油量少，但底板不易煎老，还容易破。直到上世纪70年代末，我才发现有些店家的生煎开始收口朝下了，生煎的底板就既厚又脆，群众更喜欢吃。但收口要紧，不能泄漏。

至于撒葱花还是撒芝麻，芝麻看上去档次高一点，但葱花要洗要切，相当费时间。你如果做老板的话，在人工上涨的态势下，选择芝麻还是葱花呢？

现在师傅在煎生煎的时候真是开心，油倒进锅里像"洪水滔天"，馒头在滚油里洗桑拿，快乐得吱吱作响，时间一到，底板又松又酥，也有吃货称之为"酥底生煎"。

小杨生煎的传奇其实也是历史的重演

一个偶然的机会，我认识了小杨，小杨生煎的出品人，女老板杨利朋女士。

一看就知道她的性格脾气都很随和，目光坦荡，语言质朴，没有心机，属于一眼看得到底的那种人。

小杨的外公是静安区饮食公司的点心师，入行四十多年，经验丰富，各种点心都拿得起来。小杨19岁那年跟外公学艺，当时她外公已经退休了，被人家聘去发挥余热，所以小杨不算正式职工。不过她勤奋好学，很快就学会了做馄饨、锅贴、糕团、八宝饭、各式浇头面等，生煎做得最拿手。她至今记得，还在少女时代，有一次外公从西海电影院对面一家友联饮食店里买了几两生煎给她吃，她觉得这是天下最好吃的美味。爱上生煎，也许就从这天开始。

两三年之后，外公做不动了，她就到处打零工，在奉贤路做过小笼，在雁荡路夜市炒过面，后来又到淮海中路一家街道办的餐厅里打工，为了多挣点，每天打两份工。凌晨4点上班，生炉子、和面、拌馅，一只只玲珑可爱的小点心从她手里飞出来，下午4点下班后去另一家饭店帮忙做小笼馒头，忙到深夜回家，仿佛浑身有使不完的力气。有一次下班时间到了，但小杨主动帮下一班师傅做准备，在拌面机旁边操作时，实在是太累了，昏昏沉沉地打起了盹，突然一阵痛感袭来，她惊醒后发现左手鲜血直流，三根手指被机器轧断了。

"当时我又哭又跳，不是因为痛，而是在想我受伤了，不能干活了，怎么办？"小杨对我说，"所以直到今天，我尤其注意生产安全，每开一家新的门店，就会对员工进行生产安全教育，宁可慢点，生意少做点，也不能发生工伤事故。我希望每个员工高高兴兴上班，平平安安回家。"

小杨被大家七手八脚地送到瑞金医院，一场不大不小的手术做了四个小时，手是保住了，但一时半会儿不能重返工作岗位。她窝在成都北路的小阁楼里休息了五天，到了第六天再也闲不住了，脖子上吊着包着纱布的手，在街边卖起了茶叶蛋。国庆期间南京西路人潮涌动，一锅子茶叶蛋很快就卖光了。

等到受伤的手完全康复后，她还是想做餐饮业。她先生第一个反对，家里也算万元户了吧，赚钱的事可以放一放。主要还是心疼她，知道做餐饮生意起早落晚太辛苦，不像服装生意轻轻松松旱涝保收。小杨另有想法，买一件衣服可以穿一两年，而一日三餐是每天不可少的，所以餐饮肯定是现代服务业中需求最旺盛的一块。

后来有一个因素使小杨下定决心。她经常在家里包馄饨，亲戚朋友觉得这才是正宗的上海老味道，鼓动她开馄饨店。

上世纪90年代初，商业零售还维持着传统模式，但敏锐的小杨看到南京路上的人流开始向西边流动，上海电视台周边已经聚集了不错的人气，石门路一带的商业网点也在积极调整。她想，做餐饮生意就应该提前布局。

她外公家就在吴江路上，地方很小，小杨先借了外公家的门面，螺蛳壳里做道场。她花20元买了一只旧的柏油桶，外公在路边捡几块砖头帮她砌成炉灶，没有料理台怎么办，她再从家里搬来一张旧的写字台。就这样，馄饨店开张了。当时乍浦路、黄河路美食街上小饭店的生意都是这样开起来的。第一天试水她不敢多做，买10斤馄饨皮，自己拌了荠菜猪肉馅心，不到两个钟头全部卖光，大家吃了都说好。

"后来一天能卖出120斤馄饨，再后来根据附近居民的要求增加了鲜肉小馄饨"。小杨说。

鲜肉小馄饨和荠菜大肉馄饨是上海常见的风味小吃，为什么小杨出品的就特别好吃呢？原来她自有一套，比如馄饨皮从陕西北路一家粮店定制后，回家再要二次加工，再擀一遍使之更薄更有韧劲。馄饨馅心打得也特别精细，猪肉肥瘦得当，无筋无膜。比如在习惯上淞沪地区的鲜肉小馄饨就是一碗汤，鲜肉馅心不仅拌入大量的水，还是大写意风格，"拓得着是一颗葱，拓不着是一个空"，人们戏称为"拓肉馄饨"。但小杨觉得随着消费者生活水平提升，小馄饨的画风也应该改为写实派了。她舍得放馅心，一只小馄饨捏在手里实墩墩的，顾客一口咬开，满是粉色的肉馅，味道也鲜，相当满足。

小杨吃得起苦，人家做小吃生意，一般是上午中午两个市头，她却要从早上6点半做到晚上10点。

但是好景不长，因为没有营业执照，馄饨店开不下去了，小杨转而在外借店面卖服装、卖水果，两三年下来，嘿嘿，倒是赚了满盆满钵。生活压力减轻后，小杨心里那只"生煎"又发酵了，她决定回到吴江路去做生煎馒头。

她外公摇头：吴江路已经有一家生煎店了，生意也不见起色，温吞水的样子，你难道是神仙吗？

小杨当然知道这家生煎馒头店，也去吃过。正因为吃过，她觉得自己出品的生煎会胜过这一家。

问题是没有门面房，就办不了营业执照，她就把外公家对面吴江路60号一间店面房子借下来。但是这间门面房实在是太小了，只有4.4平方米啊，根本没法安排堂吃，只能供应外卖。

小杨生煎的成功秘诀

"那天是1994年10月17日，我记得清清楚楚。一早起来去菜场买十斤腿肉剁成末，与早已熬好的皮冻一起拌成馅心，面团也揉好了，炉子也生起来了，一切准备就绪，平底锅上生煎一只只排列整齐。油一浇，水一泼，吱啦一声响，再头一抬，嗬哟，门前已经排起了长队了。一股暖流涌上心头。这就叫开门红啊！"小杨忆起创业的艰难，我看不出她脸上的沧桑，唯有快乐。

接下来，小杨生煎的剧情偶尔也有波澜，但总体上顺风顺水，火，一直很火，天天排队，来不及做，有一种刹不住的感觉。生煎店人手不多，小杨只请了一个小工，闷头操作的小杨偷偷地笑，但又不敢笑出声来，只有遇到熟人来了才大大咧咧地招呼一下。

一年不到，小杨生煎为吴江路聚集了大量人气，经过多方协调和帮助，她的店堂也扩展到几十平方米，顾客总算可以坐下来吃了。

小杨生煎的成功产生了轰动效应和示范效应，光在吴江路上就先后出现了十四五家生煎馒头店。但借用一句老话：一直被模仿，从未被超越。有家饭店眼看小杨生煎生意红火，华丽丽转身做起了生煎，开张之初推出"买一送一"的优惠举措，食者闻风而至，队伍排得比小杨家门口还长。吴江路上的左邻右舍都来看热闹，说这下小杨生煎碰到了"顶头货"。想不到半年不到，小杨愈战愈强，那家店倒撑不下去了。

吴江路美食街也似乎是自发形成的，店多成市，众声喧哗，市场这只无形的大手在其间巧妙拨弄，倾斜、平衡、聚集、呼应……政府管理部门也适时适度地介入，引导并做些规划和调整，这条美食街终于名传遐迩。媒体记者，特别是附近上海电视台的记者，在这里发现并报道了这一"现象级新闻"，几乎每篇报道都要提到这只生煎……传奇从这只香喷喷的小馒头开始。

吴江路美食街的形成，包括小杨生煎的兴盛，得益于天时、地利、人和，南京西路与徐家汇、虹桥、中山公园等大商圈一样，都在浦东开发开放之后形成，导入了大量人流、物流和资金流，赶上并参与了上海新一轮经济发展与市政改造，促进了区域经济的繁荣繁华。吴江路作为南京西路的后街，离"恒梅泰"也仅一箭之遥，以现代服务业满足楼宇经济的发展，红花绿叶，相得益影。而作为个案的小杨，保证质量，诚信经营，待人和气，加上政府的扶持，使创业者的励志故事充满了正能量。

一开始，生煎店名字叫"王中王"，后来小杨觉得上海的江湖水太深，自己是一叶小舟，没资格"称王"，于是就改名为"小杨生煎"，低调，亲民，素直，这才是她的本真。

在多个场合，当小杨被记者问起成功秘诀时，她略显腼腆地回答："生煎是平民化的美食，首先要让客人吃饱，然后还要保证让大家吃到应有的好味道。这也是我从小的生活体会。所以我们的生煎可能比别人家的要大一些。从开店之初到现在，我一直强调，生煎的重量只能多不能少。"

是的，票证时代结束了，顾客吃生煎不再需要粮票，一客四只的计量习惯可以不变，但一客生煎的面粉用料可以突破50克的行业标准，因此今天我们吃到的生煎普遍比计划经济时代要大一圈。当然，增量的不仅是面皮，还有肉馅，这就会提高成本。

"为保证食材新鲜，我们差不多每天都要采购。"小杨对我说，"为使产品拥有高品质，我们的食用油用的是'海狮牌'非转基因大豆油，面粉是中粮集团提供的特制中筋粉。现在我们有了中央厨房，肉馅、皮冻就在中央厨房按照标准进行加工。我们选的是爱森的猪肉，腿肉和夹心部位。熬皮冻用的是最厚实的猪背脊皮，熬制四个小时以上，熬到什么程度才好呢？师傅舀一勺举过头顶，然后勺子倾斜，让肉皮汤慢慢流下来，像一根线流到地上，中间不散不断，才算熬到位了。然后冷冻后轧成颗粒，按比例与肉馅拌匀。上了味的肉馅再进冰箱冷冻成形，最后按各门店需求量送过去。"

小杨生煎采用传统的半发面工艺，面皮20克，肉馅40克，收口朝下，煎的过程中要加点水。小杨表示：我们坚持薄利多销原则，让顾客吃到好吃不贵、物超所值，而且是有上海味道的生煎。

生煎馒头的存在价值

2010年，已经中外闻名的吴江路美食街进入变身阶段，小杨生煎在吴江路上已经有了两家门店，在别处也有六家门店，但吴江路提升能级是不可抗拒的潮流，她配合政府的规划和部署，心情复杂地告别了吴江路。不过这条美食街的转身也诱发了她的品牌扩张意识：一定要多开几家门店，将这一"国民小食"的品牌做大做强。

仅2010年小杨生煎一口气开出十家门店，而且不断有人来邀请她进驻新落成的"销品茂"，她意识到上海的零售商业模式已经从沿袭了将近一百年的链式格局进入到岛式格局的新时代。小杨生煎连锁化发展的战略由此确定，门店面积一般在90至100平方米，与"销品茂"的餐饮区融为一体，成为标识鲜明的中式风味快餐。杨总希望在未来的几年内开设数家规模更大的街面门店。

从吴江路第一家店开始到现在，小杨生煎在上海已有170家门店，加上在江苏、浙江、深圳等省市的门店一共有250家。小杨生煎坚持直营，没有一家加盟店。杨总守住底线不输出牌誉，不管对方出多少价，都不松口。

在加速扩张的同时，小杨当然意识到自己即使长了三头六臂也难以应付这个局面，就引进人才，组建了管理团队、研发团队和品牌运营团队。不久就推出了大虾生煎，用的是来自南美的基围虾，纯虾仁，个头大，味道鲜，投放市场后大获成功。此后小杨生煎按照一年推一个新款的节奏，稳健地推出了荠菜生煎、小龙虾生煎、藤椒鱼肉生煎、墨鱼仔生煎、蟹粉生煎等。每次新品种研发，小杨都要过问设计方案并多次尝试，一款新品的推出一般要历经一整年。

生煎是一款老味道，但研发团队追逐时尚的青年人也会突发奇想，从蔬果中萃取天然色素，使生煎穿上多彩的外衣，晒到网上瞬间刷爆朋友圈！

我吃过其中的荠菜生煎和大虾生煎，味道不错，小杨生煎体贴的地方在于老款与新款组成了双拼或三拼，所以像我这种胃口不大又想吃几种味道的吃货一般都选择拼盘。但与绝大多数顾客一样，最爱的还是经典款鲜肉生煎。

生煎也是老外进入上海味道的一扇门，留学生喜欢吃，背包族喜欢吃，旅游团队更喜欢吃，嗨起来一人可吃好几盆，还要购买印有小杨生煎LOGO的搪瓷盘子和T恤衫作为旅游纪念品。

我想起发明方便面的日本人安藤百福，他说自己长寿的秘诀就是每天吃一碗方便面。那么小杨是不是也是如此呢？她笑着告诉我："当然，我喜欢在自己家附近的门店里堂吃，至少每周一次。我不打包回家，刚刚出炉的生煎，底板香脆，面皮劲道，肉馅鲜美，这才是我理想中的味道。公司召开中高层管理干部会议的时候，饭点到了，我就叫公司附近的门店送生煎来会议室，双拼或三拼，这又成了一场质量品鉴会了。有时候我看到街上开出别人家的生煎店，也会进去吃一吃，看看有没有可以借鉴的地方。山外青山楼外楼，生煎的江湖也一样吧。"

今天，小杨生煎已经获得行业与社会的高度肯定，被评为"上海名点、名小吃"和上海首届"金牌小吃",还获得了上海著名商标、"信用资质AAA"等荣誉,并入选全国餐饮行业重质量放心消费联盟。

从吴江路起步,小杨生煎的传奇已经延续了26年,并将继续延续下去。小杨生煎体现了海纳百川、兼容并包的城市精神,成为海派文化的生动诠释。小杨生煎的成长经历,以及它所承载的上海人记忆中的老味道,重新定义了生煎的内涵:一款风味小吃的存在价值,就在于与这座城市的历史与现实、城市的人文生态建立起长期的稳定关系,并通过味觉呈现的方式,将城市文明传递到更远的地方。

刀鱼有刺，不再遗憾

刀鱼、竹笋、樱桃，自古有"初夏三鲜"之称。刀鱼因形状如一叶裂篾之刀，鳞色银白而得名。苏东坡有"恣看收网出银刀"诗句，描写得相当生动而且准确。苏老是接地气的大诗人。大凡接地气，倘若暂无温饱之虞，或者心态好，苦中作乐，就能炼成一枚好吃分子，苏东坡为中国文人树立了一个好榜样。

刀鱼的名称在《山海经》里就出现了，叫作"鮆鱼"。罗愿在《尔雅翼》中说："鮆鱼，刀鱼也，长头而狭薄，其腹背如刀刃，故以为名。大者长尺余。"作为刀鱼粉丝的东坡先生也留下了一句诗："知有江南风物否，桃花流水鮆鱼肥。"

刀鱼是洄游性鱼类，每年春季，从浅海进入长江口，溯流而上，到淡水区完成繁殖大业。刀鱼抵达长江江阴、靖江段时，腹内盐分基本淡化，脂肪与肉的比例恰到好处，所以"江阴刀"的价钱历来高于"崇明刀"和"南通刀"。靖江段水势平缓，是刀鱼集中产卵的温柔乡，也是渔民捕捞刀鱼的竞技场。靖江也是出猪肉脯和灌汤包的地方，那里的人有吃福。

扬州谚语云："宁去累死宅，不弃鮆鱼。"宁愿卖掉祖宅，也不愿放弃品尝刀鱼。此说未免夸张，但也足以证明刀鱼的美味确实令人抓狂。

刀鱼身躯虽然单薄，架子却大得很，阳春三月桃花始盛时，骨刺还没长硬，可以连刺一起吞下。清明以后，鱼刺渐硬，弄不好就找人麻烦了。

刀鱼多刺，吃起来须小心，于是清代有人想出了歪招。《清嘉录》中记载："先将鱼背斜切，使碎骨尽断，再下锅煎黄，加作料，食时自不觉有骨矣。"这是一种霸王硬上弓的吃法，时人以谚讥之"驼背夹直，其人不活"，暴殄天物，土豪腔调。扬州盐商很会吃，他们叫家厨将刀鱼与老母鸡、蹄髈、火腿一起吊汤，做成刀鱼面，乾隆爷下江南时就尝过此味。

浦东高桥一带的乡镇，以前每到清明前就流行吃刀鱼饭。用硬柴引火烧饭，待大米饭收水时，将刀鱼一条条铺在饭上，改用稻柴发文火。饭焖透，将鱼头拎起一抖，龙骨当即蜕去，鱼肉留下，与米饭拌匀，加一勺猪油和少许盐，那个鲜香柔美，值得记取一辈子。高桥的老前辈在向我描述时，也大有"夏虫不可语冰"之叹。

还有一种更加酷的方法，将刀鱼头尾钉在锅盖里面，加盖后只消按常规操作煮饭，等刀鱼被蒸汽焐熟，雪白粉嫩的鱼肉便自行落下。锅盖一掀，木盖上只留下一根根鱼骨，米饭与刀鱼肉早已浑然一体。

老半斋的刀鱼面秉承扬州盐商的传统，成了老上海早春时节的时令风味。遥想三十年前我还能附庸风雅，赶在清明前去吃一碗。刀鱼面跟阿娘黄鱼面不一样，鱼不是作为浇头呈现的，面碗上，你若是将面碗兜底翻转来找鱼，就是洋盘了。刀鱼面的鲜头在于浓汤。师傅将刀鱼油炒后包在纱布里小火煮烂，此时鱼肉细若游丝，汤色白于牛乳，硬扎扎的面条往汤里一沉，就与刀鱼你中有我、我中有你了。从专业角度说，刀鱼面是一款煨面，老少咸宜。老半斋现在还有刀鱼煨面应市，配以肴肉、醋碟，不过味道远不如从前。

这几年餐饮市场繁荣繁华，我也有机会与刀鱼接触过几次，印象最深的是三年前在斜土路良轩餐厅品尝了李兴福大师烹制的无刺刀鱼宴。

刀鱼宴，而且还是无刺，让我充满期待。

清茶一壶，果碟四只，然后刀鱼以各种角色轮番登场：油爆刀鱼、鸽蛋刀鱼、金狮刀鱼、花胶吞刀鱼、双边刀鱼、刀鱼春卷……令人眼花缭乱。金狮刀鱼，取刀鱼刮肉剁蓉，压模制成，外形就像一只狮子头，蛋皮丝围了一圈，赛过狮子头的卷毛，刀鱼的消耗量最多，酒家做这道菜几乎无利可图，图的就是手艺展示机会。锅贴刀鱼用刀鱼蓉涂在面包片上，烤得微黄后上桌，有点西餐的制法，口感不错，老少咸宜。

但有些菜似乎加工过度，比如双边刀鱼，用四条三两以上的刀鱼才能做一盘。刀鱼身上有1400根骨刺，厨师要耗时约一小时才能剔除干净，那简直要"累死宝宝"了。更吓人的是操作时要不时将手浸在冰水里冷却一下，手温不能过高，否则会影响到刀鱼的鲜味。接下来，在砧板上铺一张干净的肉皮，里子朝上，将鱼肉铺在肉皮上，用刀背轻轻剁成鱼蓉。最后，见证奇迹的时刻到了，厨师要在腰盘内并排两条龙骨，将鱼蓉以绣花功夫铺在龙骨上，复原成刀鱼的形状，再小心翼翼地盖上完整的鱼皮，上笼屉蒸熟。

上桌时看似两条整鱼，一吃才知道是经过再塑后的两条鱼。舌头再迟钝的人，吃这样的刀鱼也不怕被骨刺扎了。不过论味道，我个人认为还是原汁原味的清蒸来得鲜美。归真返朴之所以是一重境界，刀鱼也诠释了这个通识。

所以，我最向往的还是刀鱼面。果然，汤色乳白的刀鱼煨面上来了，每人一小碗，我一啜汤汁，还是记忆中的美味，鲜滑爽口，碗里不见刀鱼，口中都是刀鱼。

听李大师介绍，用做无刺刀鱼宴时剔除的头面、龙骨与鱼皮吊汤，算废物利用，故而只卖68元一碗，不少知味的老克勒隔三差五地来一膏馋吻。

当然，刀鱼馄饨也是极好的。我吃过几回，每人一盅，小小两只，沉在乳白色的鱼汤里，一口一只，闭上眼睛慢慢咀嚼。什么叫郁厨异味，刀鱼馄饨应该就是了。

昨天去太仓陆渡宾馆参加一期一会的太仓江海河三鲜美食节，最期待的还是清蒸刀鱼。此物上桌后，每人一尾，鲜香肥腴自不待言。正欲举箸，突然想起去年有关部门曾经发布禁捕令，那么此刻吃的刀鱼是不是属于禁捕的野生刀鱼？

原苏州餐饮协会会长华永根先生说："禁捕令禁的是在刀鱼繁殖期的过度捕捞，在开捕期内并不禁止。正因为管理严格，使刀鱼获得了休养生息的时间，今年刀鱼的捕获量就比去年多了一倍，渔民们也非常高兴。看来禁捕是必要的，也是有效的。"

今天一早有朋友发来微信，问我在哪里可以吃到无刺刀鱼宴？一想李兴福大师已奔八十，在家含饴弄孙，享受天伦之乐，江湖上还有厨师能做一桌无刺刀鱼宴吗？稍后发微信问孔家花园的杨子江总经理，因为我记得李大师也曾在那里当过顾问，果然，杨总很快回复：他家正在供应无刺刀鱼宴，12道佳肴包括有刀鱼鸽蛋、珍珠刀鱼、刀鱼鸭舌、油爆刀鱼、古钱刀鱼、如意刀鱼、金狮刀鱼、辽参刀鱼、清蒸刀鱼等。如果三五知己小吃，那么可以点一套清蒸刀鱼加刀鱼烩面。包括前菜黄金刀鱼、孔家鲁菜和罗宋色拉，主菜是一条清蒸刀鱼，再加两道点心刀鱼煨面和一品叉烧酥，每位158元，这个价格也比较亲民。如果单点刀鱼煨面也行，每碗38元，大叔大妈也吃得起。

昂刺鱼咸肉菜饭

　　新场镇大概是上海最后一个伊甸园了吧。此处所谓的伊甸园，与迪士尼乐园是截然不同的两种评判标准，它被抹上了理想主义的色彩，在表述上指向一线柔和的历史投影，或者对应农耕文明悠扬的、缓慢的、略带伤感的尾声。表述归表述，进入互联网时代的新场镇，则在众声喧哗中进入"秘境探访者"的视野。

　　现在很多人已经知晓，新场镇是一个承载着千年历史文化信息的江南水乡古镇。计划经济时代属于南汇县，南汇的泥腿子们在田埂上踮起足尖远眺中心城区时，视线总被苍茫烟云所阻隔。在城市大开发的浪潮中，它一直被挤到边缘地带，开发商对它既牵肠挂肚又视同鸡肋，倒有幸以宁静与寂寥保住了玉身。新时期旅游业的勃发兴盛，使它欣然跃出水面。后发制人的优势，就在于原有的人文生态系统没有被粗暴覆盖，这在城市化和现代化的激流勇进中，在人们普遍怀旧的情绪中，值得小心守护。2008年，素面朝天的新场古镇被评为第四批"中国历史文化名镇"，有点黑色幽默的味道。

　　与浦东六灶、八灶、大团等村镇的形成相似，新场镇的得名也与盐业有关。早在后梁开平元年（907），吴越王钱镠鼓励煮海制盐，新场地区已有零星村落和盐灶。大约在南宋建炎二年（1128）新场建镇之初，盐场年产量居浙西27个盐场之首，约占三成以上。明弘治年间《上海县志》有记载："新场镇距下沙九里，以盐场新迁而名。赋为两浙之最，四时海味不绝，歌楼酒肆，贾街繁华，视下沙有加焉。而习俗浇伪又下沙所无也。"富饶、时尚，商业化程度和GDP贡献率都比较高。

今天，新场已然不新，但老而弥坚更加值得尊敬。据当地文保部门统计，镇上明清和民国时期的建筑保存率为55%以上，这个比例使它成为浦东地区唯一保存得比较完整的历史古镇。去年五一长假期间，一连几天宅在家里不免心里发慌，就举家出动去新场逛逛。穿过牌坊进入古镇，好比一条鱼陷入了泥潭，只好随着摩肩接踵的人流缓慢移动。但我还是欣喜地看到了街道后面隐藏着的一条条河道，河上横跨着形制古朴、雕刻精良的拱桥二十多座，被文物学家称为"家门口的文物"。石驳岸上有许多参天古树，驳岸上的石块还凿出了供舟船系缆绳的"牛鼻子"。最有看头的当然是老房子，大坡顶，马头墙，雕花木窗，门槛像磨马砖一样中间凹下去，柱础光素无华……站在洪福桥上向北望去，层层叠叠，隙缝中蹿起几株老树，还有五颜六色的晾晒衣服，很入画。

新场现存一百多幢明清建筑，据说还有元代建筑，大都挂了铭牌。我喜欢钻进小巷尽头、大宅深处看个真切，阳光切割着明暗，庭院的轮廓线如剪纸一般硬扎，月季、芍药、茶花随意点缀，流不尽的江南风韵。同时，又因有不少房子的主人有大城市的游历，甚至出国喝过洋墨水，于是在设计房屋时别出心裁地将中西建筑元素融为一炉，比如歇山式、硬山式的屋顶会配上罗马柱、圆拱门和彩色玻璃门窗，甚至还用进口马赛克铺地，图案与色彩令人惊艳，最具代表性的也许就是洪东街上的奚家厅和张厅，当地老人认为日照堂、郑家厅等也是很有品位的。

新场镇最阔的时候有过"笋山十景""十三牌楼九环龙"，最显眼的当是明代朱镗、朱泗、太常寺卿朱国盛祖孙三代建造的牌坊，谓三世二品坊，坐落于新场市街正中，上额题书"九列名卿"，左侧书

范成大诗之

心陰
嘉榮作

"七省理漕"，右旁为"四乘问水"，上世纪70年代时被拆了个无影无踪。现在巍峨耸立在路口的这座是1986年修复的，后来又重建了"北栅口""长桥山庄"两座牌坊，假古董也可供人遐想一番吧。

好在镇上居民大多为土著，开店经营的也多为原住民，我不管买不买东西，都喜欢跟老板老板娘搭讪几句，他们的乡音有浦东说书的铿锵腔调，十分亲切。

游客实在是太多了，我们没能在江南第一茶楼喝上茶，但在河边廊棚下的小饭店吃了饭，等了足足一个钟头。可能是生意太好，厨师来不及精耕细作，菜肴有失水准，杂鱼烧年糕算是可口的，但有短斤缺两之嫌，米饭叫了四五次就是不来，只好自己起身去找电饭煲。

不过街上小店制作的草头饼、大肉粽、酒酿饼、荠菜肉汤团和油墩子真是不错。我们还在一家小店里买了几棵老板自家腌的雪里蕻咸菜，回家烧竹笋、豆腐一流。

上周与尚龙兄等几位朋友相约再访新场，专为美食而去，特意避开了双休日。先品尝了张记鸡汤豆腐花，据老板称他家已经做了三代，豆腐花是用本地所产的竹枝黄豆，在石磨上磨成浆后用盐卤点化而成的。再补充一句，老板娘每天凌晨两点起床磨豆腐，一年365天，天天如此，意志绝对坚强！脂玉般的豆腐花舀起来也得有技术，不能搅拌，只能用黄铜浅勺斜斜地扰在碗里，撒上榨菜、虾皮、黑木耳等，再将电饭煲里噗噗沸腾的鸡汤兜头一浇，鲜香嫩滑，胜过凡品多多。又尝了他家的荠菜肉馄饨，生长于田头河边的野荠菜现在真是少见了，这是附近农民割来后向他家特供的，焯水后切末，与猪肉拌匀作馅，果然有浓郁的野蔬清香。

接下来我们又嘻嘻哈哈转到洪福桥堍的吴记羊肉面馆吃了一碗白汤羊肉面，我问老板娘有没有羊头与羊腰，我认为这两样东西是评判一家羊肉店资格够不够老的标准。老板娘倒也老实，一板一眼地回答：羊头上的肉拆下来都混在羊糕里一起卖了；羊腰呢，实在是太小了，卖不出价钱，只好自己吃进肚里。我连声叫冤！老板娘连忙拿出一张塑封的照片给我看，一位老人在此吃了羊肉面后"立此存照"力挺吴记。他是新场本地人，六十年前外出读书工作，六十年后回到家乡，吃了吴记羊肉面后热泪满面：还是小辰光的味道！

吴记羊肉面馆对面有一家卖水果的老店，对街角一根石柱子上刻了一行字："本店创自康熙壬寅年"，看字体饶有古意，希望它是老东西。

然后我们出了牌楼，走到马路斜对面的水上楼饭店吃了两笼烧卖。与镇上多家以"下沙"为招徕的烧卖店不一样，他家的烧卖个大皮薄卤足，擀好的皮子有漂亮的荷叶边，师傅托在掌心，用竹刀挑起一坨肉馅后埋在皮子中央用力一按，五指趁势收拢，再用竹刀觑着指缝一刀刀勒紧，顶上并不收口，肉馅喜气洋洋地裸露着，蒸熟后就像西饼店里的布丁，实墩墩的，两三个管饱了。除了竹笋鲜肉馅的，还有我最喜欢的核桃豆沙馅的。他家烧卖从早卖到晚，每天要卖出近万个。我跟老板娘说豆沙馅里一定要放两三颗糖猪油丁才好吃，她说现在的人都怕猪油，不敢放。其实这是误会，我见过许多耄耋老人，说起长寿的秘诀就是爱吃糖，不忌酒，不运动，看到肥肉口水流。

时近中午，我们来到新场大街上的裕大·俚舍，这是一处由老房子改建的精品酒店，假山湖石、字画古陶、茗具香炉、明清家具，房价每晚超过一千元，一般游客住不起。我们是专为品尝他家的昂刺鱼咸肉菜饭而去的，这个菜饭原本专为住店客人准备，少量供应非住店游客。在酒店的后花园有水榭，有池鱼，有茶寮，在角落里砌了一间老式厨房，两眼土灶上有趣味盎然的灶头画，木雕灶王爷安坐在上头眯眯笑，一截烟囱截破房顶指向蓝天。两个大妈合力操作，一添柴一掌勺，草头重油炒过碧绿盛起，投入浸泡过的闪青新大米，将六条肥硕的昂刺鱼钉在锅盖背面，盖上后用大火煮沸，再转小火焖上片刻，余烬将熄时锅盖一揭，白花花的昂刺鱼肉已经落在饭粒上，锅盖上只留下龙骨几条。大妈将鱼肉稍加整理后与菜饭搅匀，一股香气冲得我们脚步踉跄，垂涎三尺。再每人配一块稻草扎肉和一碗咸菜笋片汤，这一顿农家饭吃得通体舒泰，神清气爽！

川菜中大大有名的水煮牛肉，据说是自贡盐民发明的。话说北宋那会儿，自贡盐井采卤都是用牛来作为牵车动力的，当那些可怜的老牛退役后，盐工们便一刀将它宰了，剥皮斩骨后随意地将牛肉切成薄片，投入锅里乱煮一气，再加花椒、辣椒等调味。大刀阔斧的操作，使水煮牛肉有了粗放的风格，后经过厨师多次改良，遂成巴蜀民间佳肴。那么同样因盐而立身扬名的新场镇，能不能挖掘出一道与盐有关的传世名菜呢？

黄鳝和它的搅局者

杭嘉湖地区在端午节有一食俗，就是吃"五黄"。所谓"五黄"，即为黄鱼、黄鳝、咸蛋黄、黄瓜和雄黄酒。上海是移民城市，一百多年前，随着杭嘉湖地区大量人口的导入，这一食俗也随之而来，上海土著好像无此食俗。

在我小时候，大黄鱼不稀奇，小菜场里随便掼掼，后来渐渐珍贵，到我中学毕业，"此物最相思"。咸蛋黄（五黄中的咸蛋黄，是为了表达需要，其实哪有只吃咸蛋黄不吃蛋白之理？）和黄瓜是寻常之物，在此不表。比较"古典"的雄黄酒，今天的小青年无缘染指。因为据医学专家说，雄黄酒含剧毒物质砷，所以不能喝了。而我小时是年年喝的，小小一口，一股药味直冲脑门，邻居老太还要手蘸雄黄酒在我额头写一大大的"王"字，以示威武并辟邪。

论味道，五黄中大黄鱼为上，雄黄酒最差，但印象最为深刻，这也证明了一条真理：失去的都是珍贵的。

不过老上海也有一句俗话："小暑黄鳝赛人参。"黄鳝经过冬春季节的滋养，此时最肥最嫩，所以赶在七八月份的产卵期前吃黄鳝最为适宜，至于"赛人参"一说，那是因为黄鳝营养丰富，兼有补气养血等功效。我有一亲戚，上世纪60年代中期去苏北农村参加"四清"，正是青黄不接的日子，整天吃农民自家腌的咸菜，半年一蹲，两腿粗成一对水桶，吃药打针也没用。有一次来上海出差，抽空去老半斋吃了两盆清炒鳝糊，第二天就好了。

那个时候，黄鳝在上海的菜场里还属于高档水产，偶然到货，家庭主妇奔走相告。黄鳝也不算稀奇，小菜场师傅将硕大的木桶抬到老虎灶上，木桶里满满一桶黄鳝，焦躁不安地蠕动着，滚烫的开水兜头一浇，木盖一压，听得到里面劈劈啪啪甩尾巴的声音，真是惊心动魄。少顷，盖子一掀，一股腥臊的蒸汽升腾而起，木桶复归风平浪静，两个师傅再抬回菜场，交由一班阿姨嘻嘻哈哈划鳝丝。这场快乐的大屠杀，也是我喜欢在一边傻看的节目。

但我妈妈嫌黄鳝味腥，从不让它进门，我直到工作后才在小饭店里尝到此物。响油鳝糊是本帮经典，装盆后热油一浇，滋滋作响，上桌后服务员再从怀里掏出一个小瓶子，撒上胡椒粉，筷子一拌开吃，烫、滑、嫩、鲜，吃到盆底还留有一点芡汁，叫一碗光面拌来吃。一般上海人家不敢吃清炒鳝糊，而是买半斤鳝丝，与绿豆芽或茭白丝一起炒来吃，算是尝鲜了。

改革开放后，黄鳝在菜场里异军突起，个体户卖黄鳝致富者甚伙，这种形势让政治上已经翻身但经济上还没翻身的知识分子相当胸闷，故有"手术刀不如黄鳝刀"的酸溜溜说法。现在手术刀已经大大胜过黄鳝刀，社会进步了。

前不久，跟朋友在良轩酒家品尝了中国烹饪大师、海派川菜代表人物李兴福大师设计并烹制的"全鳝宴"，真是一次难得的美食体验。

这天的丰宴不能一一细说，只挑几道有代表性的简约介绍。梁溪脆鳝比较常见，但川味酥鳝不一定吃得到，李大师将鳝片在温油锅炸一下，然后移至一边，加盖微焖，待油温冷却后再按同法复炸，如此才使鳝片酥而不焦不烂，加料后鲜香扑鼻，川味浓郁。本帮菜中以前只有糟鸡糟肉糟钵斗，李大师此番推出糟鳝是按本帮糟货的方法加工的，移花接木，别有风味。

热菜中的生爆蝴蝶片，是用活杀鳝片去皮后再上浆生炒的，黄鳝去皮绝对是一门手艺，滑溜溜的黄鳝"捏不牢滑脱"，何况还要去掉薄如蝉翼的皮，没有金刚钻，谁敢接这个活？

福寿永临，一听名字就晓得是大菜。果然，中间是炒软兜，排列舒齐的鳝背堆成背部高隆的甲鱼状，俯视若一个福字，周边围一圈剥壳的蛏子，蛏子谐音"子子孙孙"，诙谐地表达了一份美意。

淮鱼干丝就是扬州菜中大煮干丝的变异，改用鳝丝代替火腿与鸡肉，汤是用油炸过的鳝骨吊成，乳白浓醇，豆香浓郁，鳝味清鲜。

抽梁换柱这个菜名一听就明白了，长两寸半的鳝筒，将鳝骨抽去后，中间再用虾蓉加笋丁塞进去红烧，芡汁浓郁，深得红烧菜的神韵。

青龙白虎丸的名字听起来比较生猛，其实菜品无比温柔，一条丝瓜刳花后围着一个鳝肉与虾肉做成的大丸子，丸子表面蘸满了火腿末，汤色清鲜，食材鲜嫩，作为汤菜，它是超一流的，格调也相当高。

我顶顶喜欢的是炝虎尾，以前每到扬州饭店，必点此菜。此菜只取鳝鱼尾部一段净肉，经开水稍氽加浓汁调味拌制而成，排列整齐后再兜头浇一勺蒜油，香气夺人，因其形似虎尾而命名。我自己在家试过几回，貌合神离，看来一定有厨师不肯透露的秘诀尚没掌握。

还有红烧马鞍桥、炖生敲、宫保鳝背、蒜蓉鳝卷、叉烧鳝方、合川鳝卷等菜也借鉴了川、扬、鲁、徽等多个帮派的风味，吃得我们一帮吃货合不拢嘴。马鞍桥、炖生敲都是京苏大菜中的经典，以后我有空专门写文章介绍。

这天正好是端午，为了应个景凑成"五黄"，李大师还上了其他几黄，比如脆皮黄瓜、鲍汁黄花菜、干烧大黄鱼和黄金肉。

黄金肉是油炸的，外脆里嫩，有点像上海人熟悉的桂花肉，但李大师提请我注意："不能小看它朴素的外表，它是宫廷菜啊！"

是吗？李大师进一步教育我：黄金肉又叫油塌肉片，用猪身上最嫩的里脊肉制作，是满族古老的宫廷风味名菜，曾被列为满族珍馐第一味。自清王朝建立以后，每临大典盛会，酒席宴前第一道菜，必定是喜感十足的黄金肉。

"这道美肴，据说是清太祖爱新觉罗·努尔哈赤所创制的呢！"李大师说，"努尔哈赤在青年时代，曾流落到辽宁抚顺一带，在一位女真部落首领家中当伙夫。在一次首领宴请宾客时，他发现菜肴准备不足，就将一段里脊肉切成长条，裹上蛋黄液，入油锅迅速翻炒后装盘送上。主宾尝后大加赞赏，努尔哈赤救场有功，获得擢升。后来，努尔哈赤九死一生血战沙场，成为后金创建者，又是清政权的第一个老祖宗，于是每逢盛典，必定先上黄金肉，并当众讲述这段故事。"

哈哈！故事总归是故事，但黄金肉确实值得一尝。

翻翻菜谱，还有些黄鳝菜的菜名取得很有诗意，比如双龙出海、鞭打绣球、龙卷风爆、龙抱凤蛋、子龙脱袍、雪中送炭等，要吃了之后才知道。

有一道菜叫作白煨脐门，菜名相当"污"，请教李大师后才知道此菜绝对厉害，只取每条八两以上黄鳝肚脐眼（其实是泄殖孔）前后约三寸长的一段，这个部位最肥嫩，一条黄鳝只有一段，故而要凑满十几条才能煨制一盘，要吃须预订。土豪钱多任性，也不能保证来了就能吃到。

这是我自出娘胎以来，一顿饭吃到最多的黄鳝。

黄鳝生命力较强，鳃虽然不发达，但可以借助口腔及喉腔的内壁表皮作为呼吸的辅助器官，直接呼吸空气，故而在水中含氧量稀薄时照样能活。出水后装在木桶里，只要有一点"湿湿碎"，这厮也不会马上死去。因此在运输环节，待遇稍许差点，黄鳝也不会造反。不过黄鳝身上布满了黏液，时间长了，黄鳝们粘在一起就比较难受。于是水产商贩会抓一把泥鳅扔在桶里，泥鳅在强敌面前会产生紧张感，拼命地往深处钻，这样就等于搅局，搅得黄鳝们不能安于现状，就可免于短时间内不知不觉地死去。

泥鳅是有功的，但菜场里的师傅并不待见它，随手一扔，满地翻腾，小孩子争先恐后扑上去抢，抢来养在瓶子里，也是一乐。当时虽然供应匮乏，但也没听说过有谁将泥鳅煮来吃。计划经济时期，上海黄浦区境内十六帮派饭店齐全，但没见哪家饭店将泥鳅列入菜谱，据说这货满身泥土腥味，不登大雅之堂。

等市场经济起动后，餐饮市场也出现了重庆火锅，小泥鳅开始登堂入室，再经沸汤久煮，泥鳅也不烂不散。据说此物壮阳，男性食客在享受时表情相当丰富。

是的，泥鳅被称为"水中之参"，脂肪和胆固醇含量较低，蛋白质又比较高，并含有不饱和脂肪酸，多食可抗血管衰老。这厮在稻田里、小河浜、小池塘、小溪沟里成长壮大，条件再艰苦也无怨无悔，是一群快乐的小精灵。跟黄鳝一样，它们到了夏季也要产卵，此时肉质最肥嫩。江南一带农民喜欢吃泥鳅，炒青蒜，炖豆腐，相信此物壮阳。一时吃不了就在炭炉上烘干，贮存缸里入冬后炖汤。

我有一年去安徽旅游，在黟县吃到一道名菜"无孔不入"，就是泥鳅炖豆腐。据说此菜最早的形态是一大块豆腐搁紫铜锅里，加一勺清水，抓一把泥鳅入锅，灶头添柴，待水温慢慢升高，泥鳅受不了就拼命往冷豆腐里钻。此时厨师掀开锅盖加盐和葱姜，起锅后淋少许辣油，撒一把青蒜叶，上桌。

我吃的这道菜画风已变，盐卤豆腐刨成碎块，投一把泥鳅在锅里，加辣椒、豆豉、葱姜，旺火烧滚，转小火入味，粗放而有乡土气。因为价格亲民，在路边小饭店里，泥鳅是家家必备，五香、干香、麻辣、椒盐等烹饪手段都能让泥鳅出彩。在火锅店里，也可与羊肉、肥牛、墨鱼滑等配伍。泥鳅入锅一涮，适时搛出，吃口硬扎而有弹性，肉质不比它的堂兄黄鳝差，如果抱子饱满，口感更佳，类似大闸蟹的黄。在上海饭店里，厨师将泥鳅上浆挂糊后入油锅炸至金黄，效果是不错的，外脆里酥，但因为有硬刺，吃时须非常小心，所以这道菜不能请女孩子吃，一不小心，花容失色噢。

品尝黄鳝，连带着想到泥鳅，就好比谈起贾宝玉，人们往往会想到袭人，而不一定是黛玉。

菽水承欢的马桥豆腐干

阳春三月的某一天，吴竹筠兄请我去闵行马桥参加一个关于豆腐干的研讨会。我有点为难，一则因为腕底有事走不开，二则去年《城市季风》的编辑吴玉林兄曾邀请我参加关于豆腐干的某次会议，当时身体欠佳，不良于行，就向他请了假。此次前去，若被玉林兄得知可能产生误会。但竹筠兄不容分辩地说："这次我们准备拍一部电视短片，想请你当美食顾问。"他还强调，这部片子会拿到海外播放，如果在关键细节上出现差错，就要贻笑国际友人了。

竹筠是我二十多年的老朋友，他以上影厂制片人的身份与我合作过两次，一次是拍电视连续剧《小绍兴传奇》，另一次是拍贺岁片《春风得意梅龙镇》，都与美食有关，情节曲折，人物出彩，风格诙谐，播出后受到观众的好评。有不少年轻吃货还跟我说：读小学那会儿就是看了你的影视作品后爱上美食的，看，现在我这么胖啦！其实，这两部作品都不是我最看重的，偶然触电并不代表我内心的狂野。但是现在竹筠接受了这个项目，他平时又特别较真，这个忙我一定得帮，谁让我这么爱吃呢，谁让我曾经吃过几次马桥豆腐干并且印象不错呢？

会议是在镇政府会议室里开的，马桥豆腐干的五六位家族作坊代表来了，官方确定的非遗项目传承人也来了，大家回顾了上世纪五六十年代马桥豆腐干兴旺的盛况，也谈了今天面临的种种困境。在他们稍带乡音的叙述中，烟雨苍茫的江南小镇就浮现在我眼前。

煮豆作乳
脂为酥。
高烧油烛
斟蜜汁
宋苏轼句

会稽嘉荣作

上世纪50年代，马桥离市中心还很远，似乎被刚刚创建的闵行工业基地所代表的城市文明与工业文明遗忘在河的那边，乡镇还维持着农耕文明的格局。比如，每个村落都有豆腐加工作坊，那是生活与商业的需要，也是江南稻作文明的印记。凭着以往的视觉经验，我似乎置身于简陋而热气蒸腾的环境，七八个农民忙得不亦乐乎，用了上百年的石磨徐徐转动着，石磨缝里汩汩地流淌下雪白的浆水，然后就被老师傅精准地下了盐卤，舀在方方正正的木格子里，又过了一会儿，在一片雾茫茫的蒸汽中，覆在上面的白细布被揭开，细如凝脂的豆腐被一格格送到街市，在摊主快乐的吆喝声中与农民见面。还有一部分豆腐浆水就走另一条路线，被进一步压实做成豆腐干。与市中心菜场里的豆腐干画风不同，马桥的豆腐干阔大、厚实，细嗅之下还有一股被烟火熏过的味道，当地人认为这种"焦毛气"就是马桥的味道。

到了上世纪80年代中期，农村集体所有的豆制品作坊相继关闭，个体作坊渐渐兴旺起来，马桥镇望海村的几家农户为了生计，勉强保留了手工作坊。在技术层面，机械化的豆制品厂代替了原先的手工作坊，手工作坊的处境岌岌可危。没承想，在城市格局发生改变、工业文明大举渗透的时候，手工食物的制作工艺引发了人们的关注，它的味道格外令人怀念，于是马桥豆腐干被许多饭店加工成美味佳肴，成为足以代表闵行甚至上海的风味。到闵行，到马桥，如果不尝尝那种外表笨拙、内心善良的豆腐干，等于没有到过那里。

在会议室里，我飞快地做着笔记，仿佛在挖掘一个湮没在历史长河中的王国。

在马桥所剩无几的豆腐作坊中，最出名的当属刘家。老板刘永华，年近半百，操此营生却有三十多年了。他自豪地说，马桥豆腐干之所以博得众口赞誉，主要在于选料精当，做工细致。

马桥豆腐干的原料是当地所产的优质大豆，浸泡黄豆的水也是讲究的，要干净，酸度正好，磨浆、滤浆、熬熟等工序都要认真对待，算准时间。"天气也很要紧，天热天冷，天晴天雨，都要区别对待。"黄豆太生太熟都会影响豆腐干的口感。黄豆磨成浆水后，熬熟去水，然后用木模压制成型，分切成块，最后放入汤料锅里文火慢煮，入味后就大功告成。

在市场经济大潮涌动中，马桥豆腐干虽然名声鹊起，但由于产量不足，师傅年老体弱，使得它在市场竞争中处于劣势。同时，聚集在马桥的外来务工人员纷纷进入这一门槛较低的领域，并以质次价低的产品抢占市场，出现了"劣币驱逐良币"的现象。马桥镇的一位负责人说，市场上冠名"马桥"的豆腐干基本上都是假货。这意味着，我以往吃的马桥豆腐干都是假的，即使在镇政府食堂里吃到的也不敢保证是真的。

马桥豆腐干的现实尴尬，引起了镇政府领导的重视。前不久，马桥豆腐干的制作工艺成功申报为区级非遗项目，镇政府也指定了一位年轻的传承人，颁发了"马桥香干"的专属商标、证书等。不过还在制作豆腐干的师傅不多了，还因为作坊的场地和经营许可证等问题，基本处于休克状态。在会上，马桥镇的镇长明确表示，一定要加大保护和整治力度，推出相关政策和扶持措施，不久的将来，马桥豆腐干一定要进入正常生产，扩大规模，保障市场供应，以后还要走出国门。

过了两个月，短片开拍了。我除了在剧本上提点意见之外，还出镜讲了三段话，指出豆腐是世界上最早的分子料理，在最后一段还特别提到了"菽水承欢"这个成语。孔子曾经对他的学生子路说过："啜菽饮水，尽其欢，斯之谓孝。敛手足形，还葬而无椁，称其财，斯之谓礼。"孔子认为，当父母年老后，牙齿不行了，儿子应该做些豆腐或豆汁让父母啜饮。此后两千多年里，经过李商隐、陆游、高明等文人借以诗歌、戏剧等文艺形式的传播，"菽水承欢"就成为中国孝文化的一个话题。

我想，在马桥豆腐干重回中国传统文化的大背景时，这一点精神内涵应该得到精准解读，否则就难以理解马桥豆腐干为何必须做成绵密松软，又含有丰富的气孔，这份匠心所体现的孝心，也可能被湮没在滚滚红尘中了。

红豆最相思，绿豆也甜心

邻居家有一个高中生高温天孵空调打游戏，从早到晚不吃饭，光吃冰淇淋，累计有十二只之多，到了晚上浑身发抖，冷汗吱吱地钻出来，体温39.5℃，家人送他医院挂急诊，验血、打点滴，折腾了一个通宵，总算捡回一条小命。这种小朋友用宁波老话来说就叫"吭轻头"。

养病期间，我跟他说：以后冷饮少吃点，想防暑败火，可以多喝点绿豆汤。

"绿豆汤有外卖吗，大众点评上哪家最好？"他问我。

这就是现在小赤佬的见识，只晓得外卖，不过也难怪，他父母从来不在家烧绿豆汤，怕麻烦。

以前上海石库门弄堂里，一到夏天几乎家家户户都要烧绿豆汤、绿豆粥，这是消夏的标配，也是寒素人家的良友。绿豆汤当然冰冻过最好，一碗喝下，暑气全消。做冰冻绿豆汤好像很简单，绿豆煮到稍稍开裂就行了，加糖，冷却，盛在玻璃罐里塞冰箱里一镇，切记不能将绿豆煮到开花出肉！讲究一点的人家还会加些红枣、莲子进去，味道更佳。加百合也行，反正绿豆脾气好，什么都能搭。

但也有人说，现在的绿豆汤都不及以前店家供应的好吃。何也？当然自有秘辛。饮食店里的绿豆汤，绿豆选优，拣去石子杂草，浸泡两三小时，大火煮沸再转小火焐，时间上要掌控到位，绿豆颗粒饱满，皮不破而肉酥软，有含苞欲放的撩人姿态。沉在锅底的原汁十分稠密，呈深绿色，一般弃之不用。这掐分掐秒的技术活，没三年萝卜干饭是拿不下来的。夏令应市，细瓷小碗一溜排开，绿豆弹眼落睛，淋些许糖桂花，再浇上一勺冰冻的薄荷糖水，汤色碧清，香气袭人。如果汤水浑浊如浆，卖相就差多了。

冰冻绿豆汤不光有绿豆，还要加一小坨糯米饭。这饭蒸得也讲究，颗粒分明，油光锃亮，赛过珍珠，口感上十分爽滑，也有嚼劲，使老百姓在享受一碗极普通的冰冻绿豆汤时，不妨谈谈吃吃，将幸福时光稍稍延长。

加糯米饭的另一个原因，今天的小青年可能不知。在计划经济年代，绿豆算作杂粮，一碗绿豆汤是要收半两粮票的，但给你的这点绿豆又不够25克的量，那么就加点糯米饭吧。在"以粮为纲"的年代，必须对消费者有诚实的交代。

我有一个中学同学毕业后在西藏中路沁园春当学徒，有一次下班途中弯过去看望他，厨房里正好有一锅绿豆汤出锅，他汗涔涔地将绿豆盛在铝盘里，摊平，用电风扇呼呼吹凉，我看他衣服后背已湿了一大块，额头上的汗珠还噌噌地滋出来，真有点"粒粒皆辛苦"的意思。他师傅从锅底舀了一勺绿豆原液给我喝，又加了一点薄荷味很重的糖浆，那个口感虽然有点糙，但相信是大补于身的。

前不久在苏州吴江饭店品尝运河宴夏季版，宴席收尾时喝到了冰冻绿豆汤。这碗盛在玻璃盏里的绿豆汤不容置疑地证明：哪怕甜品一类，苏州也要比上海讲究得多。汤里不仅加了金橘、陈皮、蜜枣、松仁、瓜仁、糖冬瓜、红绿丝等，绿豆还是煮至一定程度后脱了壳的，露出一粒粒象牙色豆仁，那要耗费多少工夫啊！

苏州美食大咖华永根老师对我说：吴地人家在夏季家家自制绿豆汤，而且均有自家秘方，但其中的绿豆、糯米、糖冬瓜是铁定有的，其他的就随意了。薄荷精药房里有售，滴几滴，提神醒脑，必不可少。我很希望大上海的点心店有朝一日也能端出一碗精致风雅的苏式冰冻绿豆汤来。

对了，喝了绿豆汤，苏州还有一款绿豆糕也不得不尝。在我小时候，家里倒是经常买绿豆糕吃，油汪汪、酥答答的糕体，方方正正，表面扣有单个字模，三四方拼起来，可读出百年老店的名号。皮子下面的豆沙馅心十分饱满，似乎要破壁而出，所以拿起来动作要轻，否则碎了一地，殊为可惜。未吃之前，一股麻油清香已打开我的味蕾，一口咬下，沁人心肺。也有一种无馅的绿豆糕，杭州的姨夫告诉我，无馅的更高级，以前有钱的香客请家厨做好后送进灵隐寺里，也算一种缘分了。但我还是俗可不耐地喜欢有馅的。

上海的绿豆糕以乔家栅、沈大成最佳。苏州的绿豆糕一般在端午以后应市，是清凉消暑的夏令佳品。型制与上海所产并无二致，但据说有荤素两种，甜的有玫瑰、枣泥、豆沙，现在一般都是豆沙馅的，荤的我没有吃过，如果以猪肉入馅的话，可能会叫人失望。绿豆糕是极好的茶点，如果煮上一壶老树普洱的话，那就没得说了。

绿豆粥当然也是极好的，赤日炎炎，热风千里，上海弄堂人家的老阿奶会煮一锅绿豆粥，坐在冷水脸盆里，让表面结起一层绿茵茵的粥皮，等儿子媳妇下班回家，先喝一碗点点饥，配一碟油氽果肉或半只双黄咸蛋，味道不要太好噢！夏天胃纳差的朋友，在绿豆粥面前就一下精神抖擞起来。

前几天与朋友在网上评价很不错的鹿港小镇吃晚饭，在开胃小菜、黑椒牛粒、菠萝虾仁、封煎银鳕鱼、马拉盏、台湾手抓饼之后，一道冰沙在喝彩声中姗姗而至。

冰沙在翠绿色玻璃碗里堆得像座高耸入云的雷峰塔，努力满足人们的贪欲，它色彩鲜艳，冰清玉洁，闪烁着冰雪与热带水果的光芒。在七手八脚削蚀它的时候，甜蜜而芳芬的粒粒冰屑便在口中渐次爆炸，然后不等你做出留恋的表情，就快速滑入咽喉要道，那种直透肺腑的凉爽，让我们精神振奋，眼睛发亮，在这之前下肚的所有美食就显得腌臜不堪了。

与菜肴的价格相比，冰沙所值简直可以忽略不计，这也是大家喜欢它的理由。它的生命虽然短暂，却光照人间，给我们带来了忘乎所以的快乐，使一顿朋友间的聚餐充满了游戏精神。

冰沙让我想起了童年吃过的一种冷饮，对，你也想起来了，它就是刨冰。

说起刨冰，让我先插播一段。我在鲁迅日记里看到，大先生也是喜欢吃刨冰的，南京路云南路口有一家北冰洋饮冰室，供应刨冰、冰酪（或许就是冰淇淋）等，有时候鲁迅一家三口看好电影顺路去痛快一下，有时候他跟冯雪峰或柔石去吃。这说明早在上世纪30年代，刨冰这玩意儿已经在魔都流行了。

在我小时候，刨冰是十分诱人的饮品。一到夏天，不少点心店就布置起防尘橱窗，挂起一块牌子，美工画出冰天雪地的北国风光，再写上两个醒目的大字：刨冰。马路对面的行人都看得清清楚楚。

刨冰的制作也很具观赏性：只见头戴口罩的服务员——一般都是饮食店里长相亮丽的女学徒——取出一块边长约为二十厘米、厚约六七厘米的食用冰，放在一台机器的不锈钢平板上，平板上预留一道口子，下面安装了一把锋利的钢刀，刀刃朝上露出平板一毫米的样子。然后，将机器上方的一块圆盘压下来，圆盘下有十几颗锥形突出物，将冰块死死钉住。等马达徐徐转动起来，沙沙沙的细微声中，冰块就被一层层切削下来，被下面的不锈钢脸盆接住，很快堆起一座细如雪霜的小山，有白雪公主故事里的梦幻感。

另一个女孩子将雪霜塞满一个搪瓷茶杯，倒过来一扣，蜕出一个圆柱状的雪球，盖在一个有柄的玻璃杯上。玻璃杯事先已经加了赤豆汤，吃时只需将冰雪一层层刮下，与赤豆汤调和。当甜蜜的冰雪在你喷火的口中迅速融化时，再望一眼窗外人们顶着骄阳匆匆赶路的狼狈相，世界上还有比这更美好的事情吗？

这就是风行一时、人见人爱的刨冰。

刨冰里的赤豆煮起来也有讲究，不能开花脱壳，这样吃起来才有一点咬劲。糖浆是用古巴砂糖熬的，呈褐色，甜度比白砂糖高。一杯刨冰卖一角五分，当时一张电影票差不多也是这个价。

除了经典款的赤豆刨冰，还有绿豆刨冰和时尚款的橘子刨冰——后者是用橘子粉调和的，香精、糖精和色素的混合物。那种玻璃杯外表有蜂窝状的花纹，上海人家一般用来做漱口杯，予人一种十分结实的感觉。

我多次与同学们顶着毒日头一路走到西藏中路大世界对面的沁园春吃一杯刨冰，然后再走回来，又是一身臭汗，但心里非常满足。

搞笑的是勺子，铝质的长柄勺子，在勺子底部钻一个洞。据说，上海人吃了刨冰后喜欢将这种小勺子顺手牵羊带回去。一杯刨冰赚你多少钱啊，带走一把勺子，店家就要蚀本了。于是，店家想出这么个绝招来，顾客在吃刨冰时，甜蜜的汁水总会滴滴答答地淌一桌子，于是，顾客就骂想出这一招的人"不长屁眼"。

一把小勺子没几个钱，拿回去并不能明显改善生活质量，但就有贪小便宜的人喜欢这样做。勺子有洞，是上海人的耻辱。现在富起来的上海人，不能忘记这把勺子。

高桥松饼

说到上海郊区的糕点或点心，大家就会想到嘉定南翔的小笼馒头和百果松糕、青浦朱家角的肉粽、金山枫泾的烧卖、松江叶榭的软糕、闵行颛桥的桶蒸糕，还有浦东高桥的松饼。以前淮海路上有一家高桥食品店，两开间门面朝南，长年供应的"当家花旦"中就有高桥松饼。后来不知为什么，高桥食品店静悄悄地消失了。好在高桥镇的一些企业还在生产松饼，它是代表上海地方特色的美点之一。

中国食品史告诉我们，糕点的出现，首先是祭祀与社交的需要，然后才是食用。食用的功能最终大于祭祀与社交，就说明这一地区的生活水平有了大幅度的改善，因为它必须有多余的粮食作为物质保证。再从区域上考察，中国的糕点，一般分作两大类型，长江以北以小麦文化为主，长江以南则以稻米文化为主。简单地说，北方人一般吃麦饼、包子，南方人一般吃糯米团子、米糕。松饼出现在以稻米文化为主导的高桥，就显示出上海地域文化的多样性，是很值得饮食史专家研究的。

上世纪初，高桥民间有句土话体现了一种浓浓的乡情："包酥饼，大麦茶。"包酥饼与大麦茶一起，构成乡村社交生活的载体。还有一种习俗，新娘出嫁后第一次回娘家，要在红漆盖篮里装两包酥饼，带回去孝敬父母、问候邻居。有的人自己不会做，就得请人代办。请人代办，就有可能形成市场需要。这个包酥饼，就是高桥松饼的前身。

民国初年，高桥镇北街赵家原是书香门第，到了赵小其这一代，已经家道中落，为聊补衣食之需，赵妻不得不放下身段，做些包酥饼出售。赵妻心灵手巧，在包酥饼的基础上再精细加工，将原来的植物油酥改用熟猪油，熟猪油系用板油文火熬成，面粉也选用上等精白粉，饼馅的豆沙须煮烂后用纱布袋去壳，加入精白糖拌和，再加入小粒胡桃肉。成饼后排列在平底锅内，以文火烘焙即成。

赵妻制作的松饼外形美观，饼色洁白，皮薄馅多，饼皮有十余层，层层薄如蝉翼，色、香、味俱佳。赵家的松饼每只约重二两（16两制），一枚银元可买四十余只。至此，高桥松饼的雏形已经形成。

赵家出品的松饼因价廉物美，渐渐地近悦远来，求尝者日众。赵妻一个人来不及制作时，便商请邻里妇女相帮。时间一长，各相帮者也学到了配料、和面、烘焙等操作流程，后来有机会自立门户，独立经营，使高桥松饼形成小小的群体效应与市场。据高桥老人回忆，那时共有蔡家、张家、桂馨、沙喉咙、周伯川等五六家自做自销松饼的家庭作坊，接受预定，按时交货。松饼作为一种喜庆气氛浓郁、吃口松软甜蜜、便于存放与携带的乡土糕点就流行开来，影响遍及市区四郊。周伯川一户手艺最好，产品行销最远，遂于1936年正式创建周正记松饼店。1956年公私合营后过渡到高桥食品厂。

如果后来这一市场仅限于乡镇，松饼就没有进入市区的机会，到今天可能还只是一款乡土点心。川沙有一种靠木格定型、上笼蒸成的豆沙馅米糕，就因为携带不便而无法流入市区，至今仍是一种自产自食的土产。

机会来自高桥海滨浴场，抓住机会的是一个有头脑的商人。

高桥有个商人名叫张锦章，原先是锦泰南货店老板，因经营不善倒闭后，另外寻找发展途径。他看到松饼的销路不错，就敏感地发现了其中的商机，于1932年在高桥镇西街创办高桥食品公司，专营松饼、松糕。关键一点是，张锦章开了一家南货店，懂得城市商业的经营之道，所以他装潢店面、张灯结彩，以广招徕，还为松饼松糕配了便于携带的盒子，使它成为一种现代意义上的商品。

此时的上海已是远东最大的城市，在外国资本与民族资本的共同推进下，城市化进程非常迅猛，进入今天史家所形容的"黄金岁月"。富裕阶层与普通市民都需要城市提供更多的休闲方式，高桥海滨浴场应运而生，形式上模仿欧美国家的海滨度假，在交通设施、服务设施上都给予配合。张锦章的高桥食品公司就抓住这个机遇，打进海滨浴场，为旅游者服务。高桥松饼不仅可点饥，还可作为礼品由游客携带回市区以飨亲友。

为扩大营业，张锦章还申请到一门公用电话，这是高桥镇的第一只电话。高桥食品公司依托旅游业的发展，除原有西街总店外，还在北街、东街、海滨及上海市区开设分店。从此，高桥松饼为上海市民所知所爱。

建国后，高桥镇上经营松饼的店家有14家，其中以周正记、高桥食品公司、王泰和、瞿永泰的经营规模最大，名气最响，出品也最好。

1956年公私合营，高桥食品厂成立，松饼正式定型为上海名特糕点。1983年，高桥松饼被评为上海市优质产品；1985年，高桥松饼获商业部颁发的优质产品证书；1988年，高桥松饼获得中国首届食品博览会银奖；2007年，高桥松饼制作技艺列入上海市级非物质文化遗产名录。

今年85岁的张玲凤是高桥松饼制作技艺非物质文化遗产的传承人。她是周正记创始人周伯川的后人。周伯川的妻子黄金娣曾经在赵家帮忙制作松饼，因为人厚道、工作认真而为赵妻看重，遂将松饼制法传承于她。周伯川与黄金娣自立门户后，业精于勤，逐渐发展，于1936年创建周正记松饼店，店址在北街，两开间门面，前店后工场格局。因为时俗的原因，每年中秋和春节是松饼的销售旺季，店号届时就得雇佣季节工。因为出品良好，周正记在高桥镇不仅规模较大，在消费者中口碑也一直不错。1956年公私合营时并入高桥食品厂。

张玲凤从高桥食品厂退休后在家颐养天年，一个偶然的机会使她重作冯妇。有一年过中秋节，家里买了一盒月饼，她吃后觉得现在月饼的质量下降得厉害，啧有怨言，与她同住的儿子听后就戏言一句：你觉得不好吃，我们干脆就自己做一点松饼吧。张玲凤觉得反正在家闲着也是闲着，就和面拌馅做了一些，正值有亲戚来访，尝了她做的松饼后大为赞赏，吃了还带走一包。第二天这位亲戚将松饼带到公司办公室请同事分享，大家都认为比月饼好吃。提出请张玲凤做一点，愿意支付材料费和加工费。

就这样，每年中秋时节，张玲凤就会按亲友要求加工一些松饼。平时，街坊邻居办一些婚丧喜事，按当地风俗，也会请她做一批松饼。再后来，她就在儿子周亿中、媳妇顾玉英的鼓励与帮助下，在家里辟出一间工作室专门做松饼。现在她与媳妇顾玉英双双成为非物质文化遗产传承人。按周家的传统，这门技艺是只传媳妇不传儿子的。

高桥松饼自高桥食品厂建厂后，已经实现机械化生产，目前最大的一家松饼生产企业是正兴食品厂，每年销售额达到数百万元，工人每天的生产指标是1000只，在高桥镇设有多家销售点。

张玲凤的家庭作坊还保持手工制作的特点。据张玲凤介绍，松饼用油面和水面两种搭配，不发酵，当天揉面当天做完。一层油面一层水面相叠后反复揉捏，故而烘焙后饼皮起酥，有千层酥的效果与口感。饼馅有豆沙和百果两种，豆沙选用大红袍赤豆，煮后脱壳加糖加桂花炒成豆沙，不加碱增色，水分少，故而口感松软，不粘不涩，甜度适中，也可在常温下保存较长时间。百果馅选用红枣、核桃仁、糖冬瓜、熟猪油及糖面等，也可根据客户要求添加芝麻、松仁、瓜仁等上等食材。用梭形擀面杖擀皮，包成后在饼面上盖上红印，以区别品种，然后在自制设备中烘烤四十五分钟方可出炉。

张玲凤一家按客户订货量加工，平均每天做500只左右，一家人每天清晨就要起床操作，加工时间相当长，每只售价才七角左右。但八旬老太太张玲凤能亲手加工或指导监督儿子媳妇操作，感到十分欣慰。

一边是工厂的流水线，一边是传统的手工作坊，构成了一只高桥松饼的两面。

在高桥镇，为人称美的佳点还有薄脆、一捏酥、麻酥等。薄脆是将擀成薄皮的面用小碗扣压成形后，放入平底锅内烘焙而成，可保持长时间的脆性。一捏酥则以炒熟的面粉拌入白糖后一捏而成形，类似苏州豆酥糖。后来，周正记、王泰和、张锦章等店家将这几样民间茶点精加工后成为商品化糕点。薄脆中加入鸡蛋、黑芝麻、香料和食盐等，口感有很大改善。一捏酥则用精面粉以文火炒成后，拌入糖粉、豆粉、猪油、花生酱以手工捏成，并故意留下明显的手指按捺印，以保持民间小茶点的风格特征。麻酥的原料与一捏酥相似，不同之处在于黑芝麻粉占较大比例，外形呈黑灰色。这三样小茶点在上世纪80年代后又加入了奶粉、麻油等上等配料，口感更佳。

淮海中路的商业网点正在调整，许多与民众日常生活密切相关、口碑良好的老字号正在回归，高桥食品店会不会回来呢？大约不只是我一个人的痴心妄想吧。

"葱开"回归城隍庙

与许多上海人一样，我也是一个"面糊涂"，走进面馆，价目表上的鳝丝面、焖肉面、辣酱面、雪菜肉丝面、大排面、上素罗汉面等都想吃一吃。近年来苏帮面馆在魔都风生水起，羊肉面和焖蹄面也是我的性命。西北风一刮，值得专程拜访。宽汤，细面，重青头，焖肉带皮，白花花的油脂如羊脂白玉一般温润，埋在碗底稍微一焐，几秒钟后就变得半透明了。不须麻烦牙齿，只消用嘴一吮，就直奔舌底。为了口福，我就不顾医生的警告了，焖肉一来就是两块。羊肉面也是对自己的拯救，羊肉汤炖得浓浓的，切成薄片的羊肉做面浇头，味道鲜美至极。羊杂汤怎么可以不喝一碗呢，一把青蒜叶，胡椒粉一撒，吃得满头大汗，灵魂深处俗到家了。

本市郊区还有一种羊肉面亦是极好的，红烧羊肉另盛一只小碗，跟光面一起上，有肉有骨有汤，咸中带甜。这种羊肉面被老吃客呼作"红羊"，若是羊肉有微辣，往往更可口。

但是，我对"葱开"情有独钟。

"葱开"是葱油开洋拌面的简称，一种点心有了简称，就说明它资格老，民众认可度高。"葱开"，首推城隍庙九曲桥边的湖滨美食楼。这家店在南翔馒头店隔壁，也是一幢黛瓦粉墙的仿古建筑，曾有一个典雅的名字——鹤汀，南窗推开就是荷花池，九曲桥横在眼前，湖心亭二楼喝茶的美女也看得真切，近水楼台先得月，风水好。

话说前朝，城隍庙的葱油开洋拌面是一个名叫陈友志的摊贩"独家经营"的。面摊头就摆在今天豫园内的环龙桥桥堍，1956年"合作化运动"中，面摊头合并进了荷花池畔的万家春，万家春后来又改名为湖滨美食楼。陈友志制作"葱开"的技艺由此成为湖滨的核心竞争力。

　　湖滨的"葱开"面用的是小阔面，有骨子，拌了葱油后就特别爽滑。开洋（北方人称虾米，粤港人称金钩）选用当年晒制的，足够大，经黄酒浸泡后蒸发至软。熬制葱油需要耐心和经验，先下京葱白切成的细丝，然后再下小葱段，火头不能太旺，得像小媳妇熬成婆似的慢慢熬，使葱段慢慢转色，香气徐徐散发。我的好友刘国斌读中学时曾在湖滨学工，在师傅的督导下熬过葱油。他在厨房里熬葱油，故意将花格子木窗统统打开，让九曲桥上的游人都能闻到香味，因为他的师傅牛哄哄地跟他夸耀过："湖滨葱开面，香飘九曲桥。"

　　据国斌兄说，一锅葱油要熬一个钟头，回到家里洗澡也要一个钟头，否则浑身上下一股浓烈的葱香味挥之不去，人家还以为他是卖葱油饼的呢。

　　调料呢，取大虾米泡黄酒，泡软后再与生抽一起慢慢煮至出味。这样的葱油与开洋酱油拌了小阔面吃，不鲜不香也难了。

　　湖滨美食楼的"葱开"是城隍庙的招牌产品，在人民群众当中享有极好的口碑，老吃客进去吃面，言必称"葱开"，一说全称就显得嫩啦，赛过没有见过世面的乡下人。有些人上班前特地赶到城隍庙，吃了"葱开"再奔单位挣他的饭票。我有个亲戚，家住曹家渡，公司在外滩，每天一早骑着一辆浑身作响的"老坦克"来城隍庙吃一碗"葱开"，一年四季，风雨无阻。我住在田林地区的那几年，也多次专程到湖滨吃"葱开"，再配一碗双档，有干有湿，非常乐胃。往往是一碗面呼呼噜噜吃到大碗朝天，才想到面前还有一碗汤。

　　大约是十多年前，湖滨美食楼不再供应"葱开"了，我向豫园集团

戯金蟾

山陰
豪肇作

的领导提过意见，没用。也许是游客太多，供应不及的缘故；也许是卖蟹粉小笼和蟹黄鱼翅灌汤包的利润更加丰厚吧。

在家里我也经常做"葱开"，葱油、开洋之外，我还会切一点笋丝和香菇丝入油锅炸至发脆，拌在面里特别好吃——这可是沈氏私房菜的秘方啊。熬葱油的时候厨房里难免烟熏火燎，为此要忍受太太的唠苏，因为接下来"打扫战场"的事体就交给她了。

前几天参加戴敦邦先生在外滩久事美术馆的个人画展，开幕式上王汝刚先生将一位新朋友介绍给我，他就是豫园文化餐饮集团的执行总裁金国超先生。小金一表人才，谈吐文雅，握手时说："沈老师，我买了你的《上海老味道》，每天晚上睡觉前翻几页，老灵呃！"

我笑笑，这种恭维话我听多了，我的书果真能起到催眠的作用，也算没有白辛苦了。不过小金的目光透着真诚，不像给我吃糖精片。他又说："受你的启发，我们城隍庙湖滨美食楼已经恢复葱开面了！"

哦，这个倒是新闻啊。当过新闻记者的人当然敏感，这意味着豫园商城集团的经营方针有了变化。

小金请我方便时去湖滨美食楼品尝葱开面，提提意见。

今天中午我与金总相约，在湖滨碰头。底楼已经客满，我们上了二楼，窗外就是九曲桥，照例游人如织，荷花池里还有三只白鹅悠哉游哉，一只长脚鹭鸶不知从哪里飞来，停在湖面中央的美女石雕头上东张西望，太放肆了吧。很快，一碗香气四溢的"葱开"上来了，我也算吃遍天下的老饕了吧，但是面对这碗久违的拌面，还是有点激动的。

一筷入口，唔，还是以前的老味道。一个人的味蕾是敏感而顽强的，这筷面点亮了我对城隍庙"葱开"的印象，葱段香脆，不枯不焦，开洋蒸发到位，弹性恰当，面条油润红亮，咸淡正好，甜鲜收口，小阔面当然是定点加工的，轧面时加了鸡蛋，煮熟沥水后保持着劲道的口感和小麦原香，吃到最后一口，碗底不留一点汤汁。接下来又上了一碗，是用龙须面煮的。小金希望我给出非A即B的选择，我觉得还是龙须面更好吃。当然，这对厨师提出了更高的要求，龙须面容易糊，每次下锅不能多，城隍庙游客如过江之鲫，进店吃面的人一多，来得及操作吗？

小金又叫服务员端来两碗馄饨，都是菜肉馅的，还十分含蓄地拌了猪油渣，一咬就有猪油香。一碗按照通常的做法以高汤为底，另一碗的底汤则用了清汤加猪油。我吃了觉得都很不错，比时下有些网红店好了不是一点点！我也提了一点建议：猪油汤当然是家常老味道，但不妨加点自行调制的虾子酱油，与白汤有所区别，是否还可跟一小碟猪油渣上桌（另外收费也可以，比方说每小碟两元），让猪油渣铁粉们一起加入汤里，那更挡不住啦！

城隍庙过去有一家老桐椿，开在庙前广场，上世纪90年代初我也吃过两三次，馄饨确实好。后来庙前广场回到庙里，这家店就没有了，老吃客很想念。现在豫园集团也想恢复老桐椿的特色。

在一旁作陪的湖滨美食楼陈经理是从业二十多年的点心师，一看就是上海滩上的"茄人头"，我们在沟通时无需多言，心领神会。

金总负责城隍庙里的所有小吃，也就是说从小笼馒头到五香豆、从宁波汤团到梨膏糖，都要他操心。看我狼吞虎咽的样子，他又吩咐服务员去春风松月楼端来一碗素蟹粉拌面。这碗面是新研发的产品，素蟹粉食材简单，全靠厨师的功夫加持，我试味后觉得也是很不错的，很有市场前景。也贡献了一点建议，可以加一点桃胶，桃胶晶莹剔透，有韧结结的口感，很像十月里雄蟹的膏。

最后又喝了两罐新开发的梨膏露，外包装有民国风格，很亲民，一款有糖，一款无糖，倒在玻璃杯里，泛出月色般的柔光，一口入肚，沁人心脾。一个创意，柳暗花明，固体的梨膏糖转身为液态的饮料，完成了从传统到时尚的迭代，折射出城隍庙风味小吃的全面提升。老少咸宜的梨膏露上市后卖得很好，零售6元，在店里供应，8元。与大多数碳酸饮料或果汁比，价格当然实惠，与王老吉或加多宝比，口感上更加温和。接下来还有戏，可能会做成梨膏冰沙和梨膏冰淇淋，很值得期待。

好了，到此为止吧，说多了会有广告嫌疑，其实我一分钱代言费都没拿到，吃一碗面而已。

最后补充一点，"葱开"回归城隍庙，是明智的调整，顺应了民意，也符合市场的预期。一碗葱开面加一小碗蛋皮汤，卖30元。4月下旬到现在，每天卖出300碗，节假日还要加量。店里的老师傅说，一个单品有这样的营收，以前不敢想。

在城隍庙的春花秋月里，风味小吃一直是游人纷至沓来的理由，供应小笼馒头的店家一多，打破了平衡，群众也会有意见，那么"葱开"的回归，没怎么吆喝，就吃客如云，说明差异化竞争乃是市场的生存之道。现在你去城隍庙看看，许多名特优品种都进来了，杏花楼、沈大成、鲜得来、松鹤楼、乔家栅、德大西菜社、功德林、大壶春……白相城隍庙，来不及吃啊！

嘴边的雕塑

去年春上，某杂志社招待作者在小世界会馆吃饭，上来的每道菜总能引起一片尖叫，洁白的瓷盆有围边，围边中央就是一件玲珑可爱的面塑，或熊猫，或灵猴，或白鹅，惟妙惟肖。尽管服务员再三说明这个船点是面团上色后捏成的，可以吃，但谁也舍不得咬它一口，几位祖母级的作家一人一个瓜分了，要带回去给孙子、外孙开开眼界。

这个面塑其实就是苏州船点的艺术化体现。史料记载，苏州船点早在唐代就出现了。苏州的经济繁盛促进了餐饮业的发展，盛唐时就出现了一种船舫，船家让客人边游览两岸风光，边喝酒吟诗。彼时的文人或达官贵人，胃口似乎不大，大约对美酒与美女的品鉴才是主题吧。加之游宴时间较长，厨师得费些心思用小菜小点来延续这场碧波上的雅致游戏，小高潮不断，迎面吹来的春风才能催人微醺。此时的小点心，被称为"船点"。

苏州作家王稼句在他的《姑苏食话》一书中有一篇文章写道："船点是配合船菜的，故而不但讲求它的香、软、糯、滑，还特别讲求色彩和造型。"因为船点是供达官贵人在花船上边听曲观景，边品茗而点饥的，不求饱肚，只求色香味形的赏心悦目，以及对舌尖的轻微刺激。这路点心大多是不带汤水的，以便食前细细观赏，香、软、糯、滑、鲜俱备，而且造型精美，屡显创意。

船点又分粉点和面点两种。粉点通常以动物、花果、吉祥物等作造型，甚至有亭台楼阁等微缩景观。粉点的染色纯粹靠天然食材，青豆末、南瓜泥、玫瑰花、红曲米、蛋黄末、黑芝麻、赤砂糖等都可以上色，现在还用上了可可粉、黑松露、杏仁片等，观赏性很强。面点分作酵面、呆面、酥面等，以酥面制作最难，比如萝卜丝酥饼、枣泥酥饼、眉毛酥、荷花酥、佛手酥等，油是油，酥是酥，层次清晰，边界分明。酥点的表面一碰辄碎，但装盆后必须保持完整。

上世纪70年代末，上海城隍庙的绿波廊从苏州引进船点后，经过一番提升，做得相当出色，与苏州本土比，或许略胜一筹，用来招待外国元首，各种颜色五彩缤纷，各种形象栩栩如生，均能博得一片喝彩。一般食客也能品尝到"简装船点"，不仅早茶午茶两市有桂花拉糕、萝卜丝酥饼、椒盐腰果酥、枣泥饼、葫芦酥等七八种船点用小车推至食客面前任意挑选，店家最为客人称道的一种菜式叫作"雨夹雪"，上菜时船点与菜肴间夹着上桌饷客，一席能品尝到六七种精美船点，令人多有期盼，齿颊生香。绿波廊前不久还创制了甜辣味的拎包酥，其外形就像一只LV包袋，发人一噱。

有一年，参加世界小姐总决赛的120名佳丽白相城隍庙，节目之一就是跟绿波廊的大厨陆亚明学做船点。转瞬之间，一团彩色的面团，在陆大师手里变成了玲珑可爱的小白兔、小鸡、小鸭，把美女们逗得开怀大笑。她们得知陆亚明是中国的"船点大王"后，情不自禁地尖叫起来："陆才是世界第一！"

在世博会、G20峰会、亚太经合峰会等高峰论坛期间，绿波廊还为来豫园游访的元首夫人们制作了"元首夫人套点"，其中有寿桃、艾叶果、迷你粽子、葫芦酥等等，现在"元首夫人套点"也成了日常供应品种，每套卖48元。

绿波廊的船点做得好，功劳应该归于一位著名的点心师，他就是苏帮点心泰斗陆苟度。现任绿波廊总经理陆亚明就是陆苟度的儿子，

1980年，少年陆亚明跟父亲学艺，继承衣钵后的近四十年，刻苦学习，悉心琢磨，终于青出于蓝，傲视烹坛。陆亚明发扬传统，锐意创新，将船点当作艺术品来制作，以前的船点用色素较重，他则更加接受大自然的底色，多从常见食材中讨颜色，红颜色用的是火龙果，绿颜色用的是菠菜汁，咖啡色用的是可可粉，金黄色用的是南瓜汁，紫色用的是桑葚……陆亚明还经常到郊区的田间地头寻找可上色的菜蔬瓜果。以前的船点用油也较重，这显然不符合现代饮食的理念了，那么他就在制作方法上革命，减少油炸，引进烘、烤、蒸等方法，所以绿波廊的船点很为外宾接受，称为"嘴边的雕塑"，连连拍照，不忍下口，一些外国元首享用后也赞不绝口。

有一次，一位画家朋友过七十岁生日，别人都送"格式化"的奶油蛋糕，我却兴冲冲地跑到绿波廊请陆亚明做了七只寿桃。送到画家府上，老寿星居然看不出它是面团做的，那寿桃上的细细绒毛，其实是用上色后的面粉吹出来的！还有一次，我招待一位香港朋友，也请陆亚明做了一盆船点，上桌后客人赞不绝口，原封不动地打包，坐当天晚上的飞机返港，进呈于父亲案头，"供养"了整整十天！

一只馒头的传奇

　　我对城隍庙里的南翔馒头是又爱又恨，每次白相城隍庙，就想吃一笼南翔馒头，但每次都被店门口长长的队伍吓退。那么二楼的情景可能会好一点吧？但等我跑到楼上，走廊里的情景也将我吓退：衣冠楚楚的男女老少就像在医院里候诊那样，乖乖地坐在两排凳子上，伸长脖颈期盼服务小姐的那一声落座指令。

　　有一年冬天，正赶上冷空气南下，西北风呼呼地吹。我想今夜南翔馒头店的生意可能会冷清些吧，于是和老婆大人特地赶去吃小笼馒头。那份心情，似乎是去捡便宜的。但到了九曲桥边，"过街楼"下依然是一条长龙，至少有二三十人，一个个哈着气，缩着头颈，在凛冽的西北风中抱团取暖。而靠近荷花池的那排低矮石栏上，密密匝匝地坐着一排人——他们正吃得香呢。我们估计没有半小时是吃不到的，只得借着黯淡的灯光拍了几张照片，撤退。

　　后来我观察过，"过街楼"下每天上午九点半就有人开始排队了，等到十点整，南翔馒头店第一批小笼馒头热气腾腾地出笼了，一天的外卖拉开序幕。外卖只有一个品种，具有经典意义的鲜肉小笼，价格相当亲民，这些年来虽经数次调价，性价比还是很高的。游客和老吃客买好后，端了一次性盒子就当街站着吃，老太太与老头子争来吃，美眉要男友喂着吃。还有金发碧眼的外国游客，其中不乏背包族，也混在中国人间大快朵颐。他们看到我拿出手机，就以非常夸张的表情回应。

南翔馒头店是脉络清晰的百年老店，它创始于清同治年间，至今在中国饮食史上已经走过一个多世纪的风雨历程。最初它叫日华轩，是一家小本经营的糕团店，老板姓黄。黄老板去世后，家业由他的养子黄明贤继承。那个小老板比他的养父要有脑子，眼瞅着糕团生意不行了，赶快掉头做起了馒头、馄饨。清末的江南，养猪的人家还不少，猪肉并不贵，肉馒头是一种很实惠的点心。刚开始时，肉馒头做得拳头一般大小，两三个管饱。日华轩出品的肉馒头，皮子薄，肉卤足，味道鲜，馒头的收口打了十四个褶子，体现了江南风味的审美要求。当地人叫这种馒头为"南翔大肉馒头"。

　　暑往寒来，黄明贤也有了第二代。他的儿媳妇将表弟吴翔升介绍进店来当学徒，小店用自己人，比较放心。吴翔升肯吃苦，很快学会了这门手艺，并且顺应当地人爱孵茶馆的习俗，想办法将馒头送进茶馆里。南翔是千年古镇，那会儿的繁华程度不比上海老城厢差，所以喝茶的人都有闲工夫，他们为了消磨时间，对吃食的要求比较精细，于是吴翔升就将馒头越做越小，放在小型的竹笼屉里蒸，一口一个，与茶配伍十分相宜。这种小馒头就被大家称为"小笼馒头"。

　　生意火了，吴翔升的资本也越来越大，后来他发现，南翔镇这个地方毕竟小，吃馒头的人就这么一点，就跟家里商量之后，决定跑到上海去发展。那个时候，开埠已经超过半个世纪的上海，成了一个华洋杂处的大码头，经济发展，人口膨胀，饮食消费这一块的市场极其庞大。

　　我们可以想象的是，年轻的吴翔升将南翔镇上的小店关了，怀揣着原始积累起来的资金，带了一个姓赵的师傅，拖着一根细细的辫子，摸到老上海人集中的"城里厢"。吴同学在城隍庙转了几圈后，两道极具商业意识的眼光一扫，盯住了九曲桥边的那块风水宝地。那可是荷花池畔的船舫厅啊，豫园的核心风貌区，是大老少爷们吟诗作画唱小曲的地方，也是吃花酒的地方，在豫园破败之后，几经修复，还占据着两面向水的好风光。

　　吴翔升选中这个地方，还有一个原因，那个时候的城隍庙聚集了十八家半茶楼，船舫厅本来就是临水的茶楼，它的周边还有湖心亭、四美轩、鹤汀、乐圃廊、春风得意楼等，都是人气旺旺的茶楼，茶楼里的茶客就是超稳定的客源。

　　这一年，正是光绪二十六年（1900）。遥远的北京，皇城根下的老百姓为躲避骑马扛枪拉大炮的洋人们，到处乱蹿，而那个向十一个国家宣战的老佛爷，在八国联军的步步紧逼之下，带着皇上"西狩"去了。

　　处于"东南互保"政治格局中的上海，在汉族官僚集团的运作下，获得了相对的和平与宁静，城隍庙里香火炽烈，庙会照旧，出巡的大汉们与往年一样吆喝得抑扬顿挫，茶楼里也照样人声鼎沸。只不过茶客们突然发现城里的各种小吃中多了一种叫作"南翔小笼馒头"的吃食，那么，叫两笼来尝个新鲜吧。

　　船舫厅从此成了一家店心铺子，取名为"长兴楼"，此为南翔馒头落户城隍庙的肇始。

　　城隍庙里的饮食业相当繁荣，竞争激烈，没有独门秘技如何能落地生根？这个嘛，吴翔升当然也有几招，比如选用的猪肉就是黑毛猪，并能根据季节的更迭调整配方，瘦肉与肥肉的搭配比例、放多少肉皮冻都是大有讲究的。店内有一只桌面那般大的银杏木砧墩，由三个师傅鼎足而立，咚咚咚地斩肉，那场面想想也极有气势。南翔馒头店的秘方经过百十年来的不断改进完善，现在成了企业的命根子。

　　馒头的皮子也是大有讲究的。面粉不发酵，行业内称之为"死面"，与做包子的"发面"不一样。手工揉得软硬适中，每50克面粉摘成八个剂子。在擀皮子时也是用油面板，不撒粉，这对师傅的技术要求更高，最起码手劲要足。裹了充足的肉馅后，收拢来捏出十四个褶子，侧面看犹如裙边，从上往下看呢，则宛若鲫鱼的嘴巴，非常有趣。

旺火急蒸，才几分钟就可出笼。连笼上桌时，吃客可以看到半透明的皮子里有淡红色的肉馅在晃动。忍不住一口咬下，有滚烫的肉汁喷射在口中，真是鲜美无比。当然，得蘸着店里配制的香醋和切得极细的姜丝，不仅可解腥，还能提味开胃。

长兴楼的南翔馒头除了供应堂吃，还由伙计送到附近茶楼里，老茶客吃了赞不绝口，名声一点点传遍城内外。大家嫌长兴楼的店名过于文雅，口口相传时都叫"南翔馒头店"，于是老板依了众人的习惯，就叫馒头店了。

各位谨记：南翔馒头店，而不是南翔小笼店。不管有馅没馅，上海人一直叫馒头，而不是包子。馒头店，是吴方言对这一风味的身份确定。

小时候，我是吃过几回南翔馒头的，那种热气腾腾的场面，那种又烫又鲜欲罢不能的味觉记忆，至今十分深刻。有人说，人的味觉是很顽固的，单凭有关南翔馒头的体验，我就坚信不疑。

上世纪80年代初，凡有外地朋友来沪，每次陪同游访城隍庙，都会在南翔馒头店吃一次，小小馒头为我争得不少面子。尤其是来自北方的文化人，他们总要找机会嘲笑上海人吃东西过于小气，比如油条这么细，馄饨这么小，粮票居然印成半两的，从而引申开去，断定上海的作家写不出气势磅礴的传世之作。但在一只南翔馒头前面，他们经常出洋相，比如会有滚烫的汤汁喷射到他们脸上，叫北方大汉先吃上一惊，赛过使了个下马威，再小心落肚，尝到天厨异味一般，顿时眼睛发亮，有熠熠的光闪出，甚至一个人可以连吃五六笼，叫我暗暗心痛。吃过南翔馒头，他们才心悦诚服："不过话说回来，上海的小馒头倒不失宋小令和元小曲的神韵。"

这回轮到我反击了："北方的实心馒头固然顶饿，但你老兄再有樊哙的肚量，五六个总能管饱了吧，但又有多少回味呢？南翔小笼馒头，光看那一道道褶子，一丝不苟地捏出来，在视觉上就是一次享受，何况每只馒头要包进21克的肉馅，一口咬开，滚烫的肉卤便水银泻地溢满一汤匙，这肉卤是用鸡汤和肉皮汤熬成的，冷冻后拌进肉馅里，受热后转化为甘美的卤汁……上海人的饮食，是文明、雅致生活的体现，懂了吧？"

狂妄自大的北方人在一只小小的馒头前，收敛了，沉默了，讪笑着要献出他的膝盖。

后来，随着城隍庙的游客日益俱增，特别是改扩建后，南翔馒头店的底楼餐厅因为成了游客通行的瓶颈，不得不忍痛拆了，留出100多平方米的空间做了走廊，成了排队吃客的蔽荫处，生意就更加兴旺起来。每次路过，门口的长长队伍就成了一道风景，更噱的是，有时候还有自发聚来的人群，带了点川沙口音，在这个"过街楼"下唱沪剧，载歌载舞的场面使得店门口更加拥挤。这样，要吃南翔馒头更加不易了。

在有的小笼馆吃小笼馒头，常常会发现皮子的配方不对或蒸的火候不到位，已经不堪拉扯了，筷头一碰即破，卤汁外泄之后，小笼的味道大打折扣。而南翔馒头店的皮子有足够的韧劲，小心撬起，先咬开一小口，吮出滚热的卤汁，体味一下它的鲜美和丰腴，再在醋碟里稍滚一下，吞下细嚼。有些老外不解风情，心急火燎地一口咬破，卤汁差点飞溅到邻座的美眉脸上，非常狼狈。我还看到一美女老外，将筷子竖起，重重地戳进小笼馒头中间，滚热的卤汁四下流散，对这种正宗洋盘，我只能摇头。

后来我与朋友在南翔馒头店的鼎兴楼品尝了松茸小笼，鲜肉馅里掺有来自云南的松茸，一口咬开，有一股来自森林深处的清香缓慢飘来，口感相当清雅。还有蟹黄馒头和蟹柳馒头，沃腴鲜美，是秋天带给我们的丰厚享受。我对蟹黄白玉卷的印象也很好，它有点像春卷，也用面皮包起，但形状是扁扁的三角包，里面裹的是蟹黄豆腐，油炸后色泽金黄，外脆里酥，一口咬开，又脆又软，点心师傅的手段相当高明啊。其他还有蟹黄糯米烧卖、椰丝腰果酥、蟹黄灌汤虾球等。

店家想得周到，还为干点配了野生菌菇盅。其实，以我的口味来说，最好是配一壶滇红，既能解腻消食，又能为每一只馒头的入口做好清场工作。

吃到了如此精细的美点，就跟服务员瞎聊起来，故而得知南翔馒头店已在日本的东京、韩国的首尔、印尼的雅加达、新加坡开了好几家分店。在东京六本目开第一家分店时，南翔馒头店派出的技师为了寻找适用的猪肉，不辞辛苦跑遍了整个日本，最后在一个弹丸小岛上找了一种黑毛猪，肉馅终于有了着落。除了经典品种，海外分店还拓宽思路，在本土化上做足文章，比如利用日本沿海出产的一种海虾做馅心，做成虾仁馒头，味道鲜美无比。雅加达的分店，考虑到当地有不少穆斯林，就以牛肉、鸡肉及海鲜做馅心，一样销得极好。

六本目的那家开张时，队伍排得非常长，店家还特用尼龙绳拦起一条走道，在队伍的尾巴上立一块牌子，提示大家，要等两小时四十五分钟才能吃到。但日本人就是愿意排这个队。

南翔馒头持节域外，踏浪渡海，成了笑傲江湖的中华美食大使，其实它传递的不止是美味，还有中华文化。

话说1986年英国伊丽莎白女王访问上海，城隍庙为她"封城"，女王殿下在湖心亭喝了梅坞龙井，听了江南丝竹，然后款款走过九曲桥，来到南翔馒头店，在底楼厨房外面被师傅们包小笼的飞快动作所吸引。陪同人员事后说："老太太看傻眼了，居然停留了三分钟。"

再话说1994年，来上海访问的加拿大总督纳蒂欣也乘兴游玩城隍庙——自女王别后，凡有外国政要进城观光，城隍庙不再"封城"，在经过九曲桥时看到一群人围着南翔馒头店，总督问陪同人员什么事，陪同就跟他简单地介绍一下南翔小笼的来龙去脉。此时正好出笼，热气蒸腾，好客的服务员将一笼小笼送到这位总督面前，他也不客气，夹起一只送进嘴里，虽然烫得他龇牙咧嘴，但从事后的照片看，还是十分满足的。

2018年10月26日，南翔馒头店经过装修后重新开张。荣幸的是，我作为嘉宾在"天下一笼，上海味道"媒体发布会上讲了几句话，会前又接受了中国新闻社的视频采访，我谈了几个观点：

一，与城隍庙里的大多数小吃一样，南翔馒头也是外来品种，它是从江苏（清末南翔属于江苏）来到上海的，是上海的大市场给了产品定型和发展的机会。如果这只馒头一直局限于南翔，不可能做到这么大。

二，许多人以为城隍庙南翔馒头店是南翔镇上南翔馒头店的分店，那是不对的。它是整体迁到上海来的。

三，现在，南翔老街上辟有一个小笼馒头文化体验馆，展示牌上的文字说吴翔升去了上海后，镇上还有老师傅在继续做小笼馒头，这一说法我是第一次听到。

四，城隍庙的南翔馒头成为中华著名商标后，使这一风味小吃产生了世界影响力，现在南翔镇上有十几家馒头店，小笼馒头也成了古镇的优质旅游资源，我认为这是城隍庙对南翔的反哺，也是应该的。

五，这只馒头在上海最具人间烟火气的场域，占有了天时、地利、人和等优势，就能够做精做细，也体现了百年不变的匠心精神。

六，工业化和现代化的上海为小笼馒头制作的精细化提供了坚实的基础，上海近代开设的机器面粉厂为南翔馒头店提供了有足够韧劲并高白度的面粉。

七，外来的小笼馒头在上海做到极致，在小笼界成为标杆，应证了海纳百川、兼容并包、大气谦和、追求卓越的上海精神。

八，南翔小笼馒头已经成为外省人、外国人认识上海、热爱上海的理由。

一定好的芝麻糊

　　上海人在吃的方面是比较讲究的，饭菜如此，茶饮如此，平时磨牙嚼嘴的也如此。比如月饼，本是时令糕点，抬头望明月时吃一只，中秋节就算过去了，但上海人讲究牌子，杏花楼、新雅等老字号，品种上还有广式、苏式和潮式的分野，而且上海人买起现做现烘的鲜肉月饼，排长队的热情实在惊人。南京东路上的利男居食品店，每到中秋节前后，店门口总有一条长龙逶迤无尽，诚为中华第一街上最动人的景色。

　　利男居是上海著名食品品牌，它也是诞生于上海的传奇。据说还在清朝末年的1902年，有个名叫钟安樵的广东人，来到上海淘金，在南京路开了一家利男居饼家。广东人素有饮早茶的习惯，饼家的产品就为这一习惯提供了方便。另一方面，依广东旧俗，有钱人家嫁女时，要定做大量的龙凤礼饼馈赠前来贺喜的亲友。为迎合人们多子多孙的期盼，这种饼多取名为"利男"。那么利男居饼家在繁华闹市落地后，由于店名吉利、出品道地，又可电话预定、送货上门，在当时上海的广东同乡婚嫁所需的礼饼糕点，十有八九都向利男居购买。

　　这一习俗也影响了老上海人家，凡有小辈婚嫁，也会效法广东人去利男居购买龙凤礼饼馈赠亲友，以讨个好口彩：吃了利饼，生个男孩。

　　上世纪20年代，由于房屋纠纷，利男居就迁往虹口天潼路，后又迁往四川北路邢家桥。得到虹口广东人的照顾，生意一直很好。

1937年"八一三"淞沪战争爆发后，借着日军的淫威，居住在虹口的日本浪人经常在街头无事生非，中国人无不侧目怒视。利男居为求太平，同时也由于店面租赁一事的纠结，就迁往英租界的浙江路宁波路口继续营业，惹不起还躲不起吗。

　　当时利男居经营的品种是很灵活的，根据时节变化，上市各种茶点也不断更迭，从麻球到春卷，从粽子到重阳糕，从鸡仔饼到猪油花生，从中秋月饼到叉烧大包，无所不有，无所不精。尤其是萨其马最为人称道。萨其马本是满族糕点，用冰糖、奶油、鸡蛋和白面做成长仅寸余的短条，揉匀后置炉上烘烤成熟，压成大片，再切成小方块，甜腻松酥，奶香浓郁，老少咸宜，是很好的佐茶妙品。于是利男居的声誉，在上海广式茶食业中首屈一指，与同芳居、怡珍居、群芳居齐名，号称广式茶点"四大居"。

　　但是利男居迁走后，生活在虹口的广东籍居民相当不爽，你想光是经过外白渡桥去苏州河以南的租界，就免不了要向把守桥口的"矮冬瓜"脱帽鞠躬，真不是味道，所以干脆不去。但老顾客一直心心念念利男居，在上海解放后的1950年，利男居的第三代传人途经四川北路时看到有门面房子的招租广告，就盘下四川北路501号商铺，开起了广式饼店。老顾客看到利男居的后人来了，就鼓励他说："利男居的后人来开店，晓得我们的口味，生意一定好的。"店主闻说后干脆就将店名唤作"一定好"。直白晓畅，传诵方便。

　　一定好保留了广式糕点重糖重油、皮酥馅足、奶味醇厚的特点外，还创制了芝麻糊这种价廉物美的小食。

　　芝麻糊本是广东小贩挑着担子走街串巷叫卖的小食，这种担子一头是穿"棉衣"保温的紫铜锅子，另一头是洗得干干净净的碗具，若有人远远地唤一声，他便立定身子，就地支起担子，往锅里舀取一碗，客人立着就可解馋点饥，这在虹口是一道市井味很浓的风景。

芝麻糊看似简单，但要做好它也不容易，一个环节失误，芝麻糊就会变得烊稀，不滑不糯了。所以一定好的师傅不仅注重食材的优选，连生产用具也洗得干干净净，从来不借他人之手，确保成品香、甜、稠、滑，四个特点一个不能少。要是在北风呼号的天气里趁热喝一碗，配以豆沙麻球或咸煎饼等，便满血复活，脚下生风，一路就走到五角场了。

　　曾经生活在四川路上的中年人，至今还念念不忘当时堂吃芝麻糊的情景呢。一定好，果然一定好！

生态宝岛的至美风味

河豚羊肉白扁豆，崇明美食亮点多

大约十年前，在上海市经委、旅委的支持下，上海市烹饪协会和上海市商业联合会共同主办了一次上海名菜名点认定暨农家菜展示交流活动，确定了172个农家菜点，其中就包括崇明的酱油白米虾、葱油黄泥螺、带鱼烧螺蛳、五香剪刀豆、清蒸板娘鱼等。崇明农家菜原料新鲜、质量高、口感好，是美食家寻访的目标，也是祖国第三大岛的旅游资源。

最近二十年里，去崇明也有七八次了，度假、游玩、品尝美食、东滩看鸟、拍日出，在徐根宝足球俱乐部玩一把，都有深刻印象，尤其是深秋时节一望无际的芦苇，在落日余晖的映照下，实在令人陶醉。在陈家镇的农家乐里，我吃过红烧羊肉、油煎白鲳鱼、清炒白扁豆、葱油芋艿，还与一条特大的野生清蒸鳜鱼邂逅，终生难忘。芹菜、茄子、韭菜、卷心菜都是后园现摘现割"活杀"的，还有番茄，泛着粉嘟嘟的西洋红，是我们小时候用来生吃的品种，炒蛋、煮汤都是极好的。

有一年入秋后还像模像样地去崇明贴秋膘，在明珠湖一家据说很有名的饭店喝过一回羊肉汤。崇明的羊肉多从海门过来，属于湖羊，膻味重了点，但好这一口的人就是爱至入骨，还振振有辞地说什么"羊肉不膻，女人不骚"。白汤羊肉是崇明的特色，羊肉嫩，羊皮软，羊骨香，羊汤鲜，我们四条汉子豪情满怀地要了一大锅，尽兴而归。还有一年夏末，与朋友在堡镇朱家食堂饱餐了一顿冰镇小龙虾。厨师以糟醉之法提味，头个堪称巨大。他家的面丈鱼炒蛋、油淋青虾、老白酒糟肉、暴腌土猪咸肉、酱爆白扁豆、羊肉炖芋艿等也让人喜欢。

最难忘的是有一次去县委机关看望一位老同学，晚上一起吃了河豚鱼。崇明的河豚鱼与江阴、扬中一带的红烧不同，一律为带汤白煮，汤为乳白色，炖得够火候。开了膛后的鱼肉遇热后会反卷起来，鲜嫩度略胜红烧一筹，表皮留有少许细鳞，非但不影响咀嚼吞咽，据说还对胃有好处，可以带走胃壁内的积垢。论味道，比白汁**鮰**鱼胜出多多！

前几年隧桥一通，去崇明就大大方便了。每逢节假日或桃红橘绿时节，市民外出度假的热情持续高涨，崇明也是一个闪闪发光的小目标。不过当大家兴冲冲驱车过江时，堵车便是常态化的困扰，而且一堵就是两三小时，直到将满腔热情消耗殆尽。崇明，爱你恨你，一言难尽。崇明的美食，还如古典美人那样，"宛在水中央"啊！

宝岛美味令人馋，市区也有崇明菜

有一天在喝茶聊天时，芭比小妹对我说：崇明是生态绿岛，天然氧吧，这话没错，但是对你这样一枚吃货来说，去崇明不就是为了那一口软绵绵、糯笃笃的白切羊肉吗？那又何必费那么大的劲赶到那里一膏馋吻，上海市区里也有不少崇明饭店，比如"道道鲜崇明私房菜"。

道道鲜崇明私房菜？我听着耳熟啊，再一想，噢，我早就去过啦。延安西路嘉宁国际广场的那家，跟我的工作单位在一条马路上，就去体验过好几回，红烧一江鲜、鸡毛菜百叶丝、白笃羊肉、红烧昂刺鱼、响油鳝糊等都给我留下深刻印象，可恨的是几乎天天爆满，订位全凭运气。

芭比小妹呵呵一笑：道道鲜崇明私房菜在上海有好几家，五角场、周家嘴路两家分店也不错，改天我们聚聚？

重阳节后第三天，芭比小妹在微信上拉了一个朋友圈，她在周家嘴路道道鲜崇明私房菜订了一个包房。那天晚上我准时赶到那里，抬头一看，不免惊呼，这幢小白楼我太熟悉了。二十年前，我在那里吃过中华鲟——有关方面批准的，店家将证书贴在墙上，让大家放心。在上世纪60年代前，吴淞口一带的农民是经常能吃到野生中华鲟的，所谓"鲥枪鮰蛱"的蛱，就指这货。后来国家下了禁捕令，中华鲟得到了保护，再说吴淞口的中华鲟也"芳踪难寻"了。再后来养殖单位获准每养十条可以有一条进入流通渠道，所以我这份口福得来也不容易。中华鲟颜值不高，呈现出史前时代物种的那种狰狞面目，但营养丰富，肉质鲜美，从里到外连皮带骨都可以做菜。

我还知道他家老板姓李，雅号"龙门阿四"，因为他从八仙桥龙门路一带起步，含辛茹苦，做大做强。这个"龙门阿四"祖籍宁波，生活上极其节俭，开车出门谈业务，用一只空的矿泉水瓶子在家里灌满桶装水，这样就不必在半路上买水了。他在家吃饭，视人多寡铺桌布，如果他跟老婆两人吃饭，就将一张塑料桌布一剪为二，用半张留半张。这样的老板在整个上海滩也不多见吧，"龙门阿四"不发，天理难容。

后来"龙门阿四"将这家店盘给别人经营，自己在五楼经营典当行，楼下饭店的老板换了几轮，现在以崇明风味独树一帜，对吃货而言当然是一件大好事。

红男绿女一座人嘻嘻哈哈坐定，我才知道崇明私房菜的老板叫郁飞，帅哥一枚，乘改革开放东风搞海运业务，后来凭着对家乡的热爱，竭力向朋友推荐崇明美食，顺势而为开起饭店，以"一只菜"在南门港起步，吃货朋友给了他"碰头彩"，后来就越江而来，在市中心黄金地段开了三家。

一叶知秋有时蔬，老鸭要用石锅炖

每人面前的那份菜单开得好，前菜的名称叫"一叶知秋"，有香烤南瓜配樱桃鹅肝、顶级鱼子酱配有机脆芹、崇明酱瓜拌白扁豆、风味爽口金瓜丝、道道鲜招牌散养鸡、白切原味羊腿肉。崇明羊肉真是好，带皮羊腿，在清水里小火焖煮三个小时，熄火后继续趴在锅里焖几个小时，起出后晾凉，切厚片蘸酱，软糯丰腴，鲜香十足，没有令人讨厌的膻味。

郁飞告诉我秘密，他早几年就在崇明岛上建起一个食材供应基地，羊、鸡、鸭都是按自然方法散养的，比如鸡群就整天在竹林里遛达，自己找食，鸡粪回归大地，滋养绿植。崇明的羊都是湖羊，但近年来有些养殖户引进了杂交羊，皮层嫌厚，肉质稍粗。郁飞坚决保卫崇明羊的纯正血统，拒绝工业化。公羊一般选取阉割后的羯羊，羊舍抬高架空，栅架留出较宽的缝隙，下面保持通风，羊群排泄的粪便落在泥地上成为农家肥。羊舍有充足的活动空间，羊就长得健康，羊肉就没有膻味。在春夏秋三季，让羊自己出去寻草吃，进入冬天后喂它秸秆和蚕豆壳打成的碎屑，所以他家的白笃羊肉就是好吃。

崇明的包瓜大大有名，但是现在也以工业化方式生产了，味道大不如前。所以郁飞用的是崇明农民家里自腌的小酱瓜。小黄瓜收下来晒几天，埋入酱缸里慢慢腌成，咸味适宜，甜味则来自黄瓜本身，不加任何添加剂。这样的酱瓜切碎后拌白扁豆，就有了一种亲切的古

早味。此外，冷菜中的樱桃鹅肝也糯绵细腻有酒香，一点不比大董的差。有机脆芹和金瓜丝也十分爽脆，上海举办G20峰会时，金瓜丝是上过国宴的。

接下来是"秋实"，以一当十，就是一锅崇明老鸭汤。亮点在这口锅，不是一般的砂锅，而是郁飞在西藏从一位藏族老板手里买回来的墨脱石锅，用整块天然皂石一刀一刀凿出来的。前不久我又去过一次西藏，在嘉黎县尼屋乡一家民宿里就见到了两具据说有上千年历史的石锅，已经被牛粪熏得墨漆乌黑，被老板当作传家宝供在佛像前，出多少钱也不卖。郁飞千里迢迢背回这口石锅，自然也要视若拱璧，只有当贵客光临时才会吩咐厨师用石锅炖老鸭汤。看看这待遇，我们赶紧自闷一杯！

当然，散养足龄的老鸭与芋艿一起炖足时间，再加上石锅本身遇到高温后析出的钠、镁、钾、锌、铁、钙等16种微量元素，促使蛋白质肽链水解为丰富的氨基酸，帮助游离氨基酸的含量增加，才能使这锅汤产生妈妈的味道。

不要轻看乌小蟹，长江风味不让人

"邂逅"是今天的主菜，崇明清水大闸蟹。在上海的美食话语中，崇明的蟹就叫"乌小蟹"，特指那种吃死也长不大的小毛蟹。不过天地良心，在中国大地上横行的大闸蟹，其源头都在崇明岛上，都叫"中华绒螯蟹"。中华绒螯蟹每到入冬时节就会听从自身基因秘密的指令，奋不顾身地游至附近水域，在黄浦江和长江入海口咸淡水交接的地方繁衍后代，蟹苗才长到"咪咪小"的时候，就被渔民们捕捞上来卖给蟹农，蟹农将幼蟹养到纽扣那般大小，业内叫作"扣蟹"，此时，全国各地的养殖户便如约而至,买回去放在湖泊河塘养大。阳澄湖和太湖里的大闸蟹虽然美名远扬,追根溯源,它们的故乡都在崇明。

长期以来,崇明本岛的大闸蟹倒一直僵格格地长不大,在市场上、餐桌上没地位,它泪流满面,饱受委屈,只能漂在江湖独自叹息。"乌小蟹"甚至成了城里人嘲笑崇明人的一个"切入点"。崇明蟹的成长烦恼,主要纠结在两个方面:养殖环境和养殖方式不对。现在中国水产养殖技术引领全球,崇明的养蟹户也与时俱进了,在环境和饲料等方面改善许多,那么崇明蟹养到每只400克以上也不成问题了,总体上完全可以与阳澄湖蟹、太湖蟹、高淳湖蟹等"名蟹"PK一下子,谁赢谁输,食客说了算。

郁飞对大闸蟹的选择绝对是高标准严要求,特别要求养殖户对饵料的投放,要增加小鱼小虾以及螺蛳等"活物",所以我们面前每人一只的崇明大闸蟹,金爪白肚,外观俊朗,剥开后赏心悦目,蟹黄膏肥,蟹肉紧实,口感鲜甜,咀嚼时让人陶醉于蟹的本香。

今天的崇明蟹,已经到了应该重新定义的时候了。

此时,崇明老白酒已过三巡,主菜登盘。"秋意"浓浓中,上来两道大菜,一道是红焖野生河鳗配鲜鲍,一道是古法蒸长江大鲈鱼。河鲜江鲜,联袂而来,做人做到这个份上,你还有什么不满足的呢?以前有一种说法:大闸蟹之后,百菜无味,但这两道大菜依然叫人手不停箸。野生河鳗焖煮到位,皮不破,形不散,肥厚不腻,咸甜相宜,舌尖一抵,皮肉俱化。这条清蒸大鲈鱼是非常难得的享受,鱼身横划几刀,用海盐稍稍擦一下,急火清蒸20分钟,可保持鱼肉紧实不散,味道清鲜,筷头一拨,有玉白色的蒜瓣肉纷纷散落,这也许就是一条清蒸海鲈鱼的最高境界吧。

进入"秋收"阶段,道道鲜招牌红烧羊肉和崇明芋艿烧扁豆来了。不过因为有了前面的白笃羊腿,我觉得红烧羊肉就有点吃亏了,但是后一道时蔬叫我热泪盈眶，不仅这两种蔬菜都是我的最爱，更在于厨师不以善小而不为，同样用足心思来烹饪，烧得刚刚好，每人一份，我一口气风卷残云。这是我吃过的最最好吃的扁豆！

白笃羊腿配原汤，散养草鸡鮰鱼肚

转眼到了年底，魔都餐饮业进入辞旧迎新的消费旺季，不少饭店的厨师团队将研发的新品适时推出，本人身为吃货，简直吃不过来。道道鲜崇明私房菜2018冬季品鉴会在五角场店举行，芭比小妹盛情相邀，任何借口都没用。那天我对冷菜中的熟醉东海大对虾和鱼子酱烟熏蛋印象很好，他家的白切羊腿肉我在秋季宴上领教过，这次与原味羊汤配着吃，有点"原汤化原食"的思路，味道更加浓郁。野生鱼胶煨散养鸡让我耳目一新，这些年新鲜鱼肚或干发的花胶成为热门食材，道道鲜的这道菜也顺势而为，新鲜原只鮰鱼肚煨散养母鸡，清汤味浓，层次丰富，是一道散发着崇明乡土气息，又具有本帮风味的创新菜，简直可以上国宴。

年根岁末，阳澄湖大闸蟹谢幕，长江蟹粉墨登场。白肚金爪黄毛长脚，蟹壳脆而略硬，蟹身并不特别厚实，但吮出蟹腿的棒肉细嚼再三，回甘相当明显。郁总告诉我，这就是野生大闸蟹的特征。其他如红汁长江鲈鱼、红焖羊肋排、家烧长江花鲢大鱼头、泉水崇明有机小菠菜也很合我的胃，可惜已经饱了，只能浅尝辄止。酒酣耳热之际，餐厅里出现了躁动，四个年轻厨师头顶高帽当场表演压轴好戏——崇明大米煲咸肉白扁豆。砂锅里下米、注水，加咸肉丁、菜梗片和白扁豆，20分钟搞定，锅盖一揭，香气冲天，颗粒分明，油光锃亮，味道好极了。

郁飞是搞海运出身的，所以视野开阔，有文化积累，这是他经营饭店的优势之一。他对我说，崇明是上海的一部分，崇明菜也理应是上海菜的有机组成部分。以前人们评价崇明菜，总是纳入农家菜的范畴。现在我认为这个概念要扩大，内涵要丰富，它完全可以融入上海菜的菜系，为上海的旅游业、餐饮业和现代服务业的大发展做出应有的贡献。

老洋房里的上海菜

　　潮州画家朋友澄子来上海办个人画展，地点就在徐家汇藏书楼底层的云峰画廊，开幕的当天晚上，我尽地主之谊请她吃饭，并叫上在场的龚静与她先生作陪。龚静近来玉体微恙，很少外出活动，但我知道她与澄子订交比我早，最近又有一本美术评论集《写意》问世，让美术界刮目相视，那么有她在，气氛肯定热烈。

　　打电话到徐家汇港汇广场福禄居订位，不巧的是原来一个当经理的朋友跳槽了，于是打的去到镇宁路上的福1088。前些年在那里与程乃珊邂逅，她是福系餐厅的常客，说这里环境好，菜点也很对胃口。有她这句话，我也几次在那里请外地朋友吃饭，顺便让客人一窥三十年代上海滩的小洋楼风情。

　　镇宁路在愚园路以北的那段是单行道，两边的行道树姿态不俗，故而有老上海旧照片中的宁静安详，上世纪30年代留下来的老洋房以西班牙风格居多。路口的那幢洋房有个花园，围墙上端贴了不少色彩夸张的瓷砖，有点模仿建筑怪才高迪的意思。

　　福1088在绿树掩映中，要不是奶黄色的拉毛墙面上钉着一块搪瓷的门牌号码，许多人真会找不到这家饭店了——它居然没有店招。我猜老板如此安排，要么是自信，要么是低调，或者刻意要营造一种神秘感。

　　澄子也算见多识广了，来过上海多次，对老上海的风情也是相当痴迷。但这一次，我从她的脸上读到了小小的惊喜。

饭店由两幢西班牙风格的老洋房组成，每幢楼有三层，拱形的大门格调内敛，但墙面厚实，走廊幽深，人影绰绰。地砖是老旧的，马赛克画风，明显受伊斯兰文化影响，稍有磨损却鲜艳如故，地砖之间的缝隙十分紧密。我们扶着具有Art Deco风格的铸铁栏杆上了楼，柚木地板发出空旷而幽深的声响。

镇宁路及愚园路一带，在上世纪30年代是租界当局越界筑路而拓展的"新大陆"，因为一度治安出现状况，黑道横行，特别是到了抗战烽火初起的"孤岛时期"，臭名昭著的特务机关"76号"也在附近，上海人就称之为"歹土"。程乃珊在一篇文章中写道："说起镇宁路，是后来新开的一条马路，原先是一片花园，仅有几条通向各宅的小径，是旧上海的富人区。这一带住宅大都起造于上世纪二三十年代，当时国际建筑界盛行西班牙风格，上海几乎与之同步，故有了这一列建筑外墙为水泥拉毛，圆拱形的门窗配有螺旋形柱装饰的典型西班牙伊斯兰元素的花园住宅。"

近年来，在老洋房里开饭店成了一种风尚，掘到第一桶金后的企业家更是志满意得，不惜工本，精心构建，刻意追寻30年代流金岁月的衣香鬓影，那么福1088也是这类版本的一叶吧。店里的行政主厨小卢是我的朋友，他说："我们老板是大户人家出身，这两幢洋房中的一幢，就是老板的祖产。老板的祖父方旭东为当年北洋政府赫赫有名的'财神菩萨'，做过张作霖的财政部长，后专攻铁路地产等实业，要说积攒财富，在那时已经完成了。另一幢洋房的主人是李鸿章的小儿子。六十年后的今天，方家后代不仅守住了祖产，还斥巨资将隔壁那幢同为豪门的物业买了下来，经过一番精心装修，开出了这家公馆格局的饭店。"

他又说："我们在附近的愚园路上还有一家福1039，也是开在一

上海老味道续集

177

幢老洋房里，价位稍低一些，消费群体就宽泛点。"

我们在两幢洋房里转了一圈，这里不设大堂，只有包房。以前一个大家族使用的大厅，现在只放了一张柚木的大菜台，对着一架老壁炉，不再升火的炉膛显得有些冷，架子上摆着老式收音机和德国座钟。钟声当当响起，失准的那几下，倒很有没落贵族的执拗劲头。靠墙是摩登时代的海派家具，还有一架立式钢琴，象牙的琴键已经泛黄了。

这里的每个层面都按过去住家的格局小心保存着，没有拆墙打通，每间包房都贴了不同颜色的墙纸，是那种暗底碎花的风格，很有英格兰乡村别墅的情调，温馨而素雅。每间包房里的家具与吊灯、台灯也是不尽相同的，据说都是老板从古玩市场里一件件淘来的。桌布则是白底抽花的那种，上海人家现在很少有人使用了。窗帘轻拂处，看得到窗外小花园的一丛修篁，绿得可爱至极。

两幢洋房联通后，彼此的地坪居然没有落差！可见当时建这一排洋房时用了同一个标准。在顶层，我们看到了一个宽敞的三层阁，天花板上排了整齐的松木搁栅，四周的小窗透出柔和的光线，使一切显得那么宁静安详，这种气氛最让搞艺术的人沉醉。而现在，这里成了一个最大的餐厅。

我在小卢的推荐下点了几道传统菜和创新菜。酱拼，这是具有传统风味的冷菜，酱肉、酱鸭、酱白果和酱瑶柱拼作一盘，酱肉是他家自制的，如果在冬天，厨师会挂在风口吹一两夜，风味更佳，现在酱香还没到最浓的时候。酱鸭也不错，没有一般鸭子的厚厚一层脂肪。我最爱酱瑶柱的弹性与味道，颗粒饱满，吃时可以怂恿牙齿撕拉它的纤维，然后细细玩味一番。白果因为裹了一层有黏性的酱汁，也有相当润滑的口感和恰当的弹性。

熏鱼是下单后现做，用的也是普通青鱼，但因为是现做热吃，味道更加香酥，内含汁液，上口咸鲜，回味甜香。还有一道老上海熏蛋，画风相当惊艳，我是偏爱这道冷菜的，凡在新派上海风味饭店里看到，必点。而这里稍作改良，熏蛋一剖两瓣，溏心的蛋黄上顶了一小撮紫黑色的鱼子，吃起来可以听到鱼子在舌下爆裂的声音。

还有一道冷菜也颇有趣：竹蛏玫瑰菜。竹蛏作为冷菜，我是吃过几回的，印象一般，不及氽蛏子鲜美，肉头也老。但那个玫瑰是否是玫瑰花瓣呢？上桌后才发现，所谓玫瑰原来是产出云南的玫瑰大头菜，切了火柴杆般细的丝，与拌了酱料的竹蛏肉一起吃，软与硬的结合，酱香味与海鲜味的混搭，味道就丰富了。

热菜我们先点了一道油爆虾，炸得还是到位的，壳脆肉嫩，连壳吃更香，不同于老正兴的是，酱色更浓。还有一道豌豆河虾仁，虾仁是手剥的，颗粒不大，但只只新鲜，这种规格的河虾仁上浆比大虾仁困难，考虑到营养与口感，店里的厨师坚持不放小苏打，客人吃起来就没有一股怪味。吃到最后一粒，盆底果然不见芡、不见油、不见水。

该轮到创新菜了，澄子点了一道烧汁烤鳕鱼。经验告诉我们，银鳕鱼如果治得不好会有很重的腥味，故而事先腌制是相当重要的一环。这里的鳕鱼也用自制腌料腌过，整整八小时！鱼肉入味后，再入烤箱烤熟，表面金黄，脆香。垫底的是炒鲜奶蛋清、鲜牛奶，并浇了一些意大利黑醋汁，咸鲜，香甜，味道有了层次，使我分别尝到鱼的香鲜、奶的爽滑、醋的甜酸，真是绝了！

还有一道干烧野生明虾配墨鱼汁面，也是相当有趣的菜，干烧明虾在上海比较常见，但垫了墨鱼汁面就比较好玩了。这种墨鱼汁面是意大利风味，新鲜的面是用刚刚捉上来的墨鱼汁拌了面粉做的，上海没有这个条件，但大型超市里有现成的袋装面买。我这么一尝就偷到了一个关子，回家可以试试。

据小卢说，他家还有一道双味明虾，中段参照川菜取法干烧，虾头则以椒盐整治，使其更有味道，用潮州米线炸成两面黄垫底，让干烧的汁液渗透下去。菜点结合，也是对西餐理念的导入，下回在家也可以试试。

龚静爱吃素菜，我就点了一道黄焖雪菌碧绿豆腐，每人一味，方方正正，上面是深绿色的，那是菠菜末粘在自制豆腐上面油炸后的效果，白玉菇增加了嫩滑的口感，而黄焖汤汁则令味道更有层次。

松茸炖竹荪汤也是按位上的，每人一小盅。鲜松茸和野竹荪从云南空运而来，用清澈见底的高汤来炖，口感相当鲜洁清隽，松茸的香和竹荪的嫩脆结合在一起，但互不遮掩。所谓"大味若淡，淡而不薄"，也应该是汤品的最高境界。

一般中餐厅不大注重餐后甜品，但西餐中甜品却是必不可缺的句号。福1088接待老外比较多，而老外在餐后一定要有甜品或咖啡，否则这顿饭就不圆满了，所以小卢对甜品的态度是坚决的，必须有，而且要有新意。

这天我们点了一道川贝枇杷冻糕配芒果冰激凌和一道八宝饭配生磨核桃露。川贝枇杷冻糕的底层是海绵蛋糕，表面撒上一层花生的碎末，有些绵软的糕体本身带有淡淡的川贝枇杷风味，吃口居然别有风味。八宝饭是迷你型的，倒也吃得下，核桃露很有京味，甜而不腻，我是喜欢的，不知在座的其他人感觉如何。反正吃到这个时候，大家已经饱了，话题天南地北起来，十分愉快，澄子一个劲地拍照，她回去后在画面中要出现西式家具了。我猜。

罗宋汤的四项基本原则

　　铁哥们得知我要写这篇文章后，义正辞严地提醒我：不要上当，人家或许是激将法。再说有些人你就是苦口婆心地告诉他ABC，他也未必拎得清。省点力气吧，嗑瓜子喝茶去！

　　我忍了已经很久，事情是这样的：身为资深吃货，对菜肴制作过程的探究兴趣真是本性难改，又偏爱上海口味的罗宋汤，但凡网上出现写罗宋汤的文章，我都会放下手里的事情先瞄上一眼。但是啊，居然没有一篇是靠谱的，不是这里多一点，就是那里少一点。照那种瞎猫捉死老鼠的程序，你也可以做出一道酸叽叽甜咪咪的汤来，吃了也不会死人，但问题是如果谁都把这样一锅山寨货当成具有俄罗斯文化基因的罗宋汤，岂不误人子弟？严重的话，还会影响到上海人的整体形象和海派文化的内涵！

　　老上海不是有一句话吗：阿污卵冒充金刚钻。这样的人太多了！所以我必须站出来更正一下，透露一下厨师不会告诉你的秘密。

　　朋友又提醒我了：前几年你不是写了一篇《泡饭和它的黄金搭档》吗？结果呢，网上疯转，而且都自说自话地把你的大名一笔抹去。还有人将原文改头换面，欺世盗名地成了他的原创。这样的教训还不够深刻吗？

　　别提那篇文章了，还被冠以"2015年年度最佳小说"呢，真是莫名其妙。但是为了广大人民群众的幸福生活，为了还罗宋汤的清白身世，我有责任把问题讲清楚。

关于罗宋汤的来龙去脉，我已经在N篇文章里讲过了，《霞飞路上的罗宋大菜》或者《罗宋汤与罗宋面包》，百度一下就行了，在此不再赘言。单说罗宋汤的做法，我也要嘭嘭嘭敲黑板：记住啊，罗宋汤的四项基本原则！

以四人份为例。

食材：牛肉300克（牛腱子或牛腩），牛尾500克，土豆2只约300克，卷心菜叶子4片，胡萝卜半支，洋葱一只，芹菜梗2根，番茄2只，酸黄瓜2根，小麦粉50克。（有些食材让你感到陌生是吗？）

调味品：盐、番茄酱、番茄沙司、黑胡椒粉、酸奶油。

拒绝味精！拒绝酱油！拒绝米醋！拒绝淀粉！

第一个原则：炒油面粉。什么油面粉？没听说过嘛！快补上一课吧，油面粉是为了让罗宋汤起稠而准备的。有些人说煮罗宋汤要用湿淀粉勾芡，真把我气疯了！烧荠菜肉丝豆腐羹才会用淀粉勾芡吧！

洗干净锅子，再切一片厚约一厘米的黄油放在锅里，融化后，倒入满满3汤匙约50克小麦粉，快速翻炒，不能让它结块结球。等香气慢慢溢出，颜色有点转黄，盛起待用。

第二个原则：洋葱一定要煸透。小包装的新西兰黄油，城市超市有售，切下一块4厘米厚的放在锅底，融化后倒入切成小块的洋葱（不要切成丝，只有煮洋葱汤时才切成丝），小火煸透。煸多少时间呢？记住：20分钟！

20分钟？是的，20分钟，好味道就是要花费心思的。如果在锅里匆匆一炒，洋葱骨子还硬，香味就出不来。漫长的20分钟里要不时翻炒一下，防止粘底。黄油煸炒食材会出现一个小问题，容易焦，所以你不能一边煸洋葱一边玩手游。

20分钟以后，洋葱煸成半透明状了，软塌塌地趴在锅底，少数洋葱块的边缘还微微有些焦黄，这是极好的感官效果。等楼上人家通过厨房的烟道也闻得到洋葱的香气，你就可以盛起来了。

以上都是前戏。接下来，用牛尾熬成的汤（至少熬2小时），煮整块的牛肉（焯水的过程大家都应该明白），及时撇去浮沫，千万不要加黄酒！煮到筷子能轻松戳进牛肉内部后捞起，冷却后切成3厘米见方的小块待用。

土豆去皮煮至九成熟，捞起后切成比牛肉块略小的块。胡萝卜与土豆一起煮熟，切成半月片。卷心菜去梗，切成半张名片大小的块。

灶上坐锅，加油50克（橄榄油、葵瓜子油、色拉油都行，不要用菜油），煸炒去皮后切小块的番茄，待番茄汪出红油后，加适量的梅林罐装番茄酱和李锦记瓶装番茄沙司（不要全部用番茄沙司，否则会太甜），有些人认为要加点酱油以增加颜色，拜托，别这样浓油赤酱好不好？还有人觉得不够酸，自说自话地加了不少醋，那就砸锅了。

不要让番茄酱在锅内吱吱作响，马上加入土豆、胡萝卜和卷心菜，加牛尾汤三碗。

接下来，应该强调第三个原则了。

第三个原则：加芹菜。摘去叶子的芹菜梗切成两段，不切也没关系，沉入锅底，再加入牛肉块，小火煮8分钟后，将芹菜梗捞出扔掉。清除"药渣"是为了确保罗宋汤的纯洁性，汤内只需留下芹菜的香味。

这时候，罗宋汤即将大功告成，红艳艳的汤汁咕嘟咕嘟地冒着泡，好像在向你倾诉有关阳光与田野的绵长爱情。别忘了加盐，试试味道。

洗手，擦干，将油面粉匀匀地撒在汤面上，另一只手用勺子不停地搅拌起稠，请注意，不能让汤厚薄不均，更不能粘底。看上去差不多了，若有多余的油面粉也不要全部撒完，见好就收，这是一个好厨师的宝贵经验。

第四个原则：加酸黄瓜（这是本人的发明创造，秘密首次公开）。

瓶装的俄式酸黄瓜，城市超市和淘宝网有售。取出2根切成薄片或细末，顺手将煤气灶关掉，将酸黄瓜加入汤内。

可以再加一小勺意大利罗勒酱（城市超市有售），稍许搅拌一下。

最后，撒上适量黑胡椒粉。

好了，香浓美味的罗宋汤做好了，别忘了给自己来一个大大的赞。

注意，不要加葱花，不要加蒜叶，也不要画蛇添足地放几片薄荷叶。

分装四盆，上桌后，每盆汤的上面再加一小勺酸奶油（超市里有卖，如果买不到，可用酸奶代替）。当你看到酸奶油在红洇洇的罗宋汤上冰消雪融时，还等什么！

有些勤俭持家的主妇做罗宋汤喜欢放大量的卷心菜和土豆，就怕家人吃不饱，一不小心就成了食堂版，回到计划经济时代。一盆自信满满的罗宋汤不必让食材堆得像小山一样，得悠着点，让牛肉和土豆像大西洋上的冰山那样只露出一个角。

一盆经典版的罗宋汤应该色泽红亮，香气扑鼻，上口咸鲜，回味酸甜，喝了一口如痴如醉欲罢不能。酸，有番茄的酸、酸黄瓜的酸、酸奶的酸。香，有洋葱的香、牛肉的香、芹菜的香、胡萝卜的香、罗勒的香、黄油的香，味觉体验非常丰富。你还可以轻轻晃动一下汤盆，应该出现"挂杯现象"。

罗宋汤里蕴含着一种暖暖的老上海风情，喝了还想喝，但是没有了。只有一盆，要喝请等下回。好东西不能一次吃到撑，这是对罗宋汤和厨艺的尊重。

最后再扼要归纳一下，罗宋汤的四项基本原则：一，面粉黄油炒；二，洋葱要煸透；三，芹菜要留香；四，加点酸黄瓜。

有些朋友不常在家做西餐，那么罗勒酱可以免去，酸黄瓜也可以免去。只是这样的话，你再兢兢业业，一丝不苟，也只能喝到95分的罗宋汤。不过我也要祝贺你了！

各位看官，菜单拿去不谢。

转发时不要将我的贱名删掉。做汤要厚道，做人也要厚道。

藏在荷心中的芸娘

    钱锺书在为杨绛《干校六记》写的序言中明确表示《浮生六记》是"一部我不很喜欢的书",但同时又将《干校六记》与《浮生六记》并列评说,认为前者"理论上该有七记",后者"事实上只存四记","谁知道没有那么一天,这两部书缺掉的篇章被陆续发现,补足填满,稍微减少人世间的缺陷"。你看,钱锺书对《浮生六记》还是念念不忘的。

    比钱锺书更有兴趣,并著文力荐而使《浮生六记》在一个新旧交替的时代"大放异彩"的是林语堂,这位幽默大师甚至认为芸娘是"中国文学中最可爱的女人"。如果真如金性尧、金文男两位先生在古籍版《浮生六记》的前言中所认定的"他(林语堂)把自己的感情投入得太多了,几乎把她(芸娘)看作一位关于交际的洋场中大家闺秀、沙龙主妇","这是受过'五四'洗礼、喝过洋墨水的林先生笔下塑造的陈芸,并不是沈三白笔下的陈芸,更不是乾隆大帝统治下的陈芸",那么我觉得,今天有不少男士倒也愿意追随林语堂,投入感情过深。他们或许没有深入研读过《浮生六记》,但关于这对患难夫妇的故事可能听过很多遍了,怀着这样的心情走进剧场——据新民晚报报道,今年7月,经过全新改编的同名昆曲《浮生六记》在上海大剧院上演。网上消息最能反映市场冷热:瞬间售罄,一票难求。

    本来我也想去看一眼的,既然一票难求,那就等下一回吧——这也是自我安慰。

林语堂将此书译为英文，沈三白与芸娘"始于欢乐，终于忧患，漂零异乡，悲能动人"的故事从此天下闻名，后来还有话剧团改编演出。一方面是城市化的浪潮此伏彼起，一方面知识女性与男权社会的博弈如火如荼，精彩纷呈，上世纪30年代舞台上的芸娘是男人的消费对象还是女权主义的旗帜，颇值得猜想。

近年来舞榭歌台好戏连连，《浮生六记》曾被改编成京剧，也曾被苏州昆剧院改编成园林版昆剧在沧浪亭实景演出。《浮生六记》实际上是一部体量单薄的回忆录，搬上舞台的最大难点就在于它没有强烈的冲突，只是对伉俪情深的娓娓叙述，以及传统文人雅趣和品位生活的展现。所以我认为改编成昆曲比改编成话剧、京戏更对路。

上海大剧院总经理张笑丁对媒体记者说："《浮生六记》是一个非常好的题材，我们做这部戏就是想为大家唤回一种有情有趣的文人生活。"这当然是一个美好的愿望，但一声"唤回"何其沉重。现在很多人都在很有仪式感地烹茶、品酒、焚香、抚琴、拍曲、画画、抄经、瑜珈，冥想也算吧，似乎很有腔调，但情趣二字往往是由内而外的自然流露。我们周边的人当中，已经有许多人不懂得幽默了，弦外之音也听不明白了。

所以当开私房菜的刘姐看了这出戏后找到我，希望复原几道《浮生六记》里的菜肴，我不由得呵呵一笑。此前有人从《红楼梦》《金瓶梅》等名著中开发成珍馐华筵，但大多昙花一现，浮光掠影。芸娘身为姑苏娇娘，在诗词、服饰、园林、器物及美食诸方面的鉴赏饶有天赋，"芸善不费之烹庖，瓜蔬鱼虾一经芸手，便有意外味"。但《浮生六记》里记载的美食不多，凭我的印象，就是某次油菜花盛开时节，沈复约了几个清寒诗友，各持杖头钱，由芸娘唤了一个卖馄饨小贩，"以百钱雇其担"，"青衫红袖，越阡度陌，蝶蜂乱飞，食人不饮自醉。既而酒肴俱熟，坐地大嚼。……红日将颓，余思粥，担者即为买米煮之，果腹而归"。在这次逸兴湍飞的野餐中，芸娘具体烹制什么汤羹也没交代。沈复着意的倒是双弓米——这当然是别有意蕴的细节。

倘若非要钻牛角尖，那在书中也只有区区两品具体指认，一是芸娘嗜好的臭乳腐，"其每日饭必用茶泡，喜用茶泡食芥卤乳腐，吴俗呼为臭乳腐；又喜食虾卤瓜"。芸娘不仅自己爱吃，还成功地将夫婿改造为逐臭之夫。一是茶饮，"夏月荷花初开时，晚含而晓放。芸用小纱囊撮茶叶少许置花心。明早取出，烹天泉水泡之，香韵尤绝"。这款荷心茶，早几年我在苏州喝过，也是一位文艺女青年有感于芸娘的蕙质兰心而如法炮制的，但香气并不彰显，更无论香韵尤绝了。也许我对花茶一向不感冒吧。

架不住朋友请求，我依样画葫芦地复原了一款"双鲜酱"，极咸的卤瓜拔淡后捣烂拌以极臭的乳腐卤，画风奇谲，气质颓废，抹馒头片吃味道超赞。我祖籍绍兴，从小百毒不侵，而其他试吃的朋友早就逃之夭夭。后来我从扬州菜谱中寻找灵感，为她研发了一道芸娘玫酱湘莲和一道芸娘荷叶碧粳粥。

前者是蜜汁湘莲的翻版。二十年前我在扬州饭店品尝过蜜汁湘莲，现在我取200克颗粒肥壮、肉质细腻的上品湘莲，剥皮后通去莲心，放入碗中加适量纯净水，置于笼屉中旺火蒸30分钟，要求外形完整，酥而不烂，扣碗滗掉水后蜕模装盆成馒头状。炒锅内注入少量橄榄油，撒绵白糖以中火熬成糖浆，浇在湘莲顶上，最后再加一勺玫瑰酱，以求红云盖白雪之意境。

荷叶粥是老苏州的风味，在古籍中多有记载。取新鲜荷叶覆盖在陶鼎上，小火煮粥过程中荷叶的清香与汁液会渗透到米粒中，绿氤氲如碧波微漾，一股清香令人遐思神往。我的改良在于碧粳粥内加入薏米、山药、菱肉、芡实等，清粥小菜四品：绍兴乳腐、虾油卤瓜拌白米虾干、雪菜炒笋丝、虾子茭白。倘有不足者，可上一碟北海道咸切片面包，抹臭乳腐。

刘姐尝后赞不绝口，不过她为荷叶碧梗粥配了绿豆糕，也有意外味，客人在品鉴后也给出了较高的评价。

回到昆曲《浮生六记》，据了解这出戏中没有出现憨园这个身份暧昧、惹事生非的人物，而虚构了一个名叫半夏的女人，便于沈复表达对芸娘的思念之情。半夏不应该是憨园的影射吧，但即使是，我认为也无不可，关键是怎么与沈复一起将"对岁月留恋和试图挽回"的主题演绎至深至长。

又据闻，这出戏还在7月份赴法国巴黎演出，在阿维尼翁戏剧节期间连演五场。为了更好地表现这个故事，主创团队重新创作了更适合舞台演出的版本，故事更加紧凑精练，在舞台设计上运用黑幕"留白"方式，并采取中国戏曲传统"一桌二椅"的呈现形式，作品既有中国传统戏曲的美学要素，也有当代戏剧的先锋性。

藏在荷心中的芸娘，应该像花仙子似的走出来，坦然接受欧洲人的掌声。

复古潮中鲜花馔

　　近年来沪滨餐饮市场风生水起，串串烧、小龙虾、大肠面、葱油饼、潮汕牛肉、河豚刺生轮番登场，已不能叫吃货持续尖叫，于是复古潮开始涌动。比如鲜花餐食从古籍中苏醒，用鲜花做的茶点、汤羹、菜肴以一种谍战剧的套路悄悄出没于酒肆茶寮。本人也有幸在餐桌上经常扮演"采花大盗"，为有限的美食体验增添一抹芬芳。上周在浦东品尝私房菜，四碟冷菜刚在转盘上摆定当，我就盯紧一盆鲜花凉拌。

　　嫩黄色的花朵，浅绿色的花萼，中间有一小段过渡，花朵弱小，又是单瓣，花蕊细小得看不清楚，有些弱不禁风的单薄，遂默默念叨一声"罪过"，着花于舌，口感生脆，唇齿间立马弥散起微微清芬。厨师一反鲜花烹饪的常规，不焯滚汤，直接调味，咸鲜打底，少淋浙醋，恰到好处地提升了这道冷菜的清冽感与鲜嫩度，回味有丝丝甜鲜，如果与法国桃红葡萄酒搭配，再来一点点淡干醋，感觉更加浪漫，应该是女性朋友喜欢的开胃小菜。

　　美女老板周周告诉我，这是石斛花，就是铁皮石斛的花朵。在她老家，石斛俗称"万丈须"，是一味众所周知的名贵药材。

　　前不久尝了藤萝饼、玫瑰果炸糕、樱花杏仁羹、银耳萱草汤和木槿花炖排骨，现在又与石斛花偶遇，莫非花神垂怜我，让各种各样的鲜花奔来眼前，一饱眼福口福。

　　石斛近年来身价大增，与人参有得一拼。在中药房里，一路飙升的气势不亚于房价。前些年忠明兄送我几株石斛活体，但我没耐心伺候它，直接煎汤喝了，尽管是浅尝辄止，效果也比鸿茅药酒显著。

周周又告诉我：石斛花每年5至7月份盛开，花期很短，必须及时采摘。如果采摘过早，药力不足，要是采摘时间偏晚，又可能导致石斛花腐烂。所以，每年真正能采收铁皮石斛花的季节就这么短短一两个月。

石斛入菜，古已有之，在今天养生专家开列的菜单上，多为煲汤，老鸡、乌骨鸡、瘦肉、鸽子等都是基础食材，还要加入虫草、灵芝、当归、麦冬、党参、淮山、枸杞、南北杏、西洋参、蜜枣等等，一切随缘，以你身心状态和经济条件为参照。但石斛花凉拌直接入口较少。同桌的朋友曾经吃过石斛花炒鸡蛋，与茉莉花炒鸡蛋如出一辙，在形式与口感上都不如眼前这道冷拌菜来得清雅。

春吃花，夏吃叶，秋吃果，冬吃根，这是中国人的老规矩。"朝饮木兰之坠露兮，夕餐秋菊之落英"，中国人餐花的历史如果从屈老夫子那会儿算起，已有两千多年啦。这几天翻阅宋代的《山家清供》和清代的《食宪鸿秘》等笔记，发现里面记述的鲜花菜肴与鲜花面点真叫是琳琅满目。古人对梅花情有独钟，留下了不计其数的咏梅诗，用梅花做的美食也很多，有蜜渍梅花、汤绽梅、不寒齑、大耐糕、梅花汤饼、金饭、梅粥等。

更简便的是冷拌。清代朱彝尊在他所著的《食宪鸿秘》里说："凡诸花及苗及叶及根与诸野菜，佳品甚繁。采须洁净，去枯、去蛀、去虫丝、勿误食。制须得法，或煮，或烹，或燔，或炙，或腌，或炸，不一法。"在操作环节又有提示："凡食野芳，先办汁料。每醋一大钟，入甘草末三分、白糖一钱、熟香油半盏和成，作拌菜料头（以上甜酸之味）……"

餐花成癖，风雅得紧，但一过就容易走火。《山家清供》里有"牡丹生菜"条："宪圣喜清俭，不嗜杀。每令后苑进生菜，必采牡丹瓣和之。或用微面裹，炸之以酥。又，时收杨花为鞋、袜、褥之用。性恭俭，每至治生菜，必于梅下取落花以杂之，其香犹可知也。"

宪圣皇后姓吴氏，十四岁就被选入宫中侍奉时为康王的赵构，照今天娱乐节目的思路，她一定主演了好几出步步惊心的宫斗大戏。《宋史》评价吴氏"殊妍丽可爱，后颇知书……博习书史，又善翰墨"。1143年（绍兴十三年），吴贵妃终于熬成了吴皇后。

因为"喜清俭"，当上皇后的吴氏常以牡丹花瓣或梅花落英做成"南宋蔬菜色拉"，或挂上面糊炸成"天妇罗"，可见她品位不俗。不过叫下人收集柳絮做成鞋袜被褥，这戏码也太用力了。地球人都知道，柳絮保暖性能极差，你用这个御寒，身边的太监、宫女就只能穿草裙、披树叶啦！

你是一只"模子"

　　老吃客进饭店，首要问题是弄清楚他家的帮派，然后再定定心心打开菜谱。假使根不正苗不红，老先生眉头一皱，接下来就要横挑鼻子竖挑眼了。但是今天你到饭店里去看看，血统纯正的还有几家？早就结了离、离了结，好几轮下来，自己也昏头六冲了，本帮、扬帮、川帮、广帮，再来十几道湘菜，东南亚风格也拉进来跑个龙套，一本菜谱就像多国部队的花名册。看不懂是吗？老板娘倚着收银台告诉你：阿拉做的是模子菜。

　　所谓的"模子菜"，在烹饪词典里肯定找不到条目，也无人注释。这一名词应该从上海俚语"模子"二字衍化而来。"模子"，也许是"模范"的异化，但绝对是正面评价，与宏大叙事中的"英雄模范"相比，它的涵义又要稍稍复杂些，三言两语讲不清楚，只有上海土著对其中奥妙心领神会。如果夸一个男人"你是一只模子"，那可是至高无上的褒奖噢！上海开埠以来，被人民群众一致认可的"模子"，杜月笙是一个，阿德哥虞洽卿也是一个，叶澄衷、卢作孚等等也算，所以不管鸡鸣狗盗之流还是巨商大贾之辈，能够舍生取义、毁家纾难、路见不平拔刀相助，就是"一只模子"。抗击新冠病毒的非常时期，群众认为韩红就是"一只模子"。女人也可以是"模子"吗？可以的，黄金荣本人算不上"模子"，但是他老婆桂生姐就是"模子"。

　　明白了"模子"的涵义，那么理解"模子菜"就容易了。"模子菜"一般指不拘章法,不讲出身,没有明确流派背景的菜,只要顾客喜欢,就给你端出来。中国饮食文化中有一条原则:"食无定法,适口者珍。""模子菜"的盛行,也拜时代所赐吧。

模子菜从重重包围中杀出一条血路,出于一种无奈。作为魔都CBD的黄浦区,在计划经济时代受政府专宠,特色饭店云集,烹饪大师荟萃,十六帮派全齐,外地外国游客来上海吃饭,首选黄浦区。黄浦区饮食公司多次组建名厨团队出征,代表我们这个烹饪大国"冲出亚洲,走向世界",在国际烹饪奥林匹克大赛上庖丁解牛,运斤成风,摘金夺银,谁与争锋。市场经济启动后,餐饮业春江水暖鸭先知,许多下岗工人和回城知青,也选择了这个门槛较低的产业,小老板在灶台边日夜打拼的艰辛,真是一言难尽。

那时候个体饭店的厨师一般都是半路出家,没有职称这一说,只能东搬西抄,不管什么帮派,都要会一点,价廉物美才是王道。模子菜就这样以游击队的身份起于蒿莱,打得赢就打,打不赢就跑,灵活多变的战略战术,让个体户从国有饭店嘴边抢到了一块奶酪。

今天,国字头在餐饮市场的占有率只有5%了,要不是在物业上占了便宜,差不多一半以上要在账面上"开红灯"了。而早几年在云南路、黄河路、乍浦路,后来又在吴江路、仙霞路、虹梅南路等几条民营饭店扎堆的美食街上,每当夜幕降临,万家灯火,道路两边凌空飞架的LED电子屏不停转换炫目的广告画面,私家车、出租车紧咬着屁股进进出出,如果向小学生形容什么叫"车水马龙",此处就是最生动的画面。

民营企业虽然也有一些帮派上的暗示,但那只是指路牌,不代表初心,市场流行什么,消费者想吃什么,发现了哪些新颖食材,可能有何种表现空间,厨师就烧什么。两三个月换一轮菜,这是很正常的。国有饭店的菜谱不可能这样翻牌,如果老饭店里没了虾子大乌参,没了八宝鸭,没了扣三丝,天都要塌下来啦!

这些英雄不问出身的厨师，近来媒体也尊他们为江湖大侠，屡屡出镜表演，粉丝也相当多。他们没有思想包袱，脑子活络，海派、潮汕、粤港、东南亚、欧陆、南美等概念玩得相当转，厨具比国营企业先进很多，用的又是复合调料，味道好，操作又简单，何乐不为？有好几种烧法，科班出身的厨师打破头也想不出来，他们却敢"以身试法"，登堂入室。比如有一道桑拿虾，将鲜蹦活跳的草虾投在一锅烧至五百度的鹅卵石上面，再泼上一碗调料，蓄足热量的鹅卵石受了刺激，核爆炸一般蒸腾起大量热气，服务员即刻压上盖子，锅内形成小宇宙，十几秒种揭盖，虾身通红，熟啦，调味也渗入虾肉中，剥壳一吃，味道超赞。这道桑拿虾取名有点暧昧，有点幽默，有点"春晚"的性质，一出炉就红遍大上海。

还有一道菜：龙虾三吃，刺身、椒盐之外又可煮一锅泡饭，这锅泡饭就让人感到亲切，味道鲜不算，连虾须虾壳都没有一点浪费，上海人精打细算的持家禀赋体现得十分充分。象鼻蚌也是这个思路，刺身之外利用内脏烧一碗豆腐汤，鲜掉你的眉毛！让人耳目一新的还有咸蛋黄入菜，什么咸蛋黄荔浦芋头、咸蛋黄冬瓜、咸蛋黄豆腐、咸蛋黄九肚鱼、咸蛋黄龙利鱼、咸蛋黄膏蟹，有出奇制胜的效果，也能得到食客的啧啧称赞。

年糕本是家常主食，偶尔也做成素简一路的小点心，但厨师居然让它入菜，经典款就是毛蟹炒年糕。毛蟹这种东西过去不上台面，面拖加毛豆子，家常小菜过过小老酒。最近几年才有机会横行霸道，但味道毕竟单调了些，于是厨师灵机一动，扔几块年糕入锅一起颠翻，小鲜肉年糕沾了油腻男毛蟹的酱汁，一脸的不情愿，但食客给了年糕及时的安慰，认为味道胜过毛蟹，招待客人也不寒酸，年糕还有意见吗？现在又整出八宝辣酱炒年糕、膏蟹炒年糕、甲鱼炒年糕、酸辣牛蛙炒年糕、童子鸡炒年糕、黑椒牛仔骨炒年糕，默默无闻任劳任怨几十年的年糕终于收获了奥斯卡最佳男配角奖！

模子菜载歌载舞，变化多端，真可谓苟日新，日日新。就我的寻味经历而言，就吃过糯米蒸甲鱼、荷叶粉蒸河鳗、香炸鸡软骨、臭豆腐蒸咸蛋、沙嗲蒜香骨、小龙虾粉丝煲、啫啫大肠煲、啫啫鱼嘴煲、蟹粉黄鱼狮子头、韩国牛柳粉丝煲（韩国没有这道菜）、芝士黄油煎银鳕鱼、啤酒鱼排、牛油果奶汤鱼腩、白蟹白虾烧粉皮、香煎鹅肝配藕夹、鲍汁扣鹅掌配黑松露炒饭、浓汤东星斑配桃胶、鲍汁白灵菇配老油条、肥牛肉金菇卷、黑椒濑尿虾配萝卜丝酥饼等等，还有老油条塞肉炒荷兰豆（烧丝瓜也不错），我也十分喜爱。

海纳百川，不拘一格，与时俱进，新意迭出，这让模子菜拥有众多粉丝。有时候顾客吃了不满意，把厨师叫出来，如此这般提些要求，厨师再回到炉灶旁重炒一盆，味道有点像样了。有许多新菜就是吃货与厨师你一句我一句斗嘴皮子，然后叮的一记，脑洞大开，再试试看，居然搞成了。

最近市场上又出现了一款龙虾麻婆豆腐，据说颇受小青年欢迎。我也吃过几次，有一次还是在西郊五号吃的。麻婆豆腐是川菜经典，食材简单，烹饪过程也不复杂，但要足够有味，须突出麻、辣、烫、香、酥、嫩、鲜、活八个字，川菜大厨欲在江湖立身扬名，麻婆豆腐就是看家功夫。龙虾，无论来自澳大利亚还是美国波士顿，当然都以新鲜的活货为佳，但大多数饭店考虑到成本，一般都采购冰鲜，那么龙虾刺身就"欠奉"了。

如何让死诸葛吓死活司马，这个课题相当烧脑，咖喱、黑椒、姜葱炒，都是寻常一路，后来有人另辟蹊径，引入麻婆豆腐，让异域的龙虾以麻辣味出镜。君不见，龙虾头以全须全脚竖起在盘中，像待发的火箭一样威风凛凛，龙虾肉段斩件上浆过油，与麻婆豆腐一起炒，红艳艳地铺天盖地，在画风上就先声夺人，舀一勺试试，味道不错啊。唐顿庄园的龙虾将苦孩子出身的豆腐拉进微信群里，这厮的身价便陡然上涨，卖三百元一盘，赶时髦的食客连说合算，躲在厨房里的老板偷笑也来不及。

有位国家级烹饪大师对没心没肺的麻婆豆腐龙虾表示出极大的鄙视，"你说这道菜里，龙虾与麻婆豆腐谁是主角？"我跟他开玩笑："它们谁也不是主角，它们是一对好基友。"

我请大师宽容点，再宽容点，一切交由市场检验吧。天要落雨，娘要嫁人，模子菜要赶潮流，都是由不得人的。麻婆豆腐与龙虾终有一天会分道扬镳，但这两个家伙都会在下一个场子粉墨登场，领受更加热烈的掌声。

模子菜就是创新菜，从一个侧面体现了海纳百川的城市精神。我认为上海菜系应该将它们一一招安，提升自己的综合竞争力。事实上，已经有不少饭店偷偷地引进了，只是羞于明说罢了。

值得想象的露香园糟蔬

　　黄梅天一过，魔都就进入烧烤模式，气温35℃度是常态。热风千里，骄阳似火，小老百姓奔走在外搏食，未免昏头六冲，胃纳不佳，那么只有一款糟货才能让大家精神为之一振了。

　　糟货的芳香，在我小时候就丝丝入扣地植入大脑，八仙桥龙门路有一家老人和，西藏中路大世界对面有一家马詠斋，两家老字号每到夏季就有糟货应市，品质上乘，有口皆碑。老爸经常差我去买糟猪头肉、糟鸡、糟猪脚，五角钱可得一大碗，兜头浇上一勺糟卤，回到家里开一瓶冰啤酒，泡沫喷涌而出，啊呀，真是神仙过的日脚。

　　照老上海的习惯，百样吃食皆可入糟。白斩鸡、白煮鹅、乳鸽、鹌鹑蛋、鸡脚爪、门腔、肚子、猪耳朵、猪头肉、带鱼、小黄鱼等等，煮熟或煎熟了，冷却后在糟卤里一浸，三四小时后奇迹就出现了，不仅食物的油腻消解殆尽，芬芳馥郁的糟卤还赋予食物一种特殊的鲜美。过去住在石库门房子里，底楼的阿婆、爷叔喜欢将小桌子摆到弄堂里，一家人围着吃饭，桌上有啥小菜左邻右舍一目了然。如有糟货登盘，那就比较"海威"了。后来，马詠斋不知去向，老人和千呼万唤总算重出江湖，有一家居然占据淮海中路黄金宝地，但风味已大不如前。

　　对了，还有西藏中路老字号同泰祥，糟货亦是极好的，小时候亲戚请客，让我吃到了糟肉和糟鹅，糟香浓郁，肥而不腻。上世纪80年代西藏中路拓宽，百年老店鸿爪不留，杳如黄鹤。最近听说有关方面正在商

买小菜
一頭青菜

买小菜，农貿小菜場。青菜就買大萝卜。青菜就是财。萝卜就是福。此乃甲午年情書六尺来发之理，依准雀山陰嘉荣。

作书三嵗书 嘉荣

量让这家老字号重出江湖，让吃货们翘首以盼。

除了荤菜，素菜也是可以入糟的。早在明代那会儿，上海不是有一个露香园吗？大宅院里的名门闺秀以顾绣名扬天下，今天已成国家宝藏、传世非遗。王安忆的长篇小说《天香》就是以这个园子里的绣娘为人物原型的，但是她没有写到露香园里的其他物产，比如露香园水蜜桃，后来被人移种至老城厢的黄泥墙，再后来有人折枝引种到龙华，又过了若干年居然渡海去了东瀛，最近有人迎回南汇，大面积试种成功，实现了量产。我吃过，味道不错。还有一款糟蔬，我只在方志上看到有记载，短短一行字，具体用什么蔬果加工，语焉不详。近年来我一有机会就请教餐饮界老前辈，可惜一脸茫然。旧时有钱人家一到夏天有吃素的习惯，从六月初一开始吃起，到雷尊生日这天结束，为时一个月左右。糟蔬就是素斋的一个内容。

其实也不难想象，比如茭白、茄子、毛豆、豇豆、红菱、塘藕、子姜、发芽豆、黄豆芽、扁尖笋、鸡腿菇、花菜梗、素鸡、素肠、面筋、油豆腐、腐竹等等，煮至恰到好处，冷却后在糟卤里一浸，味道就徐徐升华。清代朱彝尊撰写的《食宪鸿秘》里还记有一道糟素：糟地栗，"地栗带泥封干（风干），剥净入糟，下酒物也"。地栗就是荸荠，生吃很甜，入糟想必也别有风味。

前不久在朋友家里吃到一款糟芦笋，芦笋是西餐常用之物，而今为我所用，削皮切段，糟卤稍稍加持即可，爽脆之外，糟香在咀嚼中徐徐逸散，令人有意外之喜。素鲍鱼近年来经常出现在酒席上，也可一糟。

早二十多年我曾给沪滨老字号小绍兴酒家设计过两道夏令糟菜，一道叫"糟三宝"，用鸡中翅、鸡肫、鸡爪三样有活肉、经咀嚼的"零部件"在鸡汤里煮熟后入净水罐冷却，再入糟卤浸三四小时后装入紫砂小坛子上桌。另一道叫"醉八仙"，用黄豆芽、芹菜梗、发芽豆、胡萝卜丝、金针菇、黑木耳丝、香菇丝、油豆腐等八样素食，按照食材的性状分别在沸水里一焯或文火煮熟后冷却，再入糟卤浸两小时即可上桌，淋少许麻油后更加清鲜爽口，同样很受顾客欢迎。后来厨师觉得素菜入糟必须当市售出，过了时间就变色，怕麻烦而懒得应市。但"糟三宝"卖了二十多年，现在还在供应。这道菜至少为企业赚了几十万吧，可是我一分钱也没有得到，整一个"白龙山人"（海派画家王一亭在他的画上常常落款"白龙山人"，与上海方言"白弄山人"谐音，意思是白白忙活一场）。

糟蔬宜当天做当天吃，隔夜后味道益咸，也不利于健康。当然，所有的糟货都应该在冰箱里修炼一番，低温使食材紧致绵密，风味更佳。

寒风初起，萝卜赛梨

立冬一过，萝卜开始展现最好的自己，水分足，脆性大，模样也越发俊俏，不涩不苦不枯不糠，热炒有回甘，凉拌更爽口，久煮酥而不烂，等到大雪初降也可以生吃了。"萝卜赛梨……辣来换"，这是皇城根下小巷深处的叫卖声，也是张恨水笔下老北京对萝卜的赞美。

在我小时候，街上还有推车卖青萝卜一景。客人选中一枚，交给大叔称重，然后大叔给你削皮，再从顶部竖着剖开几刀，断与不断之间，露出胭脂红的心，客人可捧着边走边吃。如果不太辣的话，微甜而生脆，在冬天里也是可与水果比美的。北方人称这种青萝卜为"心里美"。

生吃萝卜可清火，解秋燥。生了口角疮，吃一个萝卜就好了。热毒更重的人，老中医就开出单方：萝卜籽三钱煎汤，连服三帖保好。如果小孩子咳嗽，就用白萝卜一个，洗净后在上部三分之一处横切一刀剖开，下面掏出膛口，埋入冰糖后再盖上顶部，插几枚牙签固定，放冰箱冻五六天，打开萝卜盖后你会发现里面的冰糖已化成浓汁，喝这个甜如蜜的浓汁，可润肺止咳。假若蒸一小时食用，疗效更加显著。"烟台苹果莱阳梨，不如潍坊萝卜皮"，说的这就这个意思吧。

萝卜是世界古老的栽培作物之一，萝卜的祖宗是起源于欧、亚温暖海岸的野萝卜。远在4500年前，萝卜已成为埃及的重要食品。中国种植萝卜的历史也很长，《尔雅》里有萝卜的记载，北魏贾思勰在《齐民要术》中又记载了萝卜的栽培方法。现在全国各地都普遍栽培，是冬天不可短缺的佳蔬，也是画家寄情托物的题材。

王祯在《农书》中说："北方萝卜一种而四名，春曰破地锥，夏曰夏生，秋曰萝卜，冬曰土酥。"现在不管一年四季都叫"萝卜"，有些书画家写成"莱菔"，文绉绉的。李时珍认为萝卜"大抵生沙壤者脆而甘，生瘠地者坚而辣。根叶皆可生可熟可菹可酱可豉可醋可糖可腊可饭，乃蔬中之最有利益者"。

没错，很久以来，老中医和人民群众一致认为萝卜是个有点害羞的好同志，它有清热舒肝、润肺化痰、利尿解毒、抗衰老、降血糖血脂等功效，在菜场里从不断供，素面朝天，价廉物美，"三老"——老同志、老百姓、老板看到它都像遇到老朋友一样。萝卜咸肉汤、萝卜排骨汤、萝卜海带汤、萝卜鲫鱼汤、萝卜烧羊肉、萝卜炒白虾、萝卜炒大蒜……都是上海人家吃不厌的家常菜。海蜇皮拌萝卜丝，葱油熬香，兜头一浇，逢年过节可以登席，在平时也是可口的下酒小菜，饭粥两宜。红烧带鱼如果有萝卜丝加盟，味道更加浓郁。在单位食堂，倘若厨师肯花点心思，大锅红烧萝卜也能让人吃出五花肉的肥腴。

年前吴江宾馆钱总送我一盒糯米团子，乒乓球这般大小，回家蒸一下还软，一口咬开，是萝卜丝馅，乡情浓厚，超好吃。萝卜丝入馅做油墩子，比荠菜馅的松软。

萝卜好，萝卜脆，但在讲规矩的地方就是不能登堂入席。在《红楼梦》或《金瓶梅》两大百科全书式的奇书里也不见主人公食用，倒是袁枚在《随园食单》介绍了一款猪油煮萝卜："用熟猪油炒萝卜，加虾米煨之，以极熟为度。临起加葱花，色如琥珀。"这寥寥数语竟成了烹治萝卜的不二法门。后来我见汪曾祺老前辈烧萝卜也是加黄酒泡过的虾米，也是"极熟为度"。王世襄更舍得下成本，加大粒干贝，味道自然更胜一筹。但萝卜治菜止于家中小酌，在正式宴请的大场面，萝卜没有机会亮相。

不过萝卜没有灰心，它一直在寻找表现空间。有一次在苏州观前街分享华永根老师的"独一桌"，冷菜中有一青二白的葱油萝卜丝，生脆鲜爽，食之齿颊生香。华老师说，葱油萝卜丝是苏州人家的家常小菜，但是很有讲究，一定要用刀切丝，不能用刨子擦，什么时候腌制，什么时候淋葱油，什么时候上桌，要候分掐数，否则要么生涩，要么出水，不好吃。

萝卜糕是广式早茶中颇有乡味的一款，好坏可以判断茶室的水平。萝卜丝酥饼也是自广东来，但在上海完成了最后的历练，对点心师的基本功是不小的考验，千层油酥的面皮，裹了火腿萝卜丝馅心，入温油锅炸至微黄，是城隍庙绿波廊里的招牌，曾经招待过英国女王。在专做私房菜的公馆里，猪油渣烧萝卜丝、萝卜丝馒头、鲍汁萝卜也大受欢迎。

前不久与几个朋友去闵行一家饭店吃饭，席间有一道菜让我喜出望外：整支白萝卜如玉体横陈般地置于白瓷腰盆，碧绿生青的萝卜叶硬顶出盆沿，赏心悦目。朋友请厨师出来详告做法：萝卜顶事先切下来搁一边，等萝卜蒸熟后再放上去，故而碧绿生青。萝卜一侧呢，躺了一根枯柴般的原支当归。那情景如果说得色情点，就如一位丰腴美貌的少妇侍寝一个干瘪老头子。

《遵生八笺》中有糟萝卜荬白笋菜瓜茄等物条："用石灰、白矾煎汤，然后将所有蔬菜浸泡一个时辰，将酒滚热泡糟，入盐，又入铜钱一二文，量糟多少加入，腌十日取起。另换好糟，入盐酒拌入坛内收贮，箬扎泥封。"这个古方太复杂，留待私房菜里的美娇娘去一试身手吧。

袁枚在《随园食单》里记了一条："萝卜取肥大者，酱一二日即吃，甜脆可爱。有侯尼能制为鲞，煎片如蝴蝶，长至丈许，连翻不断，亦一奇也。承恩寺有卖者，用醋为之，以陈为妙。"所谓"制为鲞"，就是萝卜干。

是的，酱萝卜头一直被我收藏在童年记忆中，过去在酱菜店里是当家品种之一，如今淮海中路全国土特产商店里还有售，酱香诱人。萧山萝卜干是夏季的救命恩人，家里人胃口不开，当家主妇去南货店称半斤萝卜干，切切碎炒毛豆子，加点酱油和糖，再煮一锅粥，问题就解决了。

《随园食单》还有一个简便方："萝卜汤圆。萝卜刨丝滚熟，去臭气，微干，加葱酱拌之，放粉团中作馅，再用麻油灼之。汤滚亦可。春圃方伯家制萝卜饼，叩儿学会，可照此法作韭菜饼、野鸡饼试之。"吃遍山珍海味的随园老人不嫌弃萝卜，让我增添了几分敬意，尤其是差遣儿子去做卧底，偷学邻居家的庖厨秘技，并一通百通地兼及韭菜饼和野鸡饼，活学活用，立竿见影，这就是真正的美食家。

最后，应读者要求放个安利，介绍三种萝卜的烹饪方法。

酱萝卜。萝卜削下厚皮，断成三寸长，洗净后放入大碗中暴腌一下，再放几枚拍扁的蒜子进去也不错，15分钟后挤出盐卤，加适量生抽和糖拌一下，静置10分钟后加香醋适量，淋少许麻油就可以吃了，宜酒宜粥，口感生脆，开胃清肺。去皮后的萝卜可做葱油萝卜丝，也可氽河鲫鱼汤。

萝卜煮萝卜。这道菜是从大蔬无界美蔬馆获得的启发，但我的做法更加简便。群众反映，有时候一不小心会买到空心萝卜，相当懊丧。不要扔掉，我们也要给坏孩子一个出彩的机会。将空心萝卜切大块，加大量水煮汤，同时可以将白菜帮、大葱头、花菜梗甚至苹果皮等厨余一起放进去煮，加几颗炒过的花椒更好。这锅萝卜汤煮好后会散发一股微甜的清香，这是坏孩子对你的回报。好，滤渣待用。再取一支不糠的萝卜，切稍粗一点的丝，锅里倒一勺熟猪油，将萝卜丝略微煸炒一下，散去萝卜气后，倒入萝卜汤，加盐和少许糖，转小火煮30分钟。出锅前加少许鸡精，撒上葱花盛碗，香浓美味。

萝卜炒萝卜。这道菜是汕头的国家级烹饪大师钟成泉给我的机会，他寄给我两瓶三年陈的潮汕老菜脯，除了煲汤、烧鱼烧肉之外，我也试过炒萝卜丝，居然有意外味。老菜脯在网上也有卖，所以值得大家一试。取萝卜一支，切丝待用。老菜脯一块约20克，不用洗，切粗丝待用。小开洋约15克，用黄酒泡软后加糖少许蒸15分钟。小葱100克，切寸段，锅内倒油100克，将葱段熬一下，转色出香后盛起。锅内留25克葱油，将萝卜丝先煸炒一下去水汽，加开洋、生抽、盐、糖，老菜脯也一起下锅，加高汤一碗（清水也行），转中火烧15分钟，装盘后再拣一筷熬过的葱段盖上，有萝卜与老菜脯混杂的复合味，很有层次感。

李兴福与全鸭宴

　　前几天，香港《新假期》杂志来上海做采访，要我介绍一下上海人在秋天享用的传统吃食，我列举了一些家常美味，比如大闸蟹、红菱、塘藕、茭白、芡实、毛豆、芋艿等，当然还有一只鸭子，那是无论如何也躲不过去的。

　　鸭子经过一个夏天的精心喂养，入秋后已经相当肥硕了。小时候，每到下午，我家附近的菜场就会杀鸭子，对小孩子来说也是一场惊心动魄的血腥操作。好几个师傅围着一个很大的芦席圈，随手一抓，就抓住鸭子的脖颈提出来，再将一只脚扳住，很麻利地在颈部划一刀，倒提着放血。鸭血倾注在加了水的钵头里，等到慢慢满了，再撒点盐搅几下，坐灶蒸熟后就凝结成块，是做鸡鸭血汤或大血豆腐的极好材料。

　　男性师傅负责杀鸭，女性师傅则围在一只很大的盛满水的木桶边，给鸭子拔毛，一边叽叽呱呱地聊天，甚是热闹。鸭子的羽毛事先已经热水烫过，褪得差不多了，但小毛还有很多，细心的女人就做这档事。后来我才知道，禽鸟入秋后会长出很细小的羽毛，准备过冬御寒，赛过人们穿一件羽绒服。成语"秋毫无犯"的"秋毫"，就是指这层小毛。

　　过去上海人吃鸭子，也算一次值得期待的享受了。一般是老鸭汤，加红梗芋艿和天目山笋干煮上一砂锅，一家人吃得其乐融融。也有吃白切鸭子的，蘸酱油，其味稍逊白斩鸡，但聊胜于无。"文革"后期副食品供应稍有好转，街上就出现了烤鸭店。那是广式焖炉烤鸭，炉子很是简陋，赛过一只立起来的炸弹，稳稳地坐在街边。师傅先给鸭子缝住屁眼，用自行车气筒给它打气，鼓鼓囊囊喜感十足。再徐徐刷上自行调配的酱料，整整齐齐地挂在屋檐下，也是赏心悦目的一道风景啊。

烤鸭出炉时，香气飘得很远很远，于是排队买烤鸭的队伍越来越长。如果是星期天，拿着一只碗或一只锅子（那会儿没有白色的泡沫食品盒），顾客的脸上就漾起了幸福的笑容。烤鸭可以整只买，也可以分割后买，上海人节俭，一般都买半只。广茂香、稳得福都是广式烤鸭的名店，最受群众欢迎，燕云楼的京式烤鸭当然是招待亲友或家庭小聚的压桌子大菜了。

改革开放后，餐饮市场大发展，鸭子作为家常食材大量涌向超市、饭店与家庭餐桌。鸭子比较为大众接受的做法有北京烤鸭、啤酒鸭、樟茶鸭、红烧鸭块、盐水鸭、四喜鸭、香酥鸭——这是上世纪80年代上海人喜酒台面上的压轴大戏！一般与红烧蹄髈联袂而来，将好事隆重收场。

至于鸭子的"下水"，上海人也是不肯浪费的，除了经典风味鸡鸭血汤外，香菜爆鸭肠、糟溜鸭肝、菊花鸭肫等小炒，也是佐酒的妙物。杭州菜中有炒时件一味，下酒妙品。对了，还有稻香村的鸭肫肝，看电视剧、看足球赛的时候嚼嚼，味道不要太浓噢！

但是，上海人对老鸭汤的感情是海枯石烂心不变的。特别是中秋月圆夜，没有一锅老鸭汤烘托气氛，月饼就显得很孤单了。

前不久，沪上独立食评家江礼旸兄请我与新民晚报"好吃"专刊主编建星兄等朋友去靠近斜土路茶陵北路的良轩酒家品尝李兴福大厨的何派川菜。李兴福在业界是受人尊敬的老前辈，十三岁就进了顺兴菜馆学生意，后拜何其坤、钱道远为师，继承了何派川菜的衣钵，1956年进绿杨邨任厨师长。李兴福烹制的干煸鱼香肉丝、干烧鳜鱼、灯影牛肉、香酥鸡等招牌菜，在传统川菜的基础上有所发展，适应性强，深受食者好评。上世纪90年代李兴福大师还去香港参与创建绿杨邨分号，虽说是行政总厨，但老前辈事无巨细，亲力亲为，天天立灶头，光是回锅肉就累计炒了三万份。香江两年，不仅收回投资，还赚了一个绿杨邨回来。

据江礼旸说，在上世纪30年代，上海餐饮市场已经完成了八大菜系的架构，唯川菜的麻辣常令市民望而却步。于是，蜀腴川菜社当家大厨何其坤与其师兄弟们创造出一套"南派川烹"的方法，以轻麻微辣适应市场，酸甜咸鲜烘云托月，杨柳新曲风靡一时，被人冠以"海派川菜"称号。建国初董竹君接管锦江饭店餐厅，也请何其坤为总厨，更使海派川菜名盛一时。锦江的成功转型，何大师功不可没。李兴福今天以何派川菜为旗号，继续丰富"南派川菜"的内涵，对上海的餐饮市场做出了很大贡献。

李大师江湖名气非常响，人缘又好，徒子徒孙一大帮，退休后，许多食客到处打听他的行踪，希望他再度出山。前不久他受孔家花园邀请，在新开的明珠店当顾问，推出何派川菜，一炮打响。蜀腴白切肉、陈皮牛肉、鱼香肉丝、生爆鱿鱼卷、川东霸王肘等经典名菜大受欢迎。还有家常大乌参，与本帮虾子大乌参可有一拼，鲜香滑爽，酥而不烂，略有弹牙。家常与鱼香、怪味并肩为川菜三大味型，由何派川菜提升至一个新境界。蜀腴粉蒸牛肉来自民间，但登堂入室后，并没贵族化的矫揉造作，依然以本色诚恳待人，食后回味悠久。

帮孔家花园打下良好基础后，李兴福大师又被朋友请到良轩来当顾问。良轩这家饭店我去过几次，午饭时分店堂里人山人海，因为价廉物美，出品稳定，附近写字楼里的白领汇聚于此吃饭。

好了，时值新秋，李大师拿什么献给食客呢？李大师根据"逢熟吃熟"的原则，以鸭为食材，推出了"全鸭宴"。

李大师备足功课，他告诉我：鸭肉营养丰富，每100克鸭肉中蛋白质含量接近17%，还有多种维生素，具有滋阴补气，养胃暖脾，利水消肿，除劳热、骨蒸、咳嗽等功效。

李大师根据传统美食文献和何其坤、钱道远两位师傅的亲授，能做一百多道鸭肴。这天我们品尝的当然不能太多，但冷菜中的水晶鸭方、椒麻鸭掌、怪味鸭丁、糟香鸭肫都令人惊艳，都是相当有特色的下酒菜。珊瑚白菜是李大师的拿手菜，这次也上来了。珊瑚白菜以大白菜为原材，稍作腌制后切细丝，口感生鲜脆爽，百吃不厌。

热菜中有香酥鸭卷，鸭肉与蔬菜拌和后，包面皮上浆，再滚面包屑入锅油炸至金黄色，吃口酥松，里面的馅心颗粒清晰，却有一泡鲜汤喷入口腔，鲜香味十足。芙蓉鸭舌是一道功夫菜，鸭舌拆了软骨，与做成芙蓉的鸡茸一起做成汤菜，滑嫩鲜美。红云紫菊也很有创意，红云就是云腿片，贴在虾排上入油锅轻炸至脆，围在盆边，中间是一堆脆爆鸭肫。鸭肫剞花后入锅一炸，马上呈菊花状绽开，沥油后再下调味翻炒，吃个香脆鲜嫩。响铃鸭块，杭州菜中有炸响铃，李大师可能移植过来了，用馄饨皮子裹了肉馅，收口后过温油锅炸脆，与红烧鸭块一起上桌，响铃蘸食鸭块，滋味就丰富起来了。我觉得响铃也可以单独作为一道炸菜上桌，跟两只碟子：甜椒酱和千岛酱，相信会引起白领尖叫的。

鸭虾春卷也是相当不错的，鸭丝与虾仁作馅，春卷做得硕大，吃起来很过瘾，但一个就饱了。

香酥鸭是李大师的招牌，不可不尝。此菜选用普通的白鸭，但以大师手段整治就是不同凡响，成品皮脆肉松，椒香浓郁，吃了还想吃。李大师笑呵呵地看着我："肚皮已经撑足了，但脑子还想吃。"

翻翻菜单，以鸭为食材的菜肴真多啊，比如联珠八宝鸭、三套鸭、老鸭套大乌参、黄精鸭子、掌上明珠、春白鸭舌、柴把鸭子、淡菜炖老鸭、清汤八宝鸭、豆渣鸭子、回锅鸭子、炒鸭松、沙茶鸭子、绣球鸭子、莲子鸭羹、双冬扒鸭、鸭丁锅巴、枫斗野鸭饭、鸭肝春花等；点心则有鸭虾春卷、鸭肉馄饨、鸭肉锅饼、鸭肉烩面、野鸭烫粥等，真是琳琅满目，吃也吃不过来啊。

　　最后李大师告诉我，他烹治全鸭宴，根据不同菜肴选取不同地区、不同品种的鸭子，娄门老鸭、白光鸭、樱桃鸭、高邮鸭、野鸭等悉数备用，故而同为鸭肴，口味上会有诸多不同，这对美食家来说既是口福，也是考验噢。

杀牛公司的猪头肉

　　老家在崇德路六合里，与曙光医院仅一墙之隔，我家北窗又正对着医院的煎药房，春夏两季吹东南风的时候，也能闻到浓重的中药味。在晒台上又能看到淮海公园一角，树影山色，雾色苍茫。再远一点就是嵩山路消防队的瞭望塔，每天一早有军号声哒哒响起，我在暖融融的被窝里再赖一会儿，等妈妈喉咙响过三遍再穿衣穿鞋，不耽误吃早饭上学。老家附近有三座桥：八仙桥、南阳桥、太平桥，我们雄踞三角区中心位置。我小时候常常问大人：三座桥呢？其实我父母这一辈也没见过这三座桥，或许很久以前是有过的。上海过去有许多小河小浜，自从开辟了租界，河流都被填了筑路。

　　杀牛公司的所在地，老上海称之为南阳桥，前门在西藏南路，后门在崇德路与柳林路的交错路口。小时候上幼儿园，每天由姐姐领着从杀牛公司后门经过，再穿过文元坊到西藏南路。弄堂过街楼下，有几个聋哑人摆了一只修鞋摊，生意不错，墙上挂满了刚刚绱好的新布鞋。前不久我特地从文元坊又穿了一次，过街楼下面的鞋摊当然不见了，但一口水井居然还在，沧桑啊！

　　那个时候，杀牛公司后门每天会有马车嘚嘚赶来，车上装一个椭圆形大木桶。杀牛公司从墙里穿出一条粗大的帆布带，老师傅将它接到木桶里，咕噜咕噜涌出肉汤。热气腾腾的肉汤呈混浊的牙黄色，膻腥冲天，路人无不掩鼻而过，但对我这个难得吃一趟肉的小赤佬而言，却激起滔滔口水。姐姐告诉我，这个肉汤是送到乡下头喂猪猡的，人吃了要生毛病。

不过等我上了中学，有比我高几年级的学长告诉我，杀牛公司在"三年困难时期"卖过这种肉汤，每天一早附近居民就在西藏路大门口排起长队，三分钱一锅，一分钱一勺。回家后加点光荣菜老帮子煮一下，一家老小抢来吃，也可煮菜粥，煮山芋粥，补充油水。

虹口区沙场路1933号是公共租界设立的宰牲场，建筑内部四通八达，如迷宫一般，现在成了时尚空间，每天有许多青年人在老场坊里拍婚纱照。而杀牛公司是法国人在租界创建的，解放后就成了肉类加工厂，它在前门沿街面有一个门市部，门面开阔但进深较浅。老爸经常给我两角钱，叫我去买一包猪头肉或者夹肝，补充中饭小菜。冬天的时候也会叫我买一包卤大肠，与霜打过的矮脚青菜一起炒，别有风味。猪头肉八角一斤，脂肪丰厚，但对一只长期缺乏油水滋润的胃袋而言，恰如久旱逢甘霖。一咬，齿缝间便有油脂滋滋喷出，那种满足感真是实实在在。猪头肉会夹杂几块耳朵，不精不瘦有软骨，小孩子抢来吃。夹肝也叫"草鞋肝"，长在猪肝旁边，窄窄一条，剥离后单独加工，下茴香桂皮红烧，是经济实惠的下酒菜。现在很奇怪，夹肝都看不见了。还有糖醋小排、桂花肉、肚子、猪脑、猪肝、叉烧、方腿、红肠等。方腿的边角料最实惠，据说是加工出口货时切下来的，卖得便宜，但须去得早，卖光算数。方腿边角料蘸醋吃，有蟹味，不输镇江肴肉。猪脑是紧俏货，但是每天只有半盘的样子，十几只，卖光算数。妈妈喜欢吃猪脑，我也好这一口。但是外面卖的猪脑血膜都剥不干净，吃时要小心。妈妈把猪脑叫作"荤豆腐"。

弹眼落睛的是酱汁肉，苏帮风格，加红曲粉焖烧，四角方方，油光锃亮，码在搪瓷盘里，像一个等待检阅的仪仗方队，我们吃不起，只能隔着玻璃窗看看。有一天中午我正好在排队买猪头肉，看到队伍前面有个交警买了一斤酱汁肉，也不用纸包，就用门市部的金属铲子盛着，在路边一块接一块大嚼起来，这天大概是他发工资吧，恶补油水。我看在眼里，"馋吐水"答答滴，心想等我长大了，上班领了工资，也放开肚皮吃他一斤酱汁肉！

在所有的熟食中，猪头肉最堪回味。猪头好像不上台面，但在古代却是高等级的祭祀品。上古时代帝王祭祀社稷时必献太牢——猪、牛、羊，大概到了民间才出现了简约版，用猪头、羊头、牛头组成"猪头三牲"。上海坊间有一句骂人的话："猪头三"，就是猪头三牲的简称，具体物象比较丑陋，又含诅咒之意，相当厉害。直到今天影视公司开拍新片，制片人和导演带领一干男女影星在外景地烧香祈福，供桌中央必定要坐镇一整只猪头，面带微笑，萌态十足。广州、深圳、香港等地的大妈大叔拜黄大仙，则会献上一整只烤乳猪，红红亮亮，饶有古意。

在《随园食单》里，袁枚称猪头为"广大教主"，因为猪肉入肴用途广泛，或有神通广大的意思。在特牲单这一节里，"猪头二法"就上了头条，可见随园老人对猪头也是情有独钟。猪头二法，一加酒红烧，浓油赤酱风格；一隔水清蒸，"猪头烂熟……亦妙"。在杀牛公司的熟食店里，基本上也延续了随园"二法"，只不过一为加红曲粉，有苏帮酱鸭遗韵；一为白煮，有金陵板鸭风致。那个时候的猪头肉是可以加硝的，肉色微红，肉皮韧结结的，肥而不腻，咀嚼时有一股提振食欲的异香。但不能煮得过于烂熟，否则容易碎，切不成片，卖不出钱。我们家隔壁邻居大妈，与我妈关系特好，家里男人死得早，她为了多拿点岗位津贴，就在单位申请做最重最脏的活，不免经常累倒生病，每逢此时我妈要去探视一两次，每次去就带一包猪头肉，因为邻居大妈别的都吃不进，猪头肉除外，吃了猪头肉，第二天就能下床行走了，我于是相信猪头肉有奇效。我还常常看到三轮车夫将车停在路边，买一包猪头肉，两只大饼，从棉袄里掏出一只小酒瓶，仰面灌一口土烧，吃一块猪头肉，四面看看，神情怡然。酒喝光后，将纸包内的猪头肉夹在大饼里吃，咬得嘎嘎作响，白花花的油脂从嘴角飘出，因此我也相信猪头肉能强壮身体。进中学后，有一年下乡劳动，几乎脱胎换骨后回到家里，马上去八仙桥西湖浴室"搓老垢"，出来后浑身酥软，跃跃欲飞，在马路对面的熟食店买了一包猪头肉，边走边吃，到家后"整个人就不一样了"。

现在，有些江浙风味的饭店还将咸猪头肉或卤猪头当作冷菜来卖，我一见食指大动。有些人强调他从来不吃猪头肉，一碟猪头肉上席，他就皱起眉头，将转盘转到别人面前。其实他是吃过的，也许跟我一样嗜好，只是现在有钱了，就要装出世家子的腔调。我对猪头肉的爱是由衷的，不离不弃的，我珍惜每一次享受猪头肉的机会，因为猪头肉与童年的关系对一个上海男人来说是至关重要的，这里有一种外省人难解的文化密码。现在菜场里很少见到猪头，软糯腴美的猪脑更加稀罕，据说都被饭店和卤味馆包了。

进了中学，下午放学后我们几个同学也偶尔会到杀牛公司前门看野眼，装猪的卡车会准时抵达，上百头猪挤在好几层铁笼子里，或躺或站，横七竖八，鼻子冻得通红，它们不知道再过十几个小时就将成为猪头肉和方腿。这个时候除了杀牛公司，还有马詠斋、杜六房这样老资格的熟食店，供应品种更加丰富，一到夏天还供应糟货，糟猪头肉、糟猪脚、糟门腔、糟鸡爪、糟鸡都很受市民欢迎。糟过的猪头肉同样也是我的最爱，皮脆肉紧，不油腻，与啤酒一起吃，可以消暑。

在有些街角还设有简易亭子，涂了白漆，类似后来的东方书报亭，一扇门，两面玻璃，保洁工作做得相当认真，台上摆开各种熟食，当然也有猪头肉。周边居民临时添菜，就到这里来买，我家附近的太平桥大同剧场门口就有一只。亭子里只有一个营业员，也只能容得下一人，一般都是女性，穿白衣，戴口罩，夜幕沉沉的时候，生意有点冷清，阿姨看上去就格外孤单。晚上打烊后，会有一辆黄鱼车来将卖剩的熟食运回去冷藏。到上世纪70年代末,熟食亭子就消失了。

现在杀牛公司要拆了。太仓路东抵曙光医院,朝南一沉,顺着拓宽了的崇德路从这里与西藏路接通。有一年上海书展期间,我参加了一个新书研讨会,"在京海派"出版界老前辈沈昌文先生从北京赶来,他在发言时讲到出租车司机居然不晓得有个南阳桥杀牛公司,我马上向沈老汇报,请他方便时去看一眼,再过几天它就要消失在上海版图上了。

其实,即将消失的何止是杀牛公司!整条崇德路也在发生翻天覆地的变化,将成为新天地的"第二季"。我老家在131地块,经过两三年的"阳光操作",居民都搬到郊区去了。小时候常常听妈妈讲"勒格纳路"这个十分拗口的路名,就是崇德路在法租界时的前身。这条路在靠近东台路古玩市场的地方还有一个安南巡捕的兵营,解放后成了邑庙区第一中心小学,再后来成了卢湾区第三中心小学,等我读中学时,它摇身一变又成了凌云中学,这是特定时期的应急措施,我就在这里读了四年,三年初中再拖一年,毕业时算高中学历,真是天晓得!登上五层楼平台,极目远眺,大上海一览无遗。

后来听说这幢具有现代主义风格的大楼也要拆。有一次我作为黄浦区政协委员与黄浦区领导一起视察新天地,瑞安集团罗总请我们吃午饭,他对区政府领导表示,准备在此建造一幢浦西最高楼,希望政府给点政策支持。我有点不识时务地建言献策:这幢楼最好保留下来,建一个租界博物馆再合适不过了。领导与老板好像没到我的声音,不约而同地拿起酒杯看了看:这酒不错啊。

西湖龙井与手剥虾仁

阳春三月，惠风和畅，漫步在虹口四川北路上感觉不错，有街心花园，有中共四大会址纪念馆与海派文化中心，有上世纪遗留的老房子，还有仿佛一夜之间耸起的"销品茂"，咖啡的香气从门缝里逸出，也会执着地跟你一路，这一切当是心旷神怡。但饥肠辘辘之际，寻找一家像样的饭店倒要费些周折。

是的，凯福饭店没有了，三八饭店也没有了，这家饭店从经理到服务员都由女性担当，这是一段历史的见证，我在上世纪80年代去吃过一顿饭，墙上还挂着好几张先进集体的奖状。不过，今天若不是抱有成见，也不是那么性急，会发现值得光顾的饭店还是不少的，比如丰和日丽、翠花、小花园、紫瑶楼、京云华、新旺茶餐厅、旺角码头茶餐厅、香港永祥烧腊餐厅……哦，日料店不少啊，樱苑、平成屋、桐花、旨料亭、江户、寿司沼津港、源季、晓、唐脍炙、米思町、井上横滨……

老上海对日料不感兴趣，他们更愿意告诉你：早在上世纪20年代，这里已有味雅太白楼、粤商酒楼、秀色酒家、会元楼、翠乐居、小壶天、兴华楼，还有开在北四川路虬江路口的新雅茶室，底楼供应叉烧包、鸡肉包，外卖为主，二楼是广东人吃宵夜的地方，也是上世纪30年代初迁至南京东路的新雅粤菜馆前身。这些广东馆子以清鲜爽脆见长的镬气小炒立身扬名，琳琅满目的早茶也是一道风景。

众所周知，上海开埠后，抢滩十六铺做生意的外省人中，以浙江和广东两大商帮势力最强，浙江帮中又以宁波人为马首，像头巨大的八爪鱼将触须伸向各个领域，从苏州河到黄浦江都能听到石骨铁硬的宁波方言，而广东人以百货业和银行业为谋篇布局的重点，电影业、娱乐业也是他们开拓的疆土——上海最早一批电影院集中在虹口。广东老板照顾同乡，重视福利，造楼买房，职员家属也大多安顿在此。有了以移民为主体的社区，就有了地方风味的引入。据1934年出版的《上海顾问》一书记载，粤菜馆在虹口如雨后春笋，"沪上西菜而外，以粤菜川菜为最盛"。因为粤菜与浓油赤酱的本帮菜大相径庭，用材生鲜，格调清雅，招待客人也相当有面子，可助商务洽谈一臂之力。

后来，"一·二八"事变和"八一三"淞沪抗战，虹口两度成为烽火连天的生死场，大批广东籍居民为躲避兵燹而涌入租界，广帮饭店也在此时南渡苏州河而另起炉灶，新雅和杏花楼就是这样迁至大马路和四马路的。

鲁迅先生经常去的中有天在北四川路横浜桥，这家闽菜馆子也是"木屐郎儿"扎堆光顾的场所，多次出现在他日记中的还有新雅茶室。

确实，虹口区也是日侨集聚之地，在1910年后，日侨在魔都的数量慢慢压倒英、美、法等国侨民，跃居第一位，其所占的比例超过在沪外国人总数的一半。后来日侨在大名路、武昌路一带圈地造房，居然不让中国人靠近，时称"东洋街"。而在日本人写的文章里则将这一带称为"小东京""小横浜"，在精神上视其为第二故乡。沈琦华兄藏书颇丰，对民国书刊研究尤深，家住虹口沙泾港侧，对斯地斯人怀有特殊感情。他对我说：上海最早的"料亭"开在乍浦路42号，名叫"藤村家"，老板娘艺伎出身，以一双纤纤妙手操作寿司、刺身，风情十足。他还说上世纪二三十年代，虹口的日本料理店一般由日侨经营，规模不大，风格明显，有条件的话也会弄一只小小庭院。除了刺身、寿司、天妇罗、司盖阿盖比较吸引人之外，艺伎侑酒又是一大特色。包天笑在

《钏影楼回忆录》中写道:"到虹口吃司盖阿盖,也由下女坐在榻榻米上,为之料理。"

周劭也在《旧上海的菜馆》一文中提到:"最贵的是日本料理,在乍浦路有一家'六三亭',若不明情况的人闯进去,包会被斩得鲜血淋漓,因为该亭备有艺伎陪酒之故。"鲁迅也去过六三亭,不过是日本友人买单的。他去过的日料店还有川久料理店、新月亭、六合馆等。据我研究,那个时候日料店里不大可能出现三文鱼和金枪鱼,河豚刺身倒是一大卖点,在"竹外桃花三两枝"的季节,欲试河豚旨味,无疑刀口舔血,但日本人好这一口,至今不改初衷。当年鲁迅被日本友人请去大啖过几次,"岁暮何堪再惆怅,且持卮酒食河豚",好在日本厨师治河豚真有一套,不然案前一失手,中国现代文学史就要改写了。

据日本人在1920年编写的《上海一览》一书中记载,在乍浦路、吴淞路、北四川路一带还有好几家洋食屋(即日本人经营的西菜馆),店名颇具东洋风,比如滨屋酒家、宝亭、开明轩、黑头巾、昭和轩等。琦华兄又告诉我,1912年冬天,刘海粟、汪亚尘、乌始光三个不足二十岁的毛头小伙子,在宝亭西餐厅吃番菜,刘海粟不意间看到对面墙上贴出一张招租条子,餐后就寻上门去将这处小洋楼租了下来,创办了上海图画美术院,就是后来赫赫有名的上海美专。

如今四川北路上的日料店以中国客人为主要消费对象,河豚刺身和艺伎陪酒当然没有了。前不久琦华兄请我与几位朋友在一家颇具北海道风情的日料店品尝北海红毛蟹、清蒸鲜海鲍加煮章鱼、幽庵式烤真鲷、海胆寿司、酱油渍金枪鱼寿司和炙金枪鱼腩寿司等,味道不错。

四川北路横浜桥堍还有一家老饭店,它就是西湖饭店。坐西朝东,门面不算大,但在老上海中口碑相当不错。西湖饭店是杭帮馆子,放在三十年前,杭帮馆子在上海寥若晨星,福建中路还有一家规模不大、资格蛮老的知味馆,反正远远不及后来苏浙汇之流遍地开花之盛况。

娃娃撑小艇

偷採白蓮回

回眸知解

藏踪迹

浮萍一道開

丙申嘉平作方泰山輪

所以西湖饭店在物质供应匮乏的年代，就成了沪北老饕体味杭州风味、怀想湖山烟景的好去处。当年，鲁迅也是知味馆的常客，但没有去西湖饭店的记录。

后来在《食品与生活》杂志上看到陶武观先生的一篇文章，讲到了西湖饭店的前世今生："20世纪40年代末，杭州人张频甫在士庆路97号(今海伦西路)开了一家名为'孟尝君食府'的饭店，特从杭州聘来两位高手掌勺，经营杭州西湖风味菜肴。由于大厨技艺高超，西湖醋鱼、杭州酱鸭和清汤鱼圆等杭帮菜颇具特色，吸引了不少顾客前来品尝。"在1949年后，孟尝君当然与新时代的文化环境违和，就改为现在的名字了。鲁迅日记里没提到孟尝君食府。

今天，餐饮市场风生水起，各帮派菜肴如八仙过海，各显神通，甚至玩起了穿越与混搭的游戏，而西湖饭店仍将杭州菜做得兢兢业业，不敢偷懒。这里的招牌菜当数龙井虾仁，取大粒河虾仁挤干水分，上浆滑油，捞起沥油，复投锅内加调料入味，另将一撮已经泡开的龙井茶叶撒入，颠翻几下出锅装盆。洁雅剔透的河虾与碧绿生青的茶叶相得益彰，口感清鲜爽口，隐然有缕缕茶香绕鼻，凡来西湖饭店小酌大宴的客人都要点尝此菜。

西湖醋鱼也是点击率颇高的杭州名肴。取活草鱼一尾，宰杀治净，剖开鱼身使之成为脱骨相连的雌雄两片，锅内烧开水后将鱼滑入，数分钟后，鱼的划水鳍高高竖起，鱼眼突出，厨师即用漏勺捞出，沥干水分，有皮的一面朝上平摊于盆中，另起净锅倒入余鱼原汤，加酱油、白糖、绍酒等，烧沸后加醋，下湿淀粉打成玻璃芡汁，均匀地浇在鱼身上，再撒一把切得细细的姜末，即刻上桌。不过实话实说，与杭州楼外楼相比，还是有欠缺的，醋不够香，姜不够辛，鱼也不够鲜嫩。

其他如清汤鱼圆、虾爆鳝、东坡肉、西湖莼菜汤、宋嫂鱼羹、炸响铃等经典杭帮菜，都是飨客的好题目。

近代以来上海人品茗，以龙井为首选。近年来茶楼风水轮流转，铁观音、大红袍、老树普洱、金骏眉、正山小种等等花样百出，但龙井之于老上海而言，海枯石烂心不变，其王者地位难以撼动。西湖饭店那当然要为龙井茶来表达拳拳之心，客人落座后，服务员即奉上一杯碧澄清洌的龙井茶，眼观杯中绿叶上下沉浮，气息平缓，俗虑渐消。

水为茶之母，冲泡绿茶用水是极讲究的，以前西湖饭店每天派专人从杭州虎跑汲取甘泉，快车送到饭店，以此泡茶，客人饮后无不神清气爽，舌底生津。小小一杯茶，直接取自百里之外的人间天堂，使人得以吮吸大自然精华，岂非一大快事？但有时风雨交加，大雪封路，去山中取水多有不便，有伙计就打开龙头放自来水李代桃僵，这种小动作骗不过老吃客的舌头，眉头一紧，拂袖而去。此后，店家对水的取用更加不敢懈怠了。

虹口区档案局的葛建平兄多次请我与管继平兄在西湖饭店小酌，有一次无意间透露：店家已经改用桶装的千岛湖农夫山泉来泡茶，也有点甜噢！

上海最后的渔村

　　游金山，品尝美食也是题中应有之事。就我个人兴趣来说，应该先去枫泾体验一下，诸多美食，首推丁蹄。

　　据说丁蹄与该镇丁义兴酒店有些渊源。清咸丰二年（1852），有丁姓兄弟两人在镇南张家桥开设丁义兴酒店，但生意难见起色，丁氏兄弟另辟蹊径，取枫泾猪后腿，用嘉善三套特晒酱油、绍兴老窖花雕、苏州冰糖以及丁香、桂皮和生姜等调味，经柴火"三文三旺"历炼后，成品色呈暗红，泛幽微光亮，可久存不坏。枫泾猪是驰名遐迩的太湖良种，皮细肉白，肥瘦适中，猪皮富含胶原蛋白，焖煮后可保持适当的弹性，使丁蹄有了良好的口感基础。一般情况下是冷食，也就是整只丁蹄改刀装盘，卤冻与肉冻合二为一，不分彼此，卤冻色如琥珀，肉皮则状如寿山，大口咀嚼，无比过瘾。

　　时间一长，人们为图方便，就将丁义兴的红烧猪蹄呼作"丁蹄"。

　　在枫泾吃过丁蹄，意犹未尽，那么再带两三只回家（以前是竹编网篓，顶上盖大红纸一方，草绳扎，乡土风情甚浓，现在换成真空塑料袋），存放于冰箱，临吃取出。年俗三节，丁蹄也是一桌子冷盆中最受欢迎的一款风味。

　　徜徉在喧哗的古镇上，还有两样美食也不能错过。一是文中路上的阿六烧卖。阿六烧卖的老板姓朱，排行老六，故有此名。阿六烧卖的特点是皮薄软韧，不呆不塌，馅心里不加糯米，纯肉，不要机器的绞肉，全靠人工斩，斩成小颗粒，肥瘦得当，此为扬州狮子头古法。出笼后，用筷子轻轻提起，一口咬下，汁液顿时充盈口腔，又烫又鲜，但舍不得吐出来。这个肉馅卤汁充盈，不柴不死，回味无穷。一般点心店的烧卖跟醋碟，而这里还有自行调配的糟卤可供选择，枫泾的老吃客偏爱糟卤，味道允胜一筹。

由于出品好，赢得了口碑，食客盈门。阿六烧卖每天卖出几百笼，节假日突破一千大关。下午一两点钟卖光后，关门休息，要吃明朝请早。

再去清风桥堍的清风阁茶楼喝杯茶，吃一只肉粽。清风阁是茶楼，但使它名声在外的则是阿兴粽子。茶楼主人叫潘兴，小名阿兴，开茶楼是本行，但为了扩大生意，他就卖起了粽子。

阿兴粽子也选用枫泾猪，每只粽子里实实足足两大块肉，估计有100克重——这是师傅们临街包粽子时坦然示人的。所以一只阿兴粽子入肚，基本就饱了。拌料也相当讲究，酱油与糖、黄酒都有比例。然后大铁锅加盖煮三小时，火候控制得法，让米粒在粽箬的约束下拼命涨开。出锅后趁热吃，解散箬壳，香气扑鼻，大口咬下，猪肉鲜香适口，肥而不腻，不柴不梗。而糯米吸收了猪肉的卤汁与箬叶的清香，粒粒都如珍珠般透明，颗颗都有甘甜的回味。为了适应市场需求，阿兴还推出排骨粽、咸蛋黄肉粽等。消费者心里有杆秤，遂将阿兴称为"粽子大王"。生意好的时候，每天要销一万只。

枫泾的美食当然不止这三样，还有天香豆腐干、枫泾状元糕等，都是自己享受或者走亲访友的馈赠良品。

告别枫泾，可以一路南下到金山渔村尝尝海鲜。

金山嘴在金山区的最南端，与金山三岛相望，是上海观察日出最佳之处，对吃货们而言，这里有"上海最后的渔村"。

放在十多年前，金山的渔民是让附近村里人羡慕嫉妒恨的，渔民们致富后盖了楼房，四层楼，瓷砖贴面塑钢窗，转角阳台风水好，有的还装了电梯。随着渔业资源日渐枯竭，养殖业兴起，金山的渔民不得不转型，有些就转到现代服务业上来，开饭店也是一个不错的选项。

金山嘴海域有着丰富的海产资源，大小金山盛产白虾、银鱼、白蚬等小海鲜，金山三山中的大金山是自然风貌保护区，游客不能登岛，但渔船可以在周围打鱼。船老大告诉我：箬鳎鱼最多，又肥又嫩。浙东滩浒、舟山群岛等渔船也会在这里泊岸，送来海鳗、带鱼、鲳鱼、墨鱼、梅童鱼、凤尾鱼、梭子蟹、红膏蟹、青蟹、和尚头蟹等上海人熟悉的品种。

金山嘴海堤，是原沪杭公路的一段，后面就是海鲜一条街，随便走进哪家酒店，都可以吃到刚刚出水的海鲜。这里的菜号称"渔家菜"，掌勺者多为大妈，除了盐油，几乎不再添加其他调味，无非就是蒸、煮、炝、腌、氽这么五六种吧，原汁原味，就像船老大在海上作业时吃的味道。

白虾在金山嘴也是常见之物，但当地人将它们细分化，大一点的拣出来做成炝白虾，全须全枪，晶莹透剔，算是高档菜。小一点的就与猪肉及萝卜丝一起作馅，包进大馄饨里，每碗只卖9元，只只鲜。再小的白虾也不能浪费，仔细剥出虾仁，做成鲜虾小馄饨，又是一种风味，每碗只卖7元。后两种在街头小吃店里都有供应，是金山人日常的口福。

梅童鱼，也叫梅子鱼，清蒸最得原味，此物现在身价大增，在市中心高档酒楼里，每尾索价40元呢。凤尾鱼在这里也是清蒸，让它享受刀鱼的待遇，但吃起来还是觉得骨刺烦人。梭子蟹、红膏蟹，也是清蒸，肉嫩膏红，掰开来蘸醋，蟹肉如蒜瓣那样掉下来，慌忙塞进口里，绝对过瘾。新鲜阔板带鱼，改刀后带鳞清蒸，淋少许生抽，当地人给了它一个美名："银龙上滩"，值得大口吃，实足而肥厚。还有与"银龙"对应的是"青龙"，整条改刀后在盆子里盘成一个环，浓油赤酱风格，其实就是红烧海鳗。

最有野风的是闸网鱼。当地的孩子或农妇，赶在潮水落尽时，将闸网沿潮脚围成一个半圆形，隔5米左右插一根2米高的竹桩，网脚用竹签固定，闸网在竹桩上可挂起、可落下。潮涨前落网，潮高时挂网，随潮而来的"虾兵蟹将"就统统落入到网内。渔民拣出大的鱼蟹送到市场上去出卖，留下小鱼小虾自己吃。这种小杂鱼被当地人称为"花鱼"，或白煮或红烧，满满一大盘，撒把葱姜，杂乱无章，却弥漫着大海的气息，用酸甜相宜的村酒相送。在靠海的农舍廊沿下，知味的食客对每条无名小鱼也总是抱着感恩之心，不慌不忙地分拆它的骨与肉。

近年来，我多次造访金山渔村，在天桥饭店吃过几餐，这家店是吃货们一致公认的闸网鱼烧得最好的饭店。在2016年渔村各家饭店的"斗菜"中，他家的"红烧闸网鱼"一举摘得特等奖。烧闸网鱼看似简单，几乎不用油煎，加少许调料，也不用勾芡，就能烧出小海鲜的本来美味。

天桥饭店是老沪杭公路上开出的第一家海鲜饭店，1987年，陆奇龙下海创业，开了一家只有几张桌子的小饭店，供渔民、修机工人和渔贩子们吃饭喝酒，小本经营，请不起大厨师，陆奇龙就叫老婆大人当灶掌勺。他太太有手艺，是向她外婆学来的。年过七旬的陆奇龙对我说："我爷爷是闸网的，我老爸是捕鱼的，家里世世代代都是渔民，我老婆家也是渔民，这烧鱼的手艺也是代代相传，要说特别，就是食材的新鲜。"

陆奇龙也是一条经过大风大浪的汉子，在十多岁时就跟大人出海捕鱼："上世纪60年代我们用的还是小舢板，凌晨三点天不亮就出海了。每年有几大渔汛，初夏捕黄鱼、鲳鱼，六七月休渔期用来修船、织鱼网，八九月抓海蜇……"上世纪80年代渔村相当繁荣，村里每天有三十多条渔船出海。有一年，陆奇龙和大家出海回程的时候遇到涨潮，风急浪高，小渔船一下子被掀翻冲走，最后大家奋力游了五百多米才爬上岸，捡回一条命。

如今，金山的旅游业越来越兴旺，游客对美食的追求热情不可阻

228

挡，金山嘴有更多海鲜饭店开出来，渔村也变得越来越漂亮。具有标志性的天桥饭店，每天为顾客端出一道道特色鲜明的渔家菜肴。老陆说，今天渔村里捕鱼的人越来越少了，但旅游开发让渔村焕发了无穷活力。如今他的女婿已掌管天桥饭店，成了新当家，他烧出的渔家菜也备受食客称赞。

在金山海鲜一条街上的二十多家饭店中，还有刘妹妹一家也值得一说。有一次我们慕名去她家尝鲜，刘妹妹早已不是小妹妹了，年近六旬，满脸通红，大嗓门，直性子。她父亲是有名的船老大，四乡八邻都结了好人缘，浙江渔船也乐意风里浪里地送货上门，所以刘妹妹的店里总有银光闪闪的海鲜飨客，生意好是理所当然的事。

刘妹妹有一个儿子，前几年媳妇也进了门，在外人眼里这日子相当美满，但刘妹妹迟迟没有将饭店交给儿子经营。儿子、儿媳在店里跟一般员工一样，厨房炒菜，跑堂端菜，都得干，刘妹妹每年增加一点股份给他们，算是报酬。日子一长，儿子媳妇心存不满，消极怠工，差错迭出，还给客人看脸色。

二十年前，刘妹妹的饭店规模还很小，儿子在读小学，她忙里忙外累得趴下。临近春节的一个风雪夜，刚关了店门，外面就传来啼哭声，有人将一只元宝篮放在积雪上就消失在夜色中。刘妹妹从篮里抱出一团冻得发紫的肉体，一个赤身裸体的女婴，硬是解开自己的衣服用体温叫她回了魂。从此，刘妹妹多了一个义女，如今这个女儿已经读上了大学，成绩很优秀，周末回家，第一件事就是给妈妈揉肩捶背。刘妹妹生活的全部意义似乎就在享受这片刻的幸福。

在我们吃喝时，刘妹妹来到包厢寒暄，上述这些都是她亲口告诉我的。正当儿子端菜进来，她故意扯开嗓门说："我将来就是要将全部财产交给女儿，看着好了。"儿子面色灰暗，扭头便走。

我们相当尴尬，刘妹妹端起酒杯说：我就是这个脾气。

种种故事，值得想象。

但我还是忍不住说：你一直这么不避外人地说，女儿听了怎么想？她要是不接受你的财产怎么办？刘妹妹说：是啊，女儿很懂事的，她明确表示将来要靠自己奋斗。正因为这样，我就非要这么强调，否则她就要吃亏。

"骨肉"两字，在中国人的民间叙事中有着深切的疼痛感与不确定性，由此构成了文艺作品的永恒主题。乱世不待细说，这两字一直在滴血，在撕裂，在烧灼，在后人不敢想象的状态下直刺人心最柔软之处。到了莺歌燕舞的所谓盛世，这两字或许注释着娇啼或妩媚，却也当不了它应该承受的重量，倘若正巧赶上物欲横流的环境，骨肉两字就无可奈何地贱如粪土了。然而，再污糟、再卑鄙的人心，也有发光体潜藏在皱折深处，当绝望降临时突然闪现一下，照亮了不远处的那块阴暗。

顾及当事人的隐私，请看客原谅我使用了化名。好在当事人是坦荡的，但愿我这几行笨拙的文字能够浇漓刘妹妹心中的块垒。

西郊宾馆：我有嘉宾，鼓瑟鼓琴

　　进入西郊宾馆——最好是驾车，时速保持在30公里左右，以一种交响乐行板的节律，在略带弧度的林荫大道上徐徐前行。此时，眼前的美景渐次向你扑来，华盖亭亭的雪松，丰仪静美的香樟，风雨沧桑的银杏，地毯一样铺陈开去的茵茵草坪，路边吐蕊绽放的花卉，碧波涟漪的湖面，倚傍幽篁而立的嶙峋奇石，坡度平缓的石拱桥，飞流直下的人工瀑布……季节更迭的鲜明映照，和风细雨的敏锐感知，让你恍惚产生贸然闯入桃花源中的奇异感觉。

　　这一刻，围墙外的滚滚红尘已被屏退，而悦耳的鸟鸣又在提醒你：这里是西郊宾馆。

　　西郊宾馆以1200亩、近53万平方米的园林水岸景观，为来自五湖四海的宾客提供国际大都市核心风貌区中最接近大自然本原的视觉盛宴。249间精美雅致、风格迥异的豪华客房，世界一流的硬件设施以及人性化的细节设计和无微不至的周全服务，为来宾提供令人心旷神怡的住宿体验。

　　西郊宾馆的建筑群落继承了五十多栋建于上世纪二三十年代的英、美、日、加各式风格的别墅，又在充分尊重历史文化的前提下新建了一部分具有现代主义建筑元素的会议中心、餐厅等设施，将优美的人居环境不露痕迹地融于自然风貌之中，在小桥流水、亭台廊榭、幽篁曲径、翠竹园圃中，安顿当代人躁动的心灵，收获一次值得久久回味的美好体验。

西郊宾馆建馆半个世纪以来，留下了老一代党和国家领导人毛泽东、邓小平等的身影，此后，江泽民、胡锦涛、温家宝等一届届新领导人也在此下榻。西郊宾馆还接待过英国伊莉莎白女王及菲利普亲王、日本明仁天皇夫妇、美国前总统奥巴马、俄罗斯总统普京、法国前总统萨科齐、英国前首相布朗、前联合国秘书长潘基文等百余位国家元首、政府首脑。APEC峰会、上海合作组织的成立及五周年庆典活动均在此举行。无论接待次数与接待规格，还是吸引国际社会关注的新闻效应，西郊宾馆均有不可替代的崇高地位，同时也为政府外事活动提供了成功经验和范例。

1986年邓小平在此下榻，作为改革开放的总设计师，他当然力推市场经济，便向上海党政负责人建议：像西郊宾馆这样的地方，可以向社会开放。于是，西郊宾馆为适合改革开放的形势和外事活动的新要求，实现全面开放。至此，西郊宾馆迎来了拓展功能、提升能级、全面发展、服务社会的崭新阶段。

经过三十年的精心谋划与成功运作，今天的西郊宾馆以崭新的气质与形象展现在世人面前，当之无愧地成为一处拥有人文情怀和自然美景的会务、休憩、餐饮场所，并受到社会各界人士的一致赞誉。高端、精致、和谐、分享，进一步彰显了西郊宾馆的价值。

作为国宾馆的餐饮，是高端服务工作中的重要一环。西郊宾馆的餐饮作为国家形象的一部分，与历史风云紧密相联，以色、香、味、形、器等中华美食文化元素的精彩呈现，在外交场合传递出意味深长的声音，书写辉煌的记录和为世人津津乐道的传说。在实现历史性跨跃时，西郊宾馆根据自身定位与国内餐饮市场的发展趋势，与时俱进，博采众长，培育品牌，做精做强，形成了与西郊宾馆历史地位、时代要求、文化底蕴、自然环境、顾客期待相适应的招牌菜点和卓而不群的风格。

西郊宾馆的菜点呈现多个层次。

首先，提供与大国地位相配匹的国宴，仍然是西郊宾馆的光荣使命。根据政府接待要求设计，既具有体现接待国宾水准的文化内涵与烹饪技术及菜点质量，又具有很强的灵活性和操作性，并能充分照顾到各个国家、民族的文化传统、饮食习惯和宗教信仰。

在风味特征上以上海地方风味为底本，吸收长江三角洲诸省菜系的食材和技法。比如前不久我在那里品尝到了双档海参盅。双档，是风情十足的上海风味小吃，尤以城隍庙宁波汤团店和湖滨美食楼出品最为地道。而西郊宾馆的此款双档，底汤是用传统方法吊成的清鲜高汤，双档的馅心用上乘的猪肉加荠菜加工而成，兼具农家风味和市井风味，定点加工的百叶和面筋也较之寻常食材更为精细，故而不仅在体量上更加小型化，口感也更加丰满。优质海参的加入，提升了这款小吃的品质，并且在制作过程中让两种类型的食材相互渗透，取得了相得益彰的效果。双档海参盅对民间小吃进行了优化，但风味依然浓郁。

再比如一款石库门风情捞豆花也是颇具海上风情的。豆花在中国北方、南方都有，但南方的豆花水分更足，口感更细腻，却难以掌控。豆花在上海方言中也被叫作"豆腐花"，是一款流行于街头巷尾的风味小吃。西郊宾馆的这道石库门风情捞豆花强调了它的石库门文化背景，肯定了食物与大自然的关系。由于选豆、浸泡、磨浆、滤浆、点卤等工序把握精准，一丝不苟，豆花质地细腻，豆香浓郁，配上蟹粉，使传统食材实现了口感上的飞跃，风情十足。

近年来西郊宾馆的厨师还立足本土，放眼世界，成功地引入其他国家的风味与技法，获得了国宾的高度评价，为政府外事活动提供了足可信任的优质服务，展现了作为餐饮大国的丰富物产和精湛技艺，从一个侧面展现了改革开放的丰硕成果。

比如上汤竹荪鲜芦笋配黑松露，就是用外来食材展现中国风味特色的一个极佳案例。这是一款具有时尚精神的汤菜，彰显现代饮食中低碳、环保、健康、素食等先进理念，几种蔬菜经过精心处理，保持了食材的原有气息与质感，清脆与软绵交替，色彩搭配上也符合审美要求。在上汤的滋润与渗透下，各种食材均能恰当地散发自有的鲜香清鲜，最后在黑松露的提升下，有了异国的情调和长久的回味。

还有一款果味秘制银鳕鱼也相当不错。银鳕鱼具有厚实绵密的口味，在番茄酱与薄荷叶以及鲜橙汁等刺激下，呈现饱满的口感，温和的酸甜味与适度的油炸也许是提升银鳕鱼品质的最佳路径。还有一款风味和牛柳，对日本牛肉做出了完美诠释，恰如其分的油煎锁住了牛肉的水分，引发了牛肉香味，秘制汁水使牛肉有了特别的风味，红鱼子酱和小豌豆给予恰当的衬托，最终还靠黑胡椒粒一槌定音。

其次，在面向社会服务方面，西郊宾馆利用自身优势，从国宴经典菜式中吸取丰厚资源，从社会饭店中吸收帮派菜肴的风味特点，尤其从川菜、粤菜、京菜、淮扬菜等菜系中汲取滋养，同时也从西餐中捕捉灵感，引发想象力。比如一款半生深海澳带佐油醋汁就是典型的时尚西菜，厨师采用低温加工的烹饪方法来处理澳带，保持了食材的原有风味，弹性正好，肌理清晰，略有回甘。更深的层次在于，再经过白兰地的锦上添花，风味更加醇厚纯正，韵味绵长，又在黑鱼子酱的刺激下，构成了对味蕾的挑逗。

烟熏寿司三文鱼也是点击率颇高的一道名菜。三文鱼选择了上佳部位，切割精准，故而保证了鱼肉质地绵软，又具有恰当的弹性和实厚感，食后可以获得甜鲜的回味。烟熏的步骤增加了轻微的、具有古典品质的芳香。色拉酱配制得很好，提升了三文鱼的风味，上桌后服务员施放视觉效果极佳的玫瑰烟，活跃了就餐气氛。

分子料理近年来颇为时尚，烟雾分子料理鹅肝三吃这道菜就部分

清袁枚詩之一

山陰嘉榮作

采用了分子料理的方法。分子鹅肝外脆里嫩，口感奇特，但风味依然。传统鹅肝用文火煎至两面微焦，浇汁后香气十足，嫩滑细幼，风味凸显。鹅肝蛋糕细密而不枯，入口即化，回味甜鲜。烟雾的效果颇具浪漫情调，为餐桌营造了愉悦的就餐气氛。

西郊宾馆的点心也是一大亮点，丰富多彩。熠熠生辉天鹅酥，这道酥点不仅酥层分明匀称，外形美观，像一只只洁白小天鹅昂首从湖面游来，色泽也相当悦目。酥皮松软而不破，脆性保持时间足够，油性恰当而不外露，馅心调制也颇见匠心，口感甜而不腻，老少咸宜。古韵茶壶酥这款象形酥点则妙趣横生，在品赏中国茶时享用最好。馅心使用中国南方地区常食的高纯度莲蓉为食材，精练细腻而含糖量适中，能够将中国茶的韵味更好地体现出来。

汤团，是上海著名的风味小吃，也是江南稻米文化的杰作。西郊宾馆这款荷塘雨花汤团在形式上实现了创新。馅心为传统的黑芝麻与猪油，糯米经过水磨而显得更加细腻幼滑。但这道甜点借鉴了中国唐代绞胎的制陶工艺，在水磨粉中掺以从食物中提炼的色素，揉成"绞胎"效果，包裹馅心后捏成略带椭圆形，酷似南京雨花石。

糖艺是餐桌上的雕塑，作品色彩丰富，质感剔透，三维效果明显，近年来在国际餐饮界成为一个亮点，凡在重大场合，必定请它来走秀，也是当今西点行业中的独立展示品及餐点配饰。西郊宾馆的糖艺师用益寿糖、异麦芽酮糖醇等砂糖、葡萄糖经过配比、熬制、拉糖、吹糖等造型方法加工处理，在恒温恒湿的环境里制作出具有观赏性和独立性的食品配饰，或玫瑰，或莲花，或熊猫，或天鹅，或芭比娃娃、变型金刚，均予人赏心悦目之感。糖艺上桌，必定引起一片尖叫，大家都会将它带回家去哄孩子。

西郊宾馆的糖艺已初步确立了能够体现自身餐饮特色的谱系，在国内西点行业中也具有领先水平。糖艺师契合宴会主题，营造欢乐气氛，精心创作，烘云托月，餐桌边的雕塑件件栩栩如生，呼之欲出，提升了餐食的格调和观赏性，将宴会引向高潮，满足了食客在精神层面的需求。

营造就餐环境的艺术格调及和谐气氛，也是西郊宾馆半个多世纪以来坚持不懈的传统。七号楼睦如居的建筑样式取自江南水乡民居，又以古人造园法则中借景的技巧，将户外的园林风光及珍禽游鱼巧妙引至回廊一侧，从而使室内空间获得极大的延展性和通透度。

位于天鹅湖畔的意境园以英式下午茶和自然风光赢得众多客户的不吝赞誉，挣饭票不要太拼，偷得浮生半日闲，不妨与三五知已去那里喝个下午茶，滇红或祁红一壶，宝塔盘里糕松饼酥，姹紫嫣红。远道而来栖息的黑天鹅、大雁、白鹭等候鸟与人亲密接触，与碧波、夕阳、惠风、红花、绿树、芳草等一起构成一幅温馨浪漫的图景。

呦呦鹿鸣，食野之苓。我有嘉宾，鼓瑟鼓琴。鼓瑟鼓琴，和乐且湛。我有旨酒，以燕乐嘉宾之心……从《诗经》到西郊宾馆，中间隔着两千多年，但在主观感受上，也许只有一步之遥。

"坦克"里的透心凉

    三十多年前，谁家开后门买到一台立式电风扇（最好是华生）绝对是特大新闻。空调？那是做梦也不敢想的！上海弄堂的石库门房子在上世纪70年代后违建增多，堆放益乱，密不透风的环境里还有种种自发性气味暗中弥漫，赤日炎炎的高温天持续一星期，叫人气也喘不过来。这个时候，唯有一只在井水里泡上半天的西瓜才能唤醒休克的灵魂！

    这个时候饮食店里不止供应花色冷面，还有刨冰！卖刨冰，要临时搭建一间类似手术室一样的专间，玻璃窗揩得一尘不染，用广告颜料写"刨冰"两个美术字，模拟冰天雪地的效果。这活我干过，知道雪花都是六瓣的。为了通风，还得留一面安装绿纱窗。

    做刨冰要有类似钻床的机器，一块四角方方的食用冰放在机器平台上，按下转盘，咬住冰块，开关一按，转盘徐徐旋转。不锈钢平台挖出一条窄缝，四寸长的刀口上抬一毫米，冰块被刨成雪白松软的冰屑，哗哗落下，被下面的脸盆接住，很快就成了一座微型雪山。服务员戴着口罩露出两只大眼睛，辫子塞进帽子里，抄起一只搪瓷杯子将冰雪压成一团，蜕出后往一杯赤豆汤上面一盖，消暑神品就这样出笼了。顾客用勺子挖来吃，浑身大汗，顿失滔滔。

    盐汽水作为防暑降温的饮料，从工厂车间里流到弄堂里，后来自制冷饮也成为潮流。食品店里有浓缩的酸梅糖浆出售，加冰水调一调，味道直逼陈福斋的酸梅汤。冰水有零卖，三分钱灌一热水瓶。

装冰水的是一只外观笨拙的圆桶，两米高，直径约有一米，接通一台压缩机，保温没问题，老上海叫它"坦克"这是洋泾浜英语。桶身下部安一个龙头，小师傅穿老头衫，海绵拖鞋，叼一支烟，神气活现，好像他掌控的不是坦克龙头，而是核按钮。

大人们也有乐子，喝冰啤酒就是一个节目。瓶装啤酒供不应求，桶装啤酒就应运而生，一角一分一杯的价格相当亲民。我家崇德路与普安路的转角上有一家食品店，兼卖坛装酒，到夏天就卖桶装啤酒。厂家提供一只白漆木柜，里面坐一只胖墩墩的罐子，与液化气罐相仿，老师傅将一根紫铜杆插进顶端的口子，得马上把卡口拧紧，不然的话受"啤气"压制太久的酒液就会冲到天花板上。紫铜杆顶端装有龙头，老顾客知道此时不要去买啤酒，一杯啤酒半杯泡沫。我有个英语老师，大肚皮，和蔼可亲，在里弄食堂吃了午饭就踱步到转角上喝一杯啤酒，杯子是那种特别结实的漱口杯，金黄色的酒液反射着午时的阳光。他背靠柜台，呷一口，与营业员聊几句，再望望街景。我有时被妈妈差去拷黄酒，看到他这副懒散样未免有点难为情，他却乐呵呵地问：Have you had lunch yet?

我的英语一塌糊涂，但他总是夸我：你的花体字写得好！

比桶装啤酒更亲民的是散装啤酒，有些规模大一点的饮食店会卖，但也不是每时每刻都有。看到啤酒车驾到，橡皮管接通"坦克"，大家奔走相告，一大群人提着热水瓶蜂拥而至，灌满一瓶也所费无多，而且是冰冰凉的！斜阳西下，暑气渐消，弄堂里的水泥地坪用水一泼，大人孩子短裤赤膊，小方桌上渐次摆开糟毛豆、糟鸡爪、油炸臭豆腐干、炒螺蛳，散装啤酒味道确实差一点，但泡沫一样诱人，看它从杯沿往下流淌，赶紧的，嘴巴凑上去吮一口！

食品店的散装啤酒供应有限，饭店里倒是有货，不过要搭卖熟菜，这让人很不爽，但你想想，如果把饭店的啤酒全买光了，正儿八经去吃饭的顾客喝什么呀?

　　卖散装啤酒跟卖刨冰一样,食品卫生也十分要紧,隔三差五会有卫生防疫部门的干部来明察暗访,那时候我还在饭店工作,对外接待成了我的职责之一。有一天来了一位卫生防疫站的爷,检查完毕,塞给我一只塑料桶,再摸出几张毛票,"照规矩办,买啤酒搭熟菜"。我说这点钱不够,那位爷一愣,又哈哈一笑:你看我,漏了一张。随手补了一张"黄鱼头"(面值五元的钞票)。第二天检查报告送到总经理手上,这个违规,那个超标,责令停业整改。总经理微微一笑很淡定,蜻蜓点水给了我一个字:傻。

　　错误和挫折教训了我,使我比较聪明起来。以后防疫站这位爷来检查工作,仍然由我全程陪同,公事结束捎带私事,两大包熟菜,满满一桶啤酒,最精彩的环节是"银货两讫",收下他的钱,再找零。一般是这样的,他给我三元、五元,我找给他五十、八十,卷成一卷夹在指缝里,握手时塞到他手心里,神不知鬼不觉,这剧情跟地下党送情报有一拼。

　　"天热了,食品安全是一切工作的重中之重,务必放在心上!"送他出门时这位爷一再叮嘱,我貌似极诚恳地点头,心里却恨恨地说:老家伙,祝你上吐下泻,手脚冰凉,烂心烂肺烂肚肠!

在中央商场喝咖啡

在中央商场喝咖啡，是一张边缘毛糙的黑白照片，在我的记忆深处不可逆转地脆化，但照片中的人物和景色，却一天也不曾模糊过。相反，时不时地像5D画面那样呈现一种纵深感，诱人沉浸，激动并惆怅。

大家都知道，中央商场正面临转身，将成为一个包括主题零售店、精品酒店和文化演艺中心在内的繁华街区。中央商场和同处这一街区的美伦大楼、新康大楼、华侨大楼和新建大楼等老建筑都面临着一次热水瓶换胆式的新生。

南京东路，中华第一街，许多世界名牌在此扎堆，但有关方面希望改变中央商务区人均消费水平不高的现状，引进更多的世界一线品牌或许能挽狂澜于既倒。在这个思想指导下，又老又破一片灰调子的中央商场必须安乐死，等待一场波澜壮阔的满血复活。我们不要怨领导，指标下达是残酷无情的事，业绩做不出，留岗换人。

当然，在上海的版图上，被抹去的不止是一个空间概念，而是一道颇有趣味的人文景观。老上海都知道，中央商场的成名是在抗战结束的"天亮之后"。美国军舰在黄浦江边停泊，大量战后剩余物资被美国大兵带上岸，善于经营的上海人很轻易地从他们手里获得，然后在中央商场、虬江路、小世界、蓬莱路等几大露天或室内市场设摊销售，像克宁奶粉、牛肉罐头、旅行刀具、望远镜、呢大衣、皮靴、玻璃丝袜等都是炙手可热的俏货。中央商场离外滩一箭之遥，海关钟声听得真切，近水楼台先得月，成为市民淘旧货的首选。

建国后中央商场增加了日用品维修等项目，帮助上海市民渡过了捉襟见肘的难关。老百姓在这里修手表、收音机、缝纫机、电风扇等，锅碗瓢盆之类的小东西也比一般商店便宜多多。如果有足够的耐心，可以在此淘到零件，像今天玩乐高玩具似的装配一辆自行车或一台收音机。我在那里买过几次赤膊电池，没有外壳也没有商标，价钱为正牌的三分之一。半导体迷或回城知青都喜欢在这里买赤膊电池，赤膊电池点亮了一盏盏微弱的灯，照耀着青春的梦想。

此种弥漫着人间烟火的市场，对上海市民精打细算、讲究生活品质的集体性格起到了熏陶作用。用菲薄的薪酬，把小日子安排得适适意意，这是很让北方人羡慕嫉妒恨的，直到今天。同时，市场繁荣还需要餐饮业帮一把，于是在沙市一路、二路，围了一圈又一圈的小吃店，市声喧哗，热气蒸腾。上海人喜欢吃鲜肉大包和鲜肉小笼，在这里则有一种鲜肉中包，介乎大小之间，味道似小笼，个头直逼大包，品味解饥两不误。这里还有四大金刚、油豆腐线粉汤、盖浇饭、鸡蛋排骨等，我在那里吃过一碗馄饨面，一筷阳春面加四只鲜肉馄饨，不是浇头胜似浇头。

对了，中央商场的小吃摊里还有咖啡！建国后，商业部门为了贯彻"发展经济，保障供给"的最高指示，在少量网店保证供应咖啡和简便西餐。悄悄地说一句，有咖啡供应的地段大都是过去的租界，这里的居民养成了喝咖啡的习惯，中央商场也属于这个性质，南市、普陀、长宁、闸北就没有。

中学毕业后，我与同学去中央商场喝过几次咖啡，八仙桌，长板凳，墙上贴着批林批孔的标语。咖啡是用烧水的铝壶煮的，装在玻璃杯里，加一勺白砂糖，用毛竹筷子搅拌搅拌，味道是出奇的香，每杯一角一分。还有面包吐司，我们吃不起。环顾四周，喝咖啡的人都是老克勒、老阿姨，一杯咖啡可以泡半天。再外面一圈，就是排队买鲜肉中包、站着吃油墩子的人。

在老欧洲的历史名城，随处可见露天剧场、露天市场、露天咖啡馆，阳光、鲜花、美女、懒散的表情、轻松的笑声，构成了城市的风景与魅力。上海要打造具有国际影响力的城市，将群众最喜欢扎堆的集市一扫而光，可能适得其反。

前几天在中华艺术宫看哈定的画展，其中有一幅水彩画让我驻足不前，洋房前支起一溜白色帆布帐篷，行人在此踯躅，阳光穿透了帐篷，也穿越了时空。这就是中央商场，就是让上海人持久激动的鲜活场景。我们总不能一面欣赏、赞叹艺术家的画，一面将他们记录的历史记忆粗暴地抹去，这个也太虚伪了吧。

中央商场这块地于2005年被上海市政府确定为"历史文化风貌区"，那么这块地在保护、整治、翻新的同时必须根据市政府的要求，保护好历史文化风貌。但应该在这里逗留的人都没了，只留下一阵穿堂风，哪来的貌啊！

五香豆的回味

一不小心在2007年出版了《上海老味道》一书，居然成为我码字以来最畅销的书，重印、再版，不亦乐乎，我就此被戴上"美食家"的高帽子，也有不少饭店请我白吃白喝。但我更在意的是，经常有读者来信问这问那，互动让我受益并感动。这不，上周有一位兰州读者千里飞鸿，他是在上世纪60年代随企业一起去支援大西北的，在那里恋爱成家，生儿育女，十五年前退休，无病无灾，近来时常想起小时候的人与事，不禁热泪盈眶。他请我帮他买两斤城隍庙五香豆："网上是可以买到的，但我怕来源不对，只有你帮我去买，才能保证最正宗的味道。"最后他拖了一句："人老了，总是怀念过去的老味道，请你原谅一个老人的固执。"

老人是固执的，但也有道理，城隍庙五香豆驰名九州，国外也有众多粉丝，但假货也不少，城隍庙周边小店里的五香豆价格便宜，须提防假冒伪劣。为解老人乡愁，我特地去九曲桥边上的那家五香豆商店买了两斤，牛皮纸包装也颇有古意。快递过去，几天后兰州那里来电：太好了，就是这个味道！小时候的味道！

写这篇文章，一点也没有为五香豆做广告的意思。但这粒小小的豆，勾起了我的几段少年记忆。

在我小时候，五香豆是我家经常储备的零嘴，但在社会大动荡的那几年，据说蚕豆供货紧张，粮食部门每月只能提供两吨，厂家"吃不饱"，供应也就跟不上，那么群众只好排队购买了。接下来是上山下乡，知青想念家乡的理由中，有一条也许就与五香豆有关。我家三个哥哥都去了外地，父亲经常带我去城隍庙买五香豆，因为每人限购两袋，两个人排队就可以买四袋。有一次我跟父亲赶到城隍庙，天色才蒙蒙亮，购买五香豆的队伍从兴隆食品商店门口一直逶迤到手帕商店，再穿过晴雪坊，延伸到无锡饭店门口，场面蔚为壮观。最后花了两个小时，总算如愿以偿，每袋四角八分，牛皮纸袋上印了毛主席语录："发展经济，保障供给"。我颇为不解：既然伟大领袖下达了最高指示，为啥五香豆还不能保障供给？老爸在我头上一拍：别瞎讲！为了堵住我这张臭嘴，他慌忙解开纸袋给了我几粒五香豆。

五香豆很好吃吗？在漫长的票证年代，它确实是一种美味。入口甜，甜中带咸，可以盘桓多时，此时口中津液充盈，仿佛波涛汹涌。咬破皮后，牙齿接触到它软而有弹性的豆子，此时味道虽然淡了点，但嚼咬的快感随之而来，最后将豆皮与豆肉混合后咽下，回上来一股浓郁的奶香。

我有一个同学，他有个哥哥比我们大四五岁，在那时算是老克勒，梳螺丝头，穿大翻领运动衫、小裤脚管裤子、白跑鞋，每月领了学徒津贴就与朋友上馆子。有时候他也会去熟食店买几包酱汁肉、夹肝、糖醋小排等，再叫几个女孩子到家里一起吃老酒，唱《外国民歌200首》。每逢此时，我那个同学就从哥哥那里接过五角钱，像条流浪狗一样蹿到太平桥路边摊头吃碗辣酱面，余下的钱买一包飞马牌香烟，我也有机会分到一支。有一次，那个老克勒突发奇想，自己在家里煮五香豆。他在蚕豆里加了当时很宝贵的奶粉和白糖，煮成后味道有点接近了，但总是粘手。直到许多年后我才弄明白，正宗的五香豆加的只是糖精、香精，一加糖就会粘手。不久，同学的这个老克勒哥哥与一帮狐朋狗友去新华电影院看电影，在电影院门口起哄，将一个正在等退票的小姑娘团团围住，你一把我一把地上下其手。问题是小姑娘的胸罩纽扣此时正好绷掉，酿成大祸，警察赶来一网打尽。这个案子在当时十分轰动，上海人至今犹有印象。拘留所里，同案犯都叫我同学的哥哥顶一把，他确实摸过一把两把，但最关键的一把肯定不是他摸的。这位老兄讲义气，一个人顶了下来。结果呢，不出一个月，枪毙！

那个时候，爱吃五香豆的人还挺多的，比如我读小学那会儿的班主任祁老师，一个慈祥的老太太，其实也不过五十岁左右，她每天要吃一包五香豆。有好几次，放学后她捧了一大摞作业本回办公室，我被她叫去出黑板报。放下作业本，她先摸出五分硬币，嘱我穿过学校对门的弄堂去顺昌路大同食品店买一包五香豆，然后拨三分之一给我。我边画边吃，有滋有味。她边吃边批改作业，神情专注，如果我作业本上有错，她当场叫我改正，然后红笔一挥：5分。她吃五香豆要吐皮，我觉得太浪费。

那时，我二哥去了新疆生产建设兵团，祁老师的大儿子也去了新疆，同在农一师。来家访时，她与我妈妈一见如故，从我的脾气性格聊起，再聊到做衣服、腌咸菜，最后聊到新疆垦荒生活的种种，两个人就哭作一团。有一次妈妈告诉我，她在菜场排队买豆腐，祁老师使了眼色插进来，最后一块豆腐被她买到了。还有一次她给妈妈一张珍贵的牛肉票，可以买半斤牛肉，她家不是回族，也不知是怎么弄来的。祁老师活到86岁，她的小儿子与我同龄，前年在老家碰到时还告诉我，他妈妈临死还嚷着要吃五香豆，满口牙齿基本完好。

两盆遥相呼应的烙面

　　人到中年就要怀旧，我也不能免俗，而且俗得不可救药的是，怀旧的内容总与饮食有关。比如今天的上海开出了许多西菜馆，据说已经达到一千多家，其中最受欢迎的大约是意大利餐馆。可能是意大利这只"靴子"伸进地中海，意大利人热情奔放，意大利的菜肴也够得上率真二字，上海人对意大利菜馆是有明显好感的，而况还有各种风味、各种尺寸的披萨分分钟出炉，总有一款适合你。但是，我永远忘不了天鹅阁。

　　天鹅阁开在淮海路、东湖路的角子上，据说老板是一个老克勒，有铜钿，懂得吃，出于自娱自乐的心态开了这家西餐馆，地段好，出品好，一炮而打响。但建国后不久天鹅阁就国营了，这个老克勒也无所谓，他关心的是意大利风味还能保持多久。我还听说，上世纪60年代那儿是一班电影明星的欢聚场所，秦怡是常客，带了儿子去吃牛排和奶油鸡丝烙面，"特殊时期"一结束马上前去重温旧梦。

　　我从小就知道有这么一家意大利餐馆，路过时还要踮起脚尖张望一下，但窗帘总是拉得严严实实，从门缝里飘出的一缕香气勾出我肚里的馋虫，狠命地抓啊抓啊。真正走进去吃一顿，要到上世纪80年代了，借了谈恋爱的名义和勇气，推门进去，坐下，点了牛排、汤，还有大名如雷贯耳的烙面。很快，烙面窝在白瓷罐里上桌了，表面的奶酪微微鼓起，象牙色中带些微金红色的"斑疤"，用叉子挑开，一股香气直冲鼻孔，不，那股香气是顶上来的，顶得我有点手足无措。不管吃相了，大口吞咽。结果，将表面最最好吃的奶油鸡丝吃光，剩下半罐面条味道就淡了，好在此时已经打起了饱嗝。邻桌的两个老外冲我点点头，善意地笑了。我知道，他们惊愕于我的吃相。

后来又与同事去过两回，焦点当然是焗面。再后来，天鹅阁说关就关了，我根本来不及跟它告别。不像今天德大西餐馆，搬场前报纸会大做文章，煽动大家的怀旧情绪。从此，这只天鹅不知何处去，天鹅巢上很快筑起了摩天大楼。东湖路一带开出不少日本料理店，塞西米当然不错，但每逢路过，脑子里就出现一罐香喷喷的焗面。

后来听朋友说，天鹅阁搬到了双峰路，改名为"天鹅阁面包房"，只有面包，没有焗面。我吃过不少意式餐厅，在菜谱上找不到焗面，这不由得让我怀疑焗面是不是意大利的风味。就好比海南岛根本没有海南鸡饭、扬州也不是扬州炒饭的发源地一样。

前不久在离我们报社不远的进贤路（近年来，这条小马路上的饭店雨后春笋地开了不少）上开出一家天鹅申阁，跟天鹅阁有没有血缘关系呢？不知道。开春后的某个中午，约了《上海文学》的金宇澄和民生美术馆的小芹去吃个新鲜。推门一看，空间不大，纵向三排桌椅摆得比较紧凑，墙上挂满了老上海的照片，黑白调子的，家具和墙面及软装潢方面强调摩登时代的风格。背景音乐呢，自然是上海老歌了。前来就餐的大多是老头老太，面对面，有说有笑，气氛祥和。半小时后，店堂里坐了七八成人。

我问老板娘一些问题，她支支吾吾。在我一再追问下，她终于坦白说，跟淮海路上的天鹅阁没有任何关系，"但是老师傅是从那里出来的，菜是原汁原味的"。哈哈！我大笑，她也只好以有欠自然的微笑来回应我。

老金和小芹让我点菜，我就点了洋葱牛尾汤、炸猪排、起士烤蘑菇、烤羊排，自然，经典的奶油鸡丝焗面是不可少的，但我只点了一罐，大家分来吃。洋葱牛尾汤确实不错，进烤箱烤过，表面结了一皮奶皮，香浓可口。炸猪排是金宇澄要点的，他说上次吃过，上了浆的外壳很厚，两面炸得石骨铁硬，里面薄薄一层猪排又如干柴一般难咽，毫无鲜味，不知这次如何。但这次上来一看，依然如故，看来这个厨师脑子就是顽固啊。但起士烤蘑菇的味道很好，一歇歇就吃光了。羊排也可打70分。最后上来的是奶油鸡丝焗面，表面结皮，一挖开就香气扑鼻，起士放得也比较慷慨。三人分食，一致叫好。而在我印象中，与天鹅阁还有不小的差距，但聊胜于无了。

在今天物价飞涨的形势下，天鹅申阁的菜价不贵，相当亲民，要不然老头老太是不会光顾的。

前不久，我在控江路上泰晤士西餐社里意外地吃到了焗面。是我的连襟搜索到这个情报的，位于大杨浦的这家西餐社开了二十五年，焗面也焗了二十五年，我居然莫知莫觉，真真白吃了几斤盐！

于是点了一盆焗面，黑椒铁板牛排、罗宋汤、土豆色拉等统统屈居配角，我是为焗面而来的。来了，亲爱的焗面。还是那股浓郁的奶酪香，挑开金红色的"疤斑"一吃，味道与记忆中的一样。又因为这里的焗面是装在鱼形盆里的，拌起来方便，更加入味。两个人吃一盆，也撑到喉咙口了。

这里还有8元一份的罗宋汤，10元一块的炸猪排，25元一块的牛排！被我视如旧情人的奶油鸡丝焗面也不过25元。对了，这里还有好几种焗面，比如金枪鱼焗面和蘑菇焗面。

餐后与总经理丁美凤聊天，她是一位有着三十年从业经验的巾帼。二十五年前，杨浦区几乎没有一家西餐馆，窗外这一片社区也是以中低收入家庭为主，生活水平尚属温饱阶段。但她就是趁企业转制的机会，筹集资金将一家饮食店盘下来，打造成这家西餐社。

丁美凤愿望很好，但没有经营西餐馆的经验，于是就请来一位老法师做顾问。这位老法师名叫徐震东，早在上世纪40年代就获得英国皇家二级厨师职称。抗战后期他在大后方工作，宋美龄、陈香梅以及李公朴、闻一多等名流都吃过徐师傅烧的大菜，对他的手艺大加赞赏。直到80年代，陈香梅每次回祖国大陆，都要问起徐师傅，希望尝尝他烧的菜。

　　老法师名声显赫，脾气也大，看到服务员摆放刀叉的声音太响，收盘子时分工不明确，就要骂人。有一次他看到服务员上菜时不小心将沙司滴在盘子上，她马上用口布去擦，照理说也算补位及时了，徐震东却严厉指令马上换一只盘子。收工后，他看到服务员拖地板，居然留下道道水印，马上大声喝止，要她们跪在冰冷的地砖上用抹布一寸寸擦干。服务员洗好的盘子叠起一大摞，他拿起一只检查，发现留有水渍，居然将盘子统统推倒在地，哗啦一声，满地碎片。洗碗的小姑娘哪里见过这个阵势，当场吓傻了。

　　想想吧，在这样一种"魔鬼训练法"的调教之下，服务员只有两条路可走：一是脱胎换骨，重新做人；二是立马走人，另谋出路。好在丁总也算见过风雨的，打落牙齿朝肚里吞。终于，西菜社一天天走上正轨，近悦远来，生意好到要订位。

　　后来，徐师傅还请他的师兄弟赵三毛来帮忙指导。这位赵师傅十四岁开始就在外国人的邮轮上当厨，对世界各国的餐饮特点了如指掌。这两位在餐饮界让人肃然起敬的老法师聚到一起，不仅提升了泰晤士西餐社的服务质量，还教会厨师许多种西菜西点，现在泰晤士西餐社供应的一百多款西菜西点，不少就是他们留下的。

　　大上海，有两盆遥相呼应的烙面，每天散发着香喷喷的奶香味，这座城市再嘈杂再拥挤再忙乱，还是给了大家热爱并怀念的理由。

七宝古镇的那只汤团

对七宝的向往，源于小时候去拷酒的经历。那时候，街角的食品店有散装酒供应，一只只酒坛子垒成三排，加饭、甲绍、香雪、五加皮、绿豆烧……柏木柜台的另一头还坐着一只明亮的玻璃柜，里面分上下两层，陈列档次较高的瓶装酒，其中就有七宝大曲，据说也是上海的名牌。后来——那是几十年后的事了，七宝大曲在市场上匿迹，据说七宝酒厂院内有一口井，是酿酒的源泉，上世纪80年代乡镇企业发展太快，河水受到污染，城门失火，殃及池鱼，那口井里的水也脏了，酿出来的酒就卖不掉啦，只好关门大吉。

我曾经问过老爸：七宝何以叫作七宝？他想了半天回答：记得在哪本书上看到过，七宝之名，源于古镇上有七样宝贝：飞来佛、氽来钟、金字莲花经、神树、金鸡、玉斧、玉筷。"氽来钟？金属的钟是很笨重的，怎么可能氽在水面上呢？"对我这个有点技术含量的提问，老爸义正辞严地回答："那是迷信！什么飞来佛、金字莲花经、神树，都是为了麻痹人民群众。"

但是七宝大曲和氽来钟，一个看到了没吃过，一个听到了没见过，都构成了七宝对我的诱惑。

前些年，得知七宝古镇开发为旅游景点，人气一年比一年旺，也不甘寂寞地前往打探一下，吃过鲜肉汤团和白切羊肉，在蒲汇塘边的茶馆里喝了茶，弯出来看到对面有一家古玩店，便从一堆古旧垃圾里淘着四只民国彩粉大碗，大红大绿喜气洋洋，兴冲冲地捧回家。

古镇作为一种旅游资源进行开发利用，这应该是好事。不少古镇至少在商业上取得了初步成功，问题当然也是有的，最为人诟病的方面就是旧建筑保护不力，有些老桥、老宅、老码头、老祠堂在二三十年前就倒塌了，取而代之的是大量的假古董。什么仿明清建筑一条街啦，进士第、状元府、某某轩、某某院，都莫名其妙地冒出来。而且每一个古镇都要复制当铺、烟馆、茶馆、妓院、戏台、寺庙、药号、商店等，也不管历史上是否真的存在过。游人走进去一看，不免有千篇一律之感。油漆未干的器物，语焉不详的说明，跟新开的古玩店一样，满眼赝品，与之配套的就是胡编乱造的轶闻趣事，完全是电视剧的套路。哇哇大叫并拍照上传的小青年还会误以为旧中国的城镇就是这样的，错啦！

在这样的大背景下，七宝古镇的开发还不算太离谱，至少古镇的格局大体还保存着，穿镇而过的蒲汇塘还在静静地流淌，两边仿古建筑也按古制建造，弄得都比较干净，值得一年去它几回。地铁九号线开通后，从我家到七宝镇也就一个小时的路程。元宵节那天，虽然乍暖还寒，春雨霏霏，但计划中的行程不变，便拖着太太再去探访一次。再说对七宝的大汤团，我还真有点想念呢。

从地铁出来，步行不到一刻钟就进入了古镇。在古镇的入口处还新建了一座牌坊，牌坊后就是一个广场，有假山有瀑布，虽然是人造的，但也上上下下爬满了小孩。广场北端还竖起了一座宝塔，塔里居然供着一座尒来钟，上楼看一看，五元。哈哈！一块木牌上这样写道："七宝教寺建寺之初，连下七昼夜暴雨，突然惊雷一声，后一道金光，教寺的护寺河香花浜上尒来一只钟。雨霁天晴，经镇民决议，将钟安放在教寺里……"神话居然坐实了，七宝人也真会放噱啊。

放眼望去，狭窄的老街与往常一样热闹，两边商铺从上到下挂满了大红灯笼，街面中央被各种颜色的雨伞撑满，几乎没有一点空隙。几乎每个游人手里拿着臭豆腐干、烘山芋、烤鱿鱼、小米煎饼、脆麻花等小吃，边走边吃，也顾不上肩上、背上已被雨水淋湿。卖臭豆腐的小店门口挤了许多客人，老板一脸幸福表情，与熟客聊天的当口也不耽误快速操作。空气中飘散着细密的油星，商店的门窗摸上去也是油滋滋的，臭豆腐干的香气一直飘得很远。

呵呵，老街茶馆还在，场子里排满了八仙桌、长条凳。老茶客自己带来的紫砂壶，离店后可以寄存在店里，一排排，一排排，是生意兴旺的见证。茶馆里是书场，买门票入场，说书先生来自启东，穿灰布长衫，手持一扇，比作刀枪，今天的书目是《戏说上海滩》。

元宵佳节嘛，不少游客跟我一样，就是冲着汤团而来。老街上几家汤团店几乎是相同的格局，一边是玻璃橱窗，里面两个阿姨在包汤团，动作飞快，这是活的广告。另一边就是桌椅，中间留出一条走廊。吃客的吃相如何，外人一看便知，这也是广告。汤团店从早到晚都被挤得水泄不通，黑洋酥、鲜肉、鲜肉荠菜、豆沙、枣泥……汤团还是这五色，庶几成了经典。店堂都不大，一张桌子坐足八人，大家闷头开吃，胳膊挨着胳膊，肩膀都耸起来了，背后还站着好几个人，垂涎欲滴地看他们吃，服务员端着木盘在人堆里穿插跑位，满脸通红。

我身边的老伯伯是当地人，据他说每个星期要来吃汤团，每次八只，每样两只，有甜有咸，相当乐胃。"八只？"我听了相当吃惊，七宝的汤团只只有小孩子的拳头那么大，老伯伯的胃口着实厉害啊！"这算啥？有人一顿吃过十六只呢，年纪还比我大三岁半。七宝人胃口大来斜气，吃得落就多吃两只，不碍事的。"

他说这话时，胡子一翘一翘的相当有趣。我跟太太每人吃两只，鲜肉汤团皮子有点厚实，但一口咬破，肉汤便喷涌而出，有说不出的鲜美。不能多吃，留点肚皮再去吃下一家。

桂花玉饀裹胡桃。江粉如珠井水淘
清符曾上元竹枝词

嘉荣作

除了汤团，镇上还有几样东西不可不尝：白切羊肉和红烧羊肉、稻草扎肉、年糕、梅花糕。稻草扎肉在青浦朱家角也有，看上去无非是五花猪肋肉用稻草扎了红烧，但这根稻草有没有可大不一样，好的稻草可以提鲜增香，趁热吃，肥而不腻，清香扑鼻。被后面的游人推着走了几步，我们在一家店铺前不能挪动脚步了，蹄髈与猪蹄刚刚出锅，热腾腾的气息随风飘散。蹄髈分红白两种，用鞋底线扎了好几道入锅，防止散开，鼓鼓囊囊的样子比较搞笑。猪蹄是红烧的，看成色烧得酥而不烂，我们忍不住称了一只，叫厨师一劈两半，骨肉分离，进店坐定，戴上塑料手套就啃起来，肉皮韧劲十足，但无须扯拉，味道非常好。我们临走还买了一只蹄髈，热乎乎地捧在手里，在家里小锅子烧不出这般滋味。

梅花糕是海棠糕的亲兄弟，烘制原理一样，只是紫铜模具不同，海棠糕是扁平的椭圆形，梅花糕则像一只冰激凌。蜕模出来的梅花糕上面微焦，有红绿丝顶着，下面尖尖的，所以它的模具更深、更笨重，师傅翻动模具时需要更大的臂力。现在上海市区里海棠糕还能见到，梅花糕几乎绝迹。为了向梅花糕表示敬意，我就买了一只给太太尝尝。

然后我们又在一家羊肉面馆里分吃一大碗宽汤羊肉面，羊肉酥嫩，入口即化，面汤清清爽爽，撒了一把青蒜叶，好看。再一喝，确是羊肉原味，留有一点膻味正好，一点膻味都没有也不对吧。白切羊肉又涨价了，羊头、羊肝、羊心等杂碎也跟着一起涨。

打着饱嗝离开面馆，我们向南跨过石拱桥，在天香楼下面的百年龙袍蟹黄汤包馆前排了半小时的长队，再吃一笼蟹黄小笼。店堂里太拥挤，我们就不顾吃相，端着笼屉和醋碟，坐到一个凉亭里，那里已经有好几位大妈在大快朵颐了。我们相视一笑，并不孤单。蟹黄汤包做得不错，皮薄而韧劲，筷子夹住撮起也不会破。一咬一口汤，浓浓的蟹香在口腔间萦绕，回味有点甜鲜。

接下来，我们买了一盒心仪已久的糟肉。上海厨师善用酒糟，酒糟可保证食物久存不腐，又可增加风味，本帮菜中的糟钵头、糟朵、糟香大鱼头堪为经典。糟肉早在三百年前就是沪郊风行的一道家常菜，尤以冬至后制作最佳，如今在七宝、泗泾、枫泾、朱家角等饭店里还能吃到。

　　还买了一块大方糕，大方糕极具农家风格，朴实而丰厚，回家一蒸就可吃了。还有鸭颈、鸭膀、鸭肫等卤味，也是游客争相品尝的风味。当街现煮现卖的田螺塞肉和蛤蜊塞肉，也许是近年来开发的新品种，居然也有人买来边走边吃，吃相更加难看。不知道有没有用面筋代替猪肉烧煮的田螺塞肉？那是一则民间流传很广的关于巧媳妇"骗"婆婆的故事啊。

　　我们站在桥头回望老街，只见黑压压的一片人头，无边无际，欢声笑语，很少有人两手空空的，除了吃食还是吃食，游客密度不输城隍庙九曲桥。不一会，听过远方传来欢快的鼓乐声，有孩童奔来相报：舞狮队、舞龙队就要来了！

魔都也有驴肉火烧

在魔都，一天24小时都有吃货满世界找美食，但他们对"天上龙肉，地下驴肉"这一俗俚的领悟不深。也难怪，大上海餐饮市场什么没有啊，从雪花牛肉到波士顿龙虾，从秃黄油捞饭到窝烧溏心鲍，都吃不过来呢，干吗去吃驴肉，这多土啊！

是的，驴肉看上去土得掉渣，但风味人间，最令人难忘的也许就是在村口小店的一次偶遇。傲慢与偏见，会使城里人失去美妙的口福。

本人对驴肉的认识，也有一个漫长的过程。那一年，有亲戚北上出差，从河北回杭州路经上海，送了一块熟的卤驴肉给我们。当时副食品供应匮乏，肚子里真没啥油水，一闻到肉味，口水止不住汹涌澎湃，肠子好像也小小骚动了一番。驴肉从没吃过，不知啥味，如今有机会亲口尝一尝"梨子的滋味"，内心的魔鬼就醒了。老爸刚送亲戚下楼，我就揪了一小块驴肉塞进嘴里，哇，当场吐出来，五香味夹着酸溜溜的馊味，弄得舌尖还有点麻，传说中的驴肉就是这样的？又想想，这货在路上走了大概也有一两天了吧，又赶上连着好几天黄梅雨，化学反应在所难免。妈妈舍不得扔掉，浸泡清洗，加料回锅，忙活了小半天，还是没能挽回败局。

真正领略驴肉的美味要到2002年了，一帮写作人去山东潍坊采风，接待单位请吃全驴宴。一个阳光灿烂的大院子，正房偏房之外，院内靠墙还搭建了十几个凉棚，一个凉棚摆上一桌，几百号人吆五喝六地开吃，那声势那排场不亚于威虎厅的百鸡宴，把我镇得晕头转向。驴腿、驴脸、驴耳、驴唇……还有内脏什么的，"吃了驴板肠，忘记亲爹娘"，大多记不清了。最对我胃口的要数驴杂汤，浓稠而有奇香。可是剧情在此急转直下，当我在寻找厕所时意外看到院子一角有好几头待宰的驴子，它们安安静静地站成一排，以极其温和友善的目光注视着我，似有千言万语，最终归于沉默。（此处删去500字，我也不为自己解释了，免得有人说我虚伪。）

但是作为一个美食爱好者兼评论者，体验美味应该算日常工作吧，所以在经过十多年的沉淀后，我对驴肉的认识又有了深化，这缘于在一家名为"掌柜"的中原风味饭店里的品尝。

这家店来魔都已有十多年了，从风味的角度看，它弥补了上海餐饮市场豫菜的缺位。最近，掌柜（北方人亦称老板为掌柜）王晓东打听到开封有一家以老卤驴肉名扬四方的老字号，就提着四喜礼盒上门给老掌柜请安，从国际形势谈到非遗传承，最后花了不小的代价买到一张秘方，从此"掌柜"的菜单上就多了一道白切老卤驴肉。

王掌柜是属于那种特别死心眼的人，每开发一道菜，就穷追猛打不留死角。他现如今说起驴肉来头头是道：驴肉中氨基酸构成十分全面，不饱和脂肪酸含量，尤其是生物价值特高的亚油酸、亚麻酸的含量都远远高于猪肉、牛肉。驴肉为什么好吃，就因为它的色氨基酸的含量远远高于猪肉和牛肉，而脂肪含量几乎为零。后工业时代，乾坤大挪移，动物界也不得安宁，牛啊、猪啊、鸡啊、狗啊，转眼工夫就闹起了传染病，弄得人心惶惶，但是常被人类嘲笑的小毛驴却百毒不侵，不管风吹浪打，总能逢凶化吉，遇难呈祥。

"驴肉这么好吃，为什么上海的餐饮市场上并不多见呢？"我问。

王掌柜乐呵呵地说："驴肉火烧、驴肉火锅现在也有上百家了吧，上海人也不傻啊。"

那天我为了消除心理阴影，就试了一下掌柜家的老卤驴肉。王掌柜得到法宝后，再去山东东阿寻找合适的驴肉，两年以上的毛驴肉，专取肋条一段，纯瘦，新鲜，卤料腌制六小时，码在大铁锅里加老汤以文火煨四小时，出锅后晾凉，切薄片，色如桃花，嫩如龙髓，无筋无渣，配白酒最佳。

在潮汕馆子里，老卤汤是店家的命根子，在"掌柜"店里也一样得到重视，每天下班前掌柜都要亲自看一看，闻一闻，将它妥善放置到低温环境里。

有了老卤驴肉，就自然会有驴肉火烧。驴肉火烧在中国文学的语境里是一个强烈的意象，至少在三十年前还是这样，它代表富足和幸福，还有一点点排他的风俗性。你喜欢吃驴肉火烧，并且吃上瘾，吃出模样，才能大摇大摆地进入北方城乡的世俗社会，进入北方朋友的内心世界。

驴肉火烧也有两大门派：保定派和河间派。保定的驴肉火烧选用的是太行驴，卤制，夹肉的火烧是圆的，面团抹油，揉成小馒头一个，再用一块圆木压扁后再烙。河间的火烧驴肉选用的是渤海驴，酱制，与之相配的火烧驴肉是长方形的，面上抹油后抻成长方形片儿，然后左右向中间折两次，用擀面杖擀薄再烙。

掌柜家的火烧取长方形，又加了足够的油酥在面团里，烙成后开口，塞进卤驴肉，趁热吃口感更佳，不油腻，不塞牙，松软，酥脆，喷香，回味绵长。后来我请画家江宏老师去品尝，他也连声称美。

初二那天，我去二哥家拜年，他跟我讲故事：当年他在新疆生产建设兵团，常去十几里外的集市向维族老乡买一头毛驴，然后屁颠屁颠地骑着回场部，知青们闻讯赶来，杀驴，煮驴，吃肉喝酒，吹拉弹唱，为兵团岁月留下了一节美好记忆。"一头毛驴多少钱你知道吗？五角钱！维族老头数着几张毛票，阿凡提式的胡子一翘一翘，高兴死了。"

吃蟹原来是腔调

今天，若以闲适的笔调来简述一部中国饮食文化史，螃蟹是绝对绕不过去的章节。鲁迅先生的一句名言虽然不乏调侃，却流传至今：第一个吃螃蟹的人是勇士。现在，按照世俗的标准来判断的话，吃得起，或者吃得到正宗阳澄湖大闸蟹的人，应该是土豪了。

中国人吃蟹，由来已久。昆山巴城被吃货视为"食蟹圣地"，但吃货不一定去过巴城老街，那里有一个蟹文化展示馆，我在里面盘桓过，那里为传说中第一个吃蟹的勇士立了比真人还高大的雕像，他的名字叫巴解，原是大禹手下的得力干将，从治水到吃蟹，其间一定有故事。至于文献记载，最早出现在《周礼》中，那是关于周天子食蟹及蟹酱的记录，如此算来已经有三千年了。当时已经炮制出来的青州蟹胥（蟹酱），在梁实秋的文章中也被深情地提及："我在山东住过，却不曾吃到青州蟹胥，但是我有一位家在芜湖的同学，他从家乡带了一小坛蟹酱给我，打开坛子，黄澄澄的蟹油一层，香气扑鼻。一碗阳春面，加进一二匙蟹酱，岂只是'清水变鸡汤'？"

群雄并起的先秦时期，这种有着坚硬甲壳的"八跪二螯"动物不再是王公贵族的专享，也成为黎民百姓的盘中餐。《国语》记载，有一年吴国闹蟹灾，"稻蟹不遗种"——横行的螃蟹吃尽了稻种，农民颗粒无收。大灾当前怎么办，对螃蟹来一场大围剿，用吃的方式来平息生物灾难。

蟹在各个历史时期的称谓也是五花八门的，有些字过于冷僻，电脑字库里根本找不到，比如在三国时的《临海水土异物志》中就有"竭朴""沙狗""倚望""蜂江""芦虎"等，"蟛蜞"的出现是较早的，在晋代的《古今注》里有，但"大闸蟹"美名的出现则要到清末，而且是上海人叫响的。再补充一句，以前阳澄湖大闸蟹名气不如太湖蟹，上世纪30年代上海餐饮市场有了蓬勃发展，上海人食蟹必称阳澄湖，我估计也是受了苏州籍移民的诱拐，才让阳澄湖大闸蟹名声鹊起，直到今天王者地位不可撼动。

到了普遍讲究生活方式的宋代，出现了蟹的专业研究人士，其中有三个人留下了专著，比如傅肱写了《蟹谱》；另一个吕亢，将浙江常见的十二种螃蟹画成"科学挂图"，并记其形态；第三位是负曝道人，用田野考察的方式收集了杭州地区一百多种螃蟹标本，今天的吃蟹人应该记住，他是中国第一位河蟹类型研究者。

"一手持蟹螯，一手持酒杯，拍浮酒池中，便足了一生。"这二十字常被后世吃货引用，却不知是中国第一个螃蟹控毕卓同志的版权，从此，持螯赏菊、举觞吟诗成了文人墨客的标准吃相。

苏东坡是个爱蟹人，他曾以诗作换取朋友两雌两雄大闸蟹，给我们留下了《丁公默送蝤蛑》这首绝唱："堪笑吴兴馋太守，一诗换得两尖团。"东坡先生一生写过不少咏蟹诗，给吃蟹的私人化行为赋予了特殊的文化内涵。

在文化圈子里以喝粥茹素享有美名的陆游其实也是嗜蟹人，有不少诗记载了食蟹经历和心得："有口但可读《离骚》，有手但可持蟹螯。"中国文人酸劲就是这样熏人，以为光吃蟹喝酒太俗，一定要捧一本书作掩护。不过他还有一道诗写得不错："团脐霜螯四鳃鲈，樽俎芳鲜十载无，塞月征尘身万里，梦魂也复到西湖。"还跟了一个注释："西湖蟹称天下第一。"蟹与四鳃鲈鱼成了他离家十年后思念家乡的标志性寄托，这也叫文人腔调吧。

欧阳修为了吃蟹付出的代价最大，他发现阜阳（当时称颖州）的猪、羊虽然不及京城鲜嫩，但阜阳西湖所产的螃蟹比京城售卖的要好太多了，而且价格便宜，退休后他就在阜阳西湖边置地建房，喝酒吃蟹，悠哉游哉。京城的房价一路上涨，他不后悔。

说回苏东坡，老先生作为美食家，在《老饕赋》里公然表示自己对六种美食的疯狂热爱，其中有"项上之一脔"，就是今天大家追捧的猪颈肉，炭烧味道最好；另有"杏酪之蒸羔""蛤半熟以含酒""樱珠之煎蜜"等也值得想象；还有一味是"霜前之两螯"，就是秋后的大闸蟹。苏东坡吃蟹除了通常的水煮一式，还要求"蟹微生而带糟"，微生，不是全生，那么我的理解就是六分熟的醉蟹。后来，苏东坡运交华盖，被皇帝发配到海南岛，南蛮之地的饮食与中原味道有霄壤之别，食物之粗糙简直不能下咽，到了西北风初起，怎么找也找不到大闸蟹。但是苦中作乐是苏东坡的本事，他与前往海岛探亲的小儿子苏过一起将当地农民当主食的芋头煮到极烂，添油加酱，做成了一道恍然有些蟹味的螃蟹羹，时人又称之为"东坡玉糁羹"。后来又有好事者继承他的遗愿，将大闸蟹斩件，加生姜、莳萝、川椒、胡椒、面酱等做成豪华版螃蟹羹，跟现在的"天下第一鲜"有点接近，但此时东坡先生已经吃不到了。

不过两宋那时的文人墨客发明的洗手蟹和蟹酿橙，至今还能看到它们的绰绰身影。蟹酿橙基本没有走形，在酒席上是女士的最爱。洗手蟹的一支就演变为醉蟹，可能也是浙东"十八斩"的前身。能吃醉蟹者，才算得上真正的蟹痴。

宋代以后，在吃蟹这件事上用心最痴的当数清代戏剧家、诗人、小说家李渔，他在《蟹谱》中写道："以是知南方之蟹，合山珍海错而较之，当居第一，不独冠乎水族，甲于介虫而已也。"他还总结出一套食

蟹经，吃蟹的顺序和手剥的体验都写得非常详细。晚年穷困，但吃蟹兹事体大，须早作准备，每天从牙缝里省下几枚铜板，投在一个陶罐里，戏称为"买命钱"。大闸蟹上市了，他就购进一批养在大缸里，饲以糠谷，每天取五六只，可吃到下市。金秋时节文人墨客都在赏月、赏菊、赏枫、赏银杏，他眼里只有蟹，将秋天称作"蟹秋"。

清代康雍乾三代，经济繁荣，吃蟹成为江南士庶的风尚，除了李渔，还有袁枚、洪亮吉、李瑞清、黄子云等，一个个都是持螯赏菊的蟹痴。"蟹宜独食，不宜搭配他物。最好在淡盐汤煮熟，自剥自食为妙。蒸者味虽全，而失之太淡。"这是袁枚的经验，自剥自食，丫头给他剥都不要，就像今天土豪打高尔夫，进洞的球一定要自己掏出来才够味。《调鼎集》里也记录了蟹炖蛋、燕窝蟹、酒炖蟹、炒蟹肉、二色蟹肉圆、蟹松、蟹粉等三十余种蟹菜和醉蟹、糟蟹、酱蟹、风蟹、胶醉蟹等十余种醉蟹的制作方法，一些花里胡梢的蟹肴应该是富商与豪客的追求。

在《金瓶梅》和《红楼梦》里，吃蟹的场景总为读者津津乐道，也许通过吃蟹最可体察人情世故吧。《金瓶梅》里有帮闲文人兼吃白食者应伯爵偷吃西门庆家腌螃蟹的描写；西门庆过生日，吴月娘请李桂姐、吴银儿、潘金莲、孟月楼等妻妾一起吃了一顿大闸蟹，潘金莲还强调吃蟹一定要配金华酒。《红楼梦》里的那顿豪华版蟹宴则是红学家反复考证的剧情，湘云操办的蟹宴不仅带来了当令美味，也激发了大家的诗兴豪情。素以诗风哀婉让人同情的黛玉写出了"多肉更怜卿八足，助情谁劝我千觞"这样豪放的句子，宝钗写出了"眼前道路无经纬，皮里春秋空黑黄"这样虽然尖刻，但也不得不称其为以蟹喻人的绝妙好辞。

蟹有八足，横行至神州大地，从辽宁一直到福建的沿海各省，凡是通海的河川，如鸭绿江、辽河、滦河、大清河、白河、黄河、长江、黄浦江、钱塘江、闽江、甬江等下游各地，都可看到蟹的行军路线。有一种说法，纬度越高，气温越低，蟹的生长期就长，肉质也越好。上海人最看重阳澄湖出产的清水大闸蟹，因为阳澄湖水质优良，水草茂盛，浮游生物丰富，湖底有平缓的坡度，多沙细洁的砂石，大闸蟹在生长期间食物充足，还可不停地爬行，以促进甲壳和肌肉的发育，并将肚子上的污垢磨擦洗净。

上海人吃蟹的劲头应该在苏州人之上，苏州人好像更喜欢吃炒虾蟹、炒蟹粉、炒三秃这样的细路子菜，以免剥蟹壳之苦。郑逸梅先生在《先天下之吃而吃》一书中有一篇《说说大闸蟹》的妙文："当时四马路一带有豫丰泰、言茂源等绍兴酒店，店门前所设蟹摊，生意兴隆，酒店可代客煮蟹，收费低廉，即可在店内啖蟹饮酒。我在二十年代中，自苏州迁居沪上，当时经常往来于四马路平望街各报馆，报业同仁在酒店吃蟹是十分普遍的事。"

已故老报人周劭曾在文章里也如此回忆，当时上海的媒体和出版业都集中在四马路一带，报人和编辑下班后即奔四马路上的酒家，烫黄酒数壶，选定铁丝笼里横爬的大闸蟹，令酒保即煮后大啖。吃过再换一家，最后在王宝和坐定，进入狂欢的高潮。王宝和的黄酒与大闸蟹都是称雄一时的。

鲁迅对大闸蟹也是有兴趣的，我在他的日记里看到，仅在上海的十年里，他每到秋天就要吃蟹，不在饭店酒楼，而是在家里吃。吃蟹要刀枪并举，吃相不佳，在家里尽可放松点，他每次会请三弟周建人和其他一些关系较好的朋友来吃。

诚如周劭老前辈所言，那时，魔都老吃客扳蟹脚首选王宝和。后来我听王宝和的老师傅说，每年蟹季来临，店经理就要派出经验丰富的采购员去位于昆山巴城的阳澄湖定点基地选蟹。挑选大闸蟹主要看四大特征：一是青背，蟹壳成青泥色，平滑而有光泽（不同于其他湖区螃蟹的灰色，泥土色重），烧熟后壳成鲜艳的红色。二是白肚，贴泥的肚脐甲壳晶莹洁白，无墨色斑点，白得有光泽，给人水亮玉质般美感（不同于其他湖区螃蟹肚灰或灰色）。三是黄毛，蟹腿的毛长，清爽而呈黄色，根根挺拔（其他湖区蟹毛带泥土色，不清洁）。四是金爪，蟹爪尖上呈烟丝般金黄色，两螯八爪肉感强，强劲有力，搁在玻璃板上八足挺立，两螯高举，有赵子龙在长坂坡以一当十之气势。爬行时劲道十足，吐泡沫的声音也颇有港台实力派歌星的腔调。

　　土生土长的阳澄湖大闸蟹，蟹肉带一点咸味，回味有点甜，有些老吃客吃蟹不蘸醋，求其本味。

　　上海人对大闸蟹的热情，即使在困难时期也不曾降低过。改革开放之初，经济条件稍有改善，上海人首先就将能不能吃一顿大闸蟹视作生活质量有否提升的标志。上世纪70年代末期，每只四两重的大闸蟹售价才不过几角钱，转眼间直线蹿升，小几年一过，每斤要几十元了，再过十年，正宗或号称来自阳澄湖的大闸蟹要卖到五六百元一斤了，相当于普通职工的一个月工资，消费主体就是乡镇企业、国有企业三产以及享受双轨制巨额利润的土豪们。像我们这些穷酸文人，也只能像郑逸梅老前辈所言，作些"持菊赏螯"之举罢了。

　　于是，大闸蟹经济吹响了嘹亮的进军号，阳澄湖失去了往日的平静，湖面被切割瓜分，大闸蟹在围网中快乐成长。秋风乍起的黄金时刻，各地的蟹们纷纷来到阳澄湖边办学习班，一洗而致清白。再后来，为示根正苗红，大闸蟹玩起了岳母刺字的游戏，后来又戴起了戒指，戒指上刻了一串可追索源头的号码，这就叫大数据嘛。但是呵呵，群众亲眼看到阳澄湖的蟹农每天晚上驱车到上海铜川路水产市场整包整包批发来自不明地区的大闸蟹，回苏州后给它们重塑金身，回头再卖给满怀热情去阳澄湖买蟹的上海人。在时尚消费这档事情上，上海的"冲头"是宰不光的。

羲之爱鹅，我也爱鹅

"羲之爱鹅"是典型的文人情怀

周末，爱好收藏的朋友小陈抱着一只瓶子来寒舍请我分享。小陈这几年常去欧洲淘宝，屡有斩获，颇让同道眼热。此次他在荷兰阿姆斯特丹一家古董铺子里淘到几件瓷器，最让他得意的就是这只高约一尺的梅瓶，虽然底款写着"大清乾隆年制"，则难掩元青花风格，到底什么时期仿的，我吃大不准，有待请教专家。此瓶胎骨密致，修足规整，发色古雅，四面开光，内容是四爱图：王羲之爱鹅，陶渊明爱菊、周敦颐爱莲、林君复爱梅。

小陈虽不能说历经大风大雨，但雨点打湿衣衫也不至于太沮丧，他喝了一口茶后指指王羲之说："其他三位都爱梅花、菊花、荷花，只有王羲之爱鹅，看来他跟你一样也是一枚吃货啊！"

我不禁莞尔："老兄把我跟书圣相提并论，真是折煞我也。再说羲之爱鹅，体现的可是魏晋风度啊！"

小陈使劲地眨着眼睛说："养鹅与养鸡养鸭难道不是一回事吗？"

我说："一般人养鹅当然是为了得它的肉和蛋，但高人举手抬足便超凡脱俗。比如丰子恺，他在重庆沙坪坝避乱那会儿就养过一只鹅，还写过一篇题为《白鹅》的文章。在他笔下，那只白鹅真有君子之风，'在叫声、步态、吃相中，更表示出一种傲慢之气'。给我特别深刻的印象是吃饭，冷饭团之外，那只白鹅还需要三样下饭的汤菜：草、泥、水，为此它要分别跑到三处地方去吃，一板一眼，不厌其烦，决没有其他家禽的那副猴急相。后来丰子恺离开了暂栖的小屋，舍不得吃它，就转送给朋友了。丰子恺适逢战乱，从这只白鹅感受到'那么雪白的颜色，那么雄壮的叫声，那么轩昂的态度，那么高傲的脾气，和那么可笑的行为'，当然是特别珍贵，有如朋友之间的慰藉了。作为书圣的王羲之，他对鹅的态度也是重在精神气质方面的欣赏，决计不是为了满足口福之欲。"

小陈若有所思，又将话题转到别处，但茶过三泡，他突然又说："我去过绍兴兰亭和戒珠寺，'鹅池'这两个字写得真好，而戒珠寺实在没有什么看头，那个故事倒是听说了。"

小陈想说什么我能够猜得到，所以就说："《晋书·王羲之传》里记录的一个故事或许更有意思，说的是绍兴有一孤老太太，养了一只不同凡响的鹅，叫声特别洪亮，但也因为这个特点，她拿到市场上去卖，反而没人敢要了。王羲之听说后就带着一帮亲朋好友赶过去看个稀奇。那个老太听说大名鼎鼎的王羲之要来做客，就立刻把那只鹅杀了，做成一道菜来款待贵客。王羲之见此情景，懊丧叹惜不已。"

在小陈仰天大笑的时候我补了一句："也许是个套路，古今中外不乏相似的故事。冯骥才早年有一个短篇小说《意大利小提琴》，我猜想就是受此启发而写的。"

小陈有点急了："那么还有一个故事，王羲之有一天闲来没事，转到一座庭院深深的道观，看到道士养了一大群鹅，脚步就挪不开了。道士逗引他说：你要是喜欢，就跟你换一卷《黄庭经》吧。呵呵，这其实是道士设的局。"

没错，这个故事传到了唐代，或者就诞生在唐代，反正大诗人李白先生也听说了，于是在送贺知章回老家绍兴时，写了一首诗相赠：镜湖深水漾清波，狂客归舟逸兴多，山阴道士如相见，应写黄庭换白鹅。

我与小陈抚掌相笑："白鹅有鹤立鸡群之态，洁身自好，目空一切，自命不凡，见了谁也不买账，就是高士的人格外化。"

周作人怀念故乡的糟鹅和白鲞扣鹅

冬天的暮色来得早，小陈抱着梅瓶告辞了，不过关于鹅的话题还在我脑海中深化。我从书柜中抽出《知堂谈吃》，想看看周作人是否喜欢吃鹅。

我这么想是有原因的，因为我的故乡也在绍兴，在我小时候，家里过年必备几道乡味甚浓的年菜，有霉干菜烧肉、黄鱼鲞烧肉、水笋烧肉、黄豆芽烧油豆腐，还有一只鹅。六七十年代供应紧张，年货是凭票供应的，家禽一项，鸡、鸭、鹅三选一或三选二，我家往往选鹅。人口多是一个原因，绍兴人的习惯也应在考虑之中吧。临近春节，南货店和小菜场比平时热闹了，肃杀中总算有了一丝喜气，父亲从菜场里提一只冻得邦邦硬的光鹅回家，妈妈照例咕哝几句后，以九牛二虎之力劈成两爿，半只红烧，半只炖汤，可以吃上好几天。用来炖汤的那半只放在大号砂锅里，投下葱段姜块，注满水，汤水见沸后鹅身胀开，便把盖子顶起来了。妈妈怎么也压不住，有点手足无措，在一边旁观的我乐得哈哈大笑。最后只能捞起，大卸八块后搞定。这一幕印象之深，足以让我记得这绍兴的年俗。

果然，周作人在《吃烧鹅》一文中这样写道："在乡下上坟的酒席上，一定有一味烧鹅，称为熏鹅，制法与北京的烧鸭子一样，不过他并不以皮为重，乃是连肉一起，蘸了酱油醋吃，肉理较粗，可是我觉得很好吃，比鸭子还好。"

唐
骆宾
王咏
鹅
诗之

心葭
嘉荣作

知堂老人还说："烧鹅之外，还有糟鹅和白鲞扣鹅，也是很好的。"

周作人的文章当然是公认的好，但这位老前辈谈吃的文章又总给我一种格外的暖意，赛过老台门负暄老翁与后生话说家常。绍兴人爱吃鹅的事实，由此得到印证，而且这又不妨碍羲之爱鹅的故事在文化层面上代代相传。

再说回我家的过年吧，我们家的红烧鹅，加了茴香桂皮，色泽红亮，肉头厚实，肌理粗放，大快朵颐之际，幸福指数瞬间爆表。这红烧鹅大约与周作人所说的熏鹅有异曲同工之妙吧，糟鹅和白鲞扣鹅是不是做过，没有印象了。直到数年前在新乐路一家绍兴风味的馆子里倒是吃到了糟鹅，与本帮糟鸡相比，在口感丰实方面恐怕是要胜出一等的。而白鲞扣鹅，即使在绍兴咸亨酒家，也不见其踪迹了。

还得补充一下，入冬后南货店里有风鸡风鸭出售，个体最巨者便是风鹅，挂在柜台上方，八面威风，行人注目，将平日里出尽风头的金华火腿比了下去。家禽内膛掏空，带毛腌制，紧缩成团，看上去真有点木乃伊腔调，小时候吃过一回，亲戚家送来分享，风味别具。我妈妈会做咸鹅，大颗花椒剪去蒂柄，与粗盐炒香，抹遍鹅身内外，石头压一夜，渗出殷殷血水，在鹅脖上系根麻绳，挂在风口吹上十来天，就可以改刀蒸来吃了，味道一流！吃不完可以存在大口甏里，等到春笋上市，与猪蹄髈一起煮腌笃鲜，汤色乳白，香气四溢，又是一道丰腴的美味！

"捕味者"孙兆国南下寻找狮头鹅

鹅是鸟纲雁形目鸭科动物的一种，家鹅的祖先是大雁，大约在三四千年前人类已驯养成功。由是，在岭南地区，还有厨师称鹅为雁鹅，在饭店的菜单里我见过"鲍汁雁翅"或"椒麻雁肠"之类，惊骇之余，朋友谓我这就是雁鹅，说白了这是一种外形像大雁的家鹅，并非浑身雪白，间或有些灰翎，十分漂亮。在中国画翎毛类中，大雁与鹅也是出镜机会颇多的角儿，画家重在表现它们的精气神，于无声处胜有声。

今天，像上海这样的国际化城市，家庭小型化已是不可逆转的趋势，一家老小围着一大盘红烧鹅大快朵颐的欢悦景象可能难以一见了。早几年上海流行过一阵烧鹅，岭南庖厨北上献艺逞强，名必称"深井"，出品到位的几家，也有过人头攒动、盛极一时的黄金岁月。茂名南路与延安中路转角上原汽车展销部旧址曾经开过一家新镛记，与香港的镛记或许一脉相承，新闻界前辈姚荣铨、陈贤德两位老师带我去品尝过，烧鹅、叉烧以及自家腌制的溏心皮蛋真是好吃极了。粤港饕客对烧鹅颇有心得，鹅背鹅腩各有所爱，又以清明至重阳这段时间所出最佳。美食家江礼旸兄还向我传授过一条经验，吃烧鹅应选左腿，因为鹅在小憩时喜单腿独立，支撑全局者总是左腿，故而肌肉紧实，口感最佳。

整鹅，红烧或炖汤几乎没有，切丝切片切丁上浆滑炒，也为厨师不取。对有些食客来说，唯有清酒鹅肝或鲍汁扣鹅掌才能逗起食欲。前几天在绿杨花谷吃到一盆盐商私家盐水鹅，参照盐水鸭旧例，把扬州盐商当卖点，桂花香是浓郁的，味道却不见得比盐水鸭更好，价钱也不便宜噢。

多年以来，西郊五号的总经理孙兆国以"捕味者"的名义，致力于在全世界范围寻找既美味又健康的食材，他跟我说起在潮汕捕味的经历：狮头鹅在潮州美食界成为时尚，号称百年老卤秘制，但吃货的重点在于鹅头和鹅肠、鹅肝，鹅腿上的肉再厚实丰腴，也是给劳动阶层吃的，做成卤鹅饭，卖得很便宜。

跟我一样，孙兆国也是老鹅头的粉丝。他说：老鹅头肥美，皮厚肉香，懂吃的人才知道鹅头、鹅肝、鹅脖是下酒极品，还有宽如皮带般的鹅肠，肥美爽脆，也是极品。其次是鹅掌、鹅翼、鹅血和鹅蛋。"潮汕人烹制鹅头多用卤汁来卤，三年以上的鹅头要在卤水中卤制三个半小时以上，一年内的鹅头卤一个小时。多数鹅肉店老板都以有一锅陈年老卤为傲，为了吃到口味最佳又健康的潮州卤鹅，我几次下汕头，尝了很多家卤鹅店。我和茶痴、美食家林贞标先生多次探讨潮汕卤鹅的口味，他认为一大桶卤汁，天天煮了又煮，熬了又熬，浸煮过数十万只大鹅，乌黑润亮伸手不见五指。而究其实，老卤是不是真的好？"

林贞标，人称"标哥"，他写的《玩味潮汕》一书我细细读过，知识性兼具趣味性，读得我垂涎三尺。在《玩味潮汕》中他表达了对老卤的看法。有一天，他去澄海，在乡村宴席间上听到两位卤鹅专家在争论"老卤"与"新卤"利弊，就认识了阿忠鹅肉老板，他近年来认识到了"老卤"存在的诸多健康问题，经研究后大胆摒弃了"老卤"，改用日日新调的卤汁。他认为如此鹅肉才能香甜、鲜活，而"老卤"多酸、黏稠、高亚硝酸盐，不利于健康。阿忠还针对新卤颜色浅的缺点，巧妙加入了一些植物原料在卤中，既可加色又能提鲜，标哥到他店里一试，果不其然，肉含汁而鲜美、甘香而不腥腻。

"白乌龟"其实很聪明

《随园食单》中关于羽禽类的有鸡鸭麻雀鹌鹑等等，鹅则只有一条："云林鹅"，其实也是从《倪云林集》中转录过来的，我想他老人家不一定亲口吃过。盐擦、蜜拌、酒浸、水蒸……"鹅烂如泥，汤亦鲜美"，我看也仅此而已罢，与今天的广东烧鹅相比，相差甚远。

偏偏有一位开饭店的朋友，酷爱读书，这本是好事，但教条主义就可能钻牛角尖了。他根据《云林堂饮食制度集》所记载的古法试制多次，味道差强人意，上了菜单应者寥寥，再说此菜须提前两天预订，一般也就是朋友来捧个场。后来我建议他改用鸭子来做，再添加一些小补无伤、芳香开胃的中药材，倒是引来食客一片赞赏，并称其为"糊涂鸭"，把最后的一点文气抹光，还容易与《随园食单》中的"鸭糊涂"混作一谈，可把这位书呆子气坏了。

丰子恺在《白鹅》一文中还写道："养鹅等于养狗，它也能看守门户。后来我看到果然：凡有生客进来，鹅必然厉声叫嚣；甚至篱笆外有人走路，也要它引吭大叫，其叫声的严厉，不亚于狗的狂吠。"

在坊间，人们因家鹅一身白羽而称它为"白乌龟"，小孩子也根据其耿直不阿的性格和步履蹒跚的憨态给了它一个"戆戆"的绰号，在文学作品中呢，有人将笨伯喻为"呆鹅"。但是"白乌龟"真的很"戆"很"呆"吗？小时候，故乡老台门里祥生大伯家养了四五只大白鹅，黄昏时分从河边回来，围聚屋檐下等主人喂食，那神情就像高冠博带的太傅太尉，仪态万方，威风凛凛，见我蹦蹦跳跳经过，居然不识沈家小主，拍拍翅膀过来追逐。我吓得尖声大叫，拼命往家门方向逃窜，但小屁股上已经被啄了几下，要不是祥生大伯及时赶到，真不知道鹅们要如何处置我呢。

受到"白乌龟"的欺侮，我并不怨恨，反倒有点喜欢它们了。后来我才知道鹅的眼睛是凹进去的，所以看任何事物包括人时，对象都显得很小，所以这厮一直不怕人，在古代就被人驯养后作看门之用。我还从书中知道，鹅是所有动物中不会长淋巴结的动物之一。

上学后看电影《古刹钟声》，庙里老和尚就养了两只会报警的鹅，哈哈，居然也有戏份啊，更让我青目有加了。

老茶馆，一瓢细酌邀桐君

（一）

丰子恺为我们留下了一幅过目难忘的漫画。靠窗一张桌子，桌上一壶茶、几只杯子，竹帘卷到一半，看得到窗外一轮细细的新月。题画是宋人的句子：人散后，一钩新月天如水。

虽然画面中没有一人，但仍可想见晚风轻拂的夏夜，三五知己如约而至，品着香茗，推心置腹聊天时的情景。及至半夜意犹未尽，或许还吃了一些女主人端上来的点心，然后各自回家。空荡荡的屋内顿安静起来，但分明让我感到胸口起伏鼓荡的惆怅。

静物画的最高境界是每件物品都被赋予了生命，注入了有温度的张力，画面上的空间和色彩也如流动的景象，让人期待下一幕的出现。大师的这幅漫画举重若轻地登临了这个境界。

今天，人已散去，上海老茶馆的人情物景还被多少人镌刻在心底？

（二）

进入互联网时代，传统意义上的茶馆退出历史舞台是一种必然，但在老百姓生活中留下美好回忆的东西总是让人怀念的，这就是历史常常于一般人来说不尽情理的地方。

徐珂《清稗类钞》中记载，上海的茶馆始于清同治年间，当时有三茅桥临河而设的丽水台、南京路的一洞天，福州路上的青莲阁也是差不多时候建起来的。素有"旧闻作家"之誉的杨忠明兄在考证后认为，应以丽水台最先。他还说，茶座中还有"绕楼四面花如海，倚遍栏杆任品题"的对联，是当时文人雅士、阔少富绅流连之地。其时还有歌咏道："茶馆先推丽水台，三层楼阁面河开，日逢两点钟声后，男女纷纷杂来坐。"

这个时候茶馆里还可以堂而皇之地吸鸦片。光绪年间，广东人就在河南中路一带开了同芳茶居，除了茶水还供应茶食糖果，一大早还有鱼生粥饷客，中午则有各色点心，到了晚上就有莲子羹和杏仁酪。不久，同芳茶居对面又开了一家怡珍茶居，除了点心兼卖烟酒。广东人总是开一时之风气的。

但也有一些老上海认为：上海的茶馆，应该先从南市开始。最早的一家是三雅园，也叫山雅园，咸丰元年（1851）开设，地址在四牌楼附近，当时上海还没有正式的营业性戏院，所以《海上竹枝词》特别记了一笔："梨园新演春灯谜，城外人往城里跑。"三雅园在经营上相当灵活，上午卖茶，下午演戏，主要是昆曲、徽班和京戏。咸丰四年，小刀会撤退时与清军混战一场，城门失火，殃及池鱼，三雅园因为离县署很近，也在战火中成为废墟。几年后，内园浙绍公所的戏院迁至法租界小东门外一号栈内，沿用三雅园旧名，继续发挥茶馆和戏院功能，这条街也因此叫作戏馆街。

不久，有人在豫园废墟中建起了一些茶楼，或利用旧房危楼改建经营，有湖心亭、乐圃阆、也有轩、四美轩、凝晖阁、红舫、桂花厅、鹤汀、怀回楼、群玉楼、船舫厅、春风得意楼、里园等，总共是"十八家半"。所谓半间，是因为与一墙之隔的老虎灶共用一个店面，相当局促。

20世纪初，王韬在《蘅华日记》等笔记中写到当时豫园一带茶市的风光："园中茗肆十余所，莲子碧螺，芬芳欲醉，夏日卓午，饮者杂沓。"

春风得意楼的名字大约取自唐诗"春风得意马蹄疾，一日看遍长安花"，颇有讨彩头的用意。据老上海回忆，这家茶馆开设于光绪年间，地处萃秀堂南侧，面临九曲桥，与湖心亭隔湖相望，老式三层楼屋，屋宇敞亮，可容纳上千茶客，茶客品茗之际也可凭栏张望。占了天时地利之便，那么到城隍庙里进香的香客和许愿的妓女也愿意来到此处喝茶休息。

这情景在四马路的青莲阁或许不足为奇，但在相对保守的老城厢就引起了不少猜想，加上老茶客的哄传，保甲总巡大人就在光绪二十四年（1898）元宵节的前一天，以茶馆男女混杂有伤风化为名，派一帮团丁前去将春风得意楼查封了。

后来，茶馆老板花了三百两纹银打通关节，几天后又恢复营业了。不过茶馆从此改变经营方向，竭力招徕一批商家贾客来茶馆洽谈生意，茶馆逐渐变为交易所或公所，每天清晨至午后，头戴瓜皮小帽的布业、豆业、钱业、糖业等各式商贾进进出出，络绎不绝。

据《老城厢》一书记载，1948年5月，春风得意楼举行过一场黄鹂竞赛会，千余只黄鹂上阵争鸣，场面蔚为壮观。这个场景如果拍成电影的话，就是了解旧上海市民社会的珍档了。很可惜，1959年豫园改建时春风得意楼就拆了，现在豫园售票处就是当年春风得意楼的原址。

茶馆与戏园的关系也是很深的，可以说是共生共荣。上海第一家戏馆满庭芳于清同治五年（1866）开张，这个戏馆本身就是一家茶园，后来在它的对面出现了竞争对手丹桂茶园，两家竞争得你死我活。再后来又有了南丹桂、北丹桂、春仙、桂仙、鹤鸣、大观等兼具戏馆功能的茶园，在正式戏院、剧场形成之前，南来北往跑码头的梨园名角都在茶园或会馆公所里唱戏，大一点的公馆会所都设有戏台，现在董家渡路南外滩的商船会馆修复后重建了一个戏台，就是这个道理。旧上海的戏馆与茶园，真是一个值得从头细说的大题目。

茶馆是一个积有习气的小社会，茶客入座时也自有功架，要茶不开口，用手势表示：食指伸直是绿茶，食指弯曲是红茶，五指齐伸略微弯曲是菊花，伸手握拳是玳玳花，伸一小指头，那就是白开水了。茶馆内部也有一套行业术语，俗称切口，比如茶博士相互通报情况时，一、二、三、四、五、叫做摇、柳、搜、埽、崴，茶叶叫"淋枝子"，好茶叶叫"尖淋"，低等级的茶叶叫"念喤淋"，客人叫"捻子"，客人来了叫"入窑儿"等，一般人是听不懂的。我以为，旧时茶馆与帮会都有很深的渊源，这种情况也是帮会文化的映射吧。

（三）

晚清至民国时期，上海工商界人士喜欢聚集茶楼交际应酬，青莲阁、长乐茶园、一乐天、品芳楼、四美轩等生意因此而红火。赏乐楼临街窗子多且宽畅，遛鸟者喜欢在那里喝茶斗鸟，窗外挂满鸟笼，春暖花开，鸟鸣不绝，路人常驻足聆听。桂花厅茶客多为城内闲适居民，乐圃廊为麻将高手的聚会场所，在升平茶楼喝茶的大多为清洁工人，玉液春为个体手工业者和旧货业经营者的小天地，一洞天则是小报记者交换信息的地方，民国时期上海报业发达，竞争激烈，小报新闻资源有限，所刊内容一般得之于道听途说，可信度可想而知。混迹于茶客中的还有一拨"白蚂蚁"，他们就是专做房屋租赁生意的掮客，每介绍成功一笔业务，就在顶费中抽取十分之一佣金。他们就是今天房产中介的"祖师爷"，但"白蚂蚁"之称谓，多少有点鄙夷。"白蚂蚁"经常扎堆在春风得意楼，此处因此也有了"顶屋市场"的别称。

光喝茶是做不大生意的，所以有茶馆必有说书。城内的柴场厅、群玉楼、逍遥楼、红月楼、春风得意楼等都设有书场，不少评弹名家就是在这里唱红，成为响档的。听书时，一杯茶喝淡了没关系，提着竹篮的小贩们会及时上门叫卖甘草梅子黄莲头、盐金花菜五香豆、椒盐杏仁糖胡桃、鸽蛋圆子焐糖藕。

彼时，城隍庙街市被一条东西走向的豫园路划为南北两片，南片包括湖心亭、九曲桥、乐圃阆，与内园合为庙园，北片沿路则有萃秀堂、点春堂、春风得意楼等，是城里最最热闹的去处。直至三四十年代，春风得意楼的生意日趋清淡，在城隍庙茶馆中的"霸主地位"为湖心亭所取代。

湖心亭是上海现存最早的茶馆，这处亭阁式建筑始建于清乾隆四十九年（1784），原来是豫园的凫佚亭，后来成为鲜花业公所和青蓝大布业公所，直到咸丰五年（1855）才改建为茶楼。它由三座各不相同的亭子紧密组成，错落有致，主次分明，但中间没有缝隙，情同手足。也许在建造之初，当时的工匠就为了体现乾隆盛世的气象，炫耀了一把技术。这种式样，以我有限的阅历，在全国其他地方还真没见到过。

经过近一个世纪的沧桑变化，众多茶楼或改建，或功能转变，只有湖心亭硕果仅存。它执着地屹立在九曲桥边，像饱经忧患的老人，几经折腾，几经粉饰，现在以宽厚平淡的笑容俯瞰着桥上如织的游人。

今天的湖心亭已经成为上海立体的历史图像。

（四）

提起茶馆，不能绕过青莲阁。从这个茶馆的沧桑变化，可一窥旧上海茶馆的"罗曼蒂克消亡史"。在上世纪20年代，福州路时称四马路，真比南京路还热闹，而最最热闹的地方有处"昼锦里"，就是现在外文书店所在，青莲阁便坐落于此。这个茶馆原为华众会会址，韩子云在小说《海上花列传》里屡次提到它，是文人骚客的雅集之处，环境洁雅，陈设考究，茶食俱备，初具茶馆的雏型。

在吴友如所绘的《晚清社会风俗百图》里，有一幅《华众会啜茗品艳》，所绘场景被列为洋场景色之一。而在戴教邦的《新绘旧上海百多图》画册里，有两幅画颇能说明问题，一幅是"青莲阁多野鸡"，另一幅是"昼锦里多女鞋店、香粉店"。这时所绘的青莲阁不单指茶馆，而是指这一带地方，而茶馆和女鞋店、香粉店相邻而立，足可令人想象当时青莲阁的鼓噪喧阗与青楼女子的衣香鬓影，一起构成了老上海泛黄的明信片。

近代上海小说家包天笑年少时从苏州到上海，客寓洋场多年，在他晚年撰写的《钏影楼回忆录》里就记下了第一次看到青莲阁的感触："那个地方是吃喝游玩之区，宜于夜而不宜昼的。有一个很大的茶肆，叫做青莲阁，是个三层。二楼楼上，前楼卖花，后楼卖烟（鸦片），一张张红木烟榻，并列在那里。还有女堂倌，还有专给人家装鸦片的伙计，有川流不息的卖小吃和零食的，热闹非凡。"

老人们回忆说，青莲阁不但能品茗，要是疲乏的话还可以倚靠在茶桌上打个盹，倘使腹中空枵，还可以买到各种点心，如生煎馒头、蟹壳黄，或者豆腐干、茶叶蛋。后来青莲阁又拓展经营范围，在楼下搞起了弹子房，还有哈哈镜、西洋镜等游艺项目，遂使得客人大开眼界，目迷五色不忍离去。

郑逸梅在他的那本《三十年来之上海》一书中也谈到青莲阁，认为它在上海茶家中确实有"耐人逗留依恋"的特色。

鲁迅在1932年2月的日记里透露了一个剧情，他与朋友好几个一起在同宝泰喝酒，醉后意犹未尽："复往青莲阁饮茗，邀一妓略来坐，与以一元。"

后来，青莲阁年久失修，茶馆老板就把它盘给了世界书局的沈知方。那是1932年的事了。后来青莲阁的老板又选中了今天湖北路福州路口的转角处，营造了一幢三层楼的新建筑，在二楼经营米行和茶市，二楼的茶馆仍叫青莲阁，三楼则辟建为"小广寒宫游艺场"。"小广寒"里游艺项目不少，老板又暗中经营妓业，兜揽狎客，一时乌烟瘴气，鱼龙混杂，成为富商巨贾和地痞流氓寻欢作乐、放浪形骸的场所。

游艺场这些收入当然超过二楼的茶馆，但老上海们认为从此青莲阁的茶就不好喝了，一些茶客就改换门庭，移至新雅、大三元、清一色、羊城、金陵、岭南、东亚等广东人开的茶馆去了。抗战后，青莲阁茶馆无力恢复旧观，早期的盛况就成前尘往事了。这幢楼今天仍在福州路上。

（五）

南京路上的五云日升楼也曾是上海滩一景，这个茶馆我早已听说，它的开张可以追溯到清末，位置就在南京路浙江中路口。光绪三十四年（1908），上海第一条有轨电车线路铺成，从静安寺路经南京路到外滩，就在日升楼窗下叮叮当当经过。通车之时，日升楼成了观景的制高点，阳台窗口，几无立锥之地。戴敦邦也在他的《新绘旧上海百多图》里留下一幅图像："五云日升楼转角多电车"，画面上迎风招展的幌子、茶楼窗口的人影以及从两辆正在行驶的翘辫子电车中穿过的行人和拿着文明棍的"红头阿三"，足可让今天的青年人想象当年的海上繁华梦。

老上海们说起日升楼，就会津津有味地引出山东马永贞的故事。

清朝末年，马永贞到上海来卖拳头，并扯起"脚踢黄河两岸，拳打南北两京"的大旗，与之较手者，无不被打翻在地，马永贞一时名声大振，令中外拳手詟服。可是这个山东人有点忘乎所以了，不再卖艺，专门在马贩子身上捞钱。马贩子从北方贩马到上海，先要孝敬他，否则他就以相马为名，随手在马屁股上一拍，那匹马就受了内伤，再也卖不出好价钱。马永贞的"马屁功夫"可真了得啊。

时间一长，马贩子们就对这个山东老乡恨之入骨，必欲除之而后快。他们这伙人中有个绰号叫"白癞痢"的，素工心计，在乡亲们的推举下就担当起除暴安良的使命。他通过侦察了解到马某人每天早晨必定要到五云日升楼洗漱，然后喝茶吃早点，便准备了一包石灰，挑选十几个强壮的马贩子埋伏在茶楼的楼梯边，等马永贞俯身洗脸时，白癞痢一撒手便将石灰当作护肤霜送给了他。马永贞两眼为石灰所蒙，无法睁开，马贩子们一拥而上，拳足并施，刀枪齐击，一会儿工夫，一代拳王就呜呼哀哉了。

马永贞一案具备了一部通俗电影的基本要素，在上海滩引起了不小的轰动，加上一些小报记者绘声绘色，大肆渲染，很快就家喻户晓。茶馆里出了人命案子，这对五云日升楼的声誉是一大损失，有些茶客从此绝足不登了。

上世纪30年代，五云日升楼终于日坠西山，关门大吉。马永贞的故事在前不久好像拍成了一部电视连续剧。

（六）

上世纪20年代，随着来上海的广东人增多，以广东茶客为消费对象的茶楼应运而生。小壶天、广东楼、安乐园等都是第一批试水的广

生物治器，若黄
发黄产。
持一碗
寄与金茶
店人
白居易
山寮嘉荣作
尝茶呈味

式茶楼，北四川路虬江路口的新雅茶室创建于1927年，老板是广东人蔡建卿，他的经营方针比较灵活，除清茶之外还兼售咖啡、可可、汽水、罐头食品等，虾饺、萝卜糕、鸡肉包、叉烧包、鱼生粥也是不能少的。除老广东相约来此"叹早茶"，上海及外省青年人也趋之若鹜，新雅因此生意红火，1928年供应起酒菜，1932年迁至南京东路，发展为一家规模不小的粤菜馆。从新雅茶室到新雅粤菜馆，鲁迅都去过。

30年代流金岁月，上海的广东茶楼已经达到相当规模，新雅、大三元、红棉、东亚、大东、冠生园、岭南等一批知名粤菜馆都是兼营早茶的。据老上海回忆，广东茶室环境整洁，茶点适口，收费公道，服务优良，叫一壶香茗孵上半天，饭点时再叫一客马拉糕、一客滑肉面，所费不过半块大洋。也因此，海上文化人将广东茶室当作与朋友品茗晤谈的首选场所，小报记者也在那里打听消息，编辑也愿意在此与记者商量报道内容，寻找新闻线索，茶余饭后，睡了竖头觉再去上夜班。

在今天的河南路广东路口，原来开过一家同芳居茶馆，这个广东茶馆为后来人提起是因为与苏曼殊有关。苏氏寓居上海期间，落脚在同芳居附近，因而成了这个茶馆的座上客，有时还约了朋友一起品茗晤谈，他的许多诗文也是在饮茶时一呵而就的。他出家后不能做佛事，却善于作诗，在文人圈内赢得"诗僧"的美名。同时他还工于绘画，一旦润笔到手，就到同芳居一膏馋吻。同芳居里有一种名叫"摩尔登"的糖，围棋那般大小，红红绿绿的装在玻璃瓶里，我想原先是为吸鸦片的人准备的，鸦片鬼因为整日吸烟，口苦得很，需要用甜食来调剂一下。又据说这种糖茶花女也嗜爱，他听了这种没有根据的传说后也爱上了这种糖，一买就是好几瓶，并自诩"糖僧"。有一次囊中羞涩，他就把金牙拔下来换钱买糖。包天笑曾赠一首：松糖橘饼又玫瑰，甜蜜香酥笑口开。想是大师心里苦，要从苦处得甘来。

（七）

老上海还告诉我，五云日升楼对面有易安茶馆，用的是李清照的号，再往东走几步，则有陶陶居茶馆，兼售宵夜，据说是冠生园的创始人冼冠生的发迹地，后来就被广东商人购去，在原址造起了永安公司。

南京路四川路口曾经开过一家老旗昌茶馆，兼售茶点，广东来的咸水妹聚集在那里勾引外国烂水手。其他妓女又常常聚集在昼锦里的一林春茶馆。云南路上的玉壶春，是白相人吃讲茶的地方。所谓吃讲茶，今天的小青年想来不一定知道，就是争执双方借喝茶的名义到茶馆谈判，请出在这块地皮上说话算数的白相人来调停。如果双方愿意讲和，调解人就将红绿两种茶混在一个大碗内，双方一饮而尽。要是调解不成，白相人就觉得挺没面子的，起身走人，那么双方矛盾也会骤然激化，茶碗一扔，桌子一掀，大打出手的剧情就会上演。

茶馆对吃讲茶是向来头痛的，但开茶馆的老板与白相人又有着千丝万缕的关系，不拜一个黑社会老头子做靠山，生意哪能做得成？云南路上曾经有一家茶馆老板给白相人搞得很苦，索性冒充蒋介石的笔迹做了一块匾额，地痞流氓从此不敢滋扰，但时间一长就穿帮了，被警察砸了招牌。有些茶馆为了图清静，常常在墙上张贴"奉宪严禁讲茶"的纸条。在老舍的《茶馆》里也出现过吃讲茶的场景。南北风气的茶馆里是有不少相似之处的。

萝春阁也是老茶馆，由大世界创始人黄楚九接手经营，这个茶馆附设书场，有时也上演绍兴戏与锡剧，有自己的客户群。他家的生煎馒头是上海滩一绝，后来吃生煎馒头的人超过了纯粹的茶客。现在萝春阁还在，生煎馒头还是上海名小吃，但许多人不知道它的前世是一家茶馆。

南京路上还有过一家仝羽春茶馆，将古代两位对茶做出重大贡献的茶道中人卢仝、陆羽的名字合成后名，据说是佛山人吴趼人为他家取的名。这个茶馆也设有戏台，京昆淮扬无所不演，往往通宵达旦。

（八）

茶馆是三教九流聚集的场所，除了茶客和说书先生，还有善于周旋的生意人、目光阴鸷的包打听、贩卖古董字画的掮客、卜命星相的"铁口"或"半仙"，包括令人垂怜的卖唱姑娘和兜售瓜子香烟的小贩。

老茶馆总会传承一些老风俗。每到大年初一，茶馆老板就会给众茶客讨一个口彩，伙计随茶奉送一碟两只青橄榄，因为形状像元宝，这盅茶就叫"元宝茶"。伙计忙不迭地向茶客恭贺新岁，茶客也忘不了递上一份小费。这个时候还有一种人也在此闷头喝茶，他们就是在年根岁末躲债躲得走投无路的倒霉蛋，因为在这个辞旧迎新的好日脚，即使讨债鬼进门看到他，也只得冲他笑笑，并抱拳作揖，而不能提钱的事，这就是旧俗中比较有人情味的一面。

忠明兄还告诉我，旧时男女青年私奔大半是约定以茶楼为出发地点，而决定离婚的夫妇也多半在茶楼进行谈判，双方各请几个朋友来"吃讲茶"，谈得好，双方客客气气，男方付给女方一部分钱，好聚好散，各奔前程。

旧上海的茶楼取名都带有时代特色，好用一个"楼"字，比如九皋鹤鸣楼、太阳星月楼、引凤楼、五福楼、四海升平楼、月华楼、得意楼、龙泉楼、锦绣万花楼等，至于江海朝宗一笑楼——那真像当时一部章回体小说的书名了。也有稍为雅训的，比如爱吾庐、满庭芳、玉壶春、留园、仪园、碧露春等。

据史料记载，在清末民初的前后十余年里，上海的茶楼达到160家左右，到了民国八年，有164家。但有的老上海认为实际数量不止这些。

随着城区边界的延伸和人口的膨胀，抗战胜利时，上海的茶馆已经发展为600多家，在解放前夕则有800家，其中有许多是带老虎灶兼书场的小茶馆。现在这样的老茶馆，在市中心已经看不到了。

曼生壶上有一句话我还记得很清楚："煮白石，泛绿云，一瓢细酌邀桐君。"在人人梦想一夜暴富的今天，谁还有这份闲心呢？谁还在扇旺红泥小火炉呢？又有谁在笃悠悠地烹煮新茶呢？

还有桐君，桐君又在哪里呢？

妈妈味道

第二梯队是年糕

　　上海人过春节，除了准备几砂锅水笋烧肉、霉干菜烧肉、四喜烤麸、黄豆芽炒油条子之类的年菜之外，一般还要做上一些汤团、春卷、八宝饭。家宴上可以当点心，若是不速之客叩门贺岁，一杯清茶、一只糖果攒盒之外，有汤团或八宝饭来凑个热闹，聊起来就更带劲了。

　　就节令食品而言，如果说汤团和八宝饭是第一梯队，那么年糕就是第二梯队了。年糕既可做点心，又可担当主食。在我小时候，青团、粽子、月饼、重阳糕等等都是来得快去得快，不像现在一年四季都在卖。年糕大约是在入冬后上市的，由米店或饮食店定点供应。每人每月的大米供应额度只有四公斤，大米吃光只能吃"洋籼米"或面粉。年糕凭购粮证购买，也是限量的，但好像不占大米指标，所以每逢年糕卡车开到，街坊邻居奔走相告的场面也是令人动容的。

　　买年糕要排队，营业员还要翻看顾客的购粮证，小户多少，大户多少，收款收粮票后再盖个章，防止有人钻空子。有些穷苦人家连年糕也买不起，额度就让给邻居。

　　年糕出厂时是三纵三横以田字形叠起来的，买回家后要及时掰开浸泡在水里防止开裂和发霉，那时谁家有冰箱啊。新鲜的年糕比较容易掰开，操作时还能闻到一股米制食品的香气。但妈妈倒不急，她说新到的年糕含水量大，分量重，过一两天再去买，花同样的粮票钞票就能多吃一两条。

我哪里等得及啊！吵着要去买，气喘吁吁地捧回家，掰开，找出一条模样"挺括"点的，吃烘年糕。每个上海小孩的童年都有一个吃烘年糕的故事：操起一把火钳架空在煤球炉上，将年糕放在火上烘烤，烤至两面起泡，焦黄，并发出吱吱声响，拿起来拍去焦皮，必须大口去咬，虽然味道是淡的，但又香又糯的咬劲，终生难忘。

年糕切薄片，摊在竹匾上晒干，对着阳光可见哥窑开片式的裂纹，拿到街头爆年糕片，就是小孩子吃不厌的零食。装在锡罐里，过年时也可以拿出来吃着玩。

素直的年糕以主食身份登场，表现是相当精彩的。吃年糕可以省略下饭菜，这也是艰难时世中上海主妇青睐它的原因。青菜汤年糕，青白人家，起锅前加一勺熟猪油，又香又鲜。若要入味些，可烧咸菜肉丝汤年糕，肯定吃到满头大汗。

炒年糕一般在休息天吃，黄芽菜肉丝炒年糕、荠菜肉丝炒年糕、塌菜肉丝炒年糕都是年糕走秀的闪亮时刻，更上档次的是韭芽肉丝炒年糕，妈妈在灶披间哐啷哐啷炒的时候，香气可以一直飘到弄堂口。我可以吃一大碗，撑到眼睛发直。

过年了，年糕知趣地退到一边，但上海人是不会冷落它的。过年吃年糕其实也是上海旧俗，有"年年高升"的寓意，也有"高高兴兴"的祈愿。不过春节那几天吃的年糕又有一番讲究，此时的它，角色转换成点心了。

烧一锅赤豆汤，赤豆开花前取两条年糕切丁，放进锅里再煮一会，就是一款很不错的居家点心。如果再投几枚大枣或一把莲子更佳。年糕搭配甜酒酿，就是上海人很喜欢的酒酿年糕了。读中学时，我心血来潮，从同学那里借来破破烂烂的外国文学名著，读得如饥似渴，读到好段落，还要抄下来。天暗地冻的下午，煤球炉子还没升起，朝北的后厢房就像冰窖，一个羸弱少年佝头缩颈，读读抄抄，搓搓手心。

肚子饿了，就切一条年糕放在搪瓷茶缸里，再到弄堂口老虎灶打一瓶开水来，一冲，盖上盖子泡几分钟，撒勺白砂糖，就是一道点心了。有时候菜橱里还有半碗甜酒酿，我的上帝，可以吃酒酿年糕啦！

年糕还有一个同门兄弟：糖年糕。糖年糕是为春节而生的，纯糯米制作，方方正正的形态，加赤砂糖或白糖，颜色上略有区别，一般不大会开裂。它摆在南货店的玻璃柜台里，被松糕、蛋糕挤在一旁，不声不响也有自尊。老爸买两块回来，切长条油煎，趁热吃又烫又甜，把牙齿都粘住啦！过年那几天，如果汤团不足应付的话，就只好以糖年糕解馋了。

那时候供应的年糕质量都很稳定，绝对无掺杂。中学时我们在斜土路一家食品厂学工劳动，看到底楼热气蒸腾的车间里排列着十几只铸铁浴缸，这是干什么的？有个同学告诉我：这是做年糕的！

对了，年糕还有一个小表妹：年糕团！吃过年糕团的人大概不多，年糕团像一团滚烫的雪，营业员阿姨将它摘起，在手心里压扁，包油条，加点咸菜、榨菜，团拢来就可以边走边吃了。至今有些糕团店还在供应，馅料比以前多了，有肉松、香肠、培根等，若要吃甜的，则可加糖粉芝麻、糖粉花生碎等。

年糕浸泡在水里也不是万事大吉的，过了立春，缸里的水就要勤换，不然年糕会发酸。

新世纪以来，餐饮市场持续繁荣，年糕入菜的机会明显增加，毛蟹炒年糕、牛蛙炒年糕、八宝辣酱炒年糕、黑椒牛柳炒年糕、鱼香肉丝炒年糕、杂鱼烧年糕……年糕真是一个百搭，与谁都合得拢，无怨无悔地做好配角。我看到这种情况常常会不适意，把服务员叫来：加一盘荠菜肉丝炒年糕！

但是饭店里的炒年糕，总不比自己家里的好，厨师都是外省来的吧。

上海弄堂里宁波籍居民颇不少，宁波人办年货的劲头真叫人叹服，年糕即为一种。宁波来的水磨年糕质量最佳，隔壁门牌号里的阿娘常会让我们分享，糯、滑、劲道，无以伦比。宁波阿娘用大头菜焐整条年糕，加酱油麻油，有浓浓的乡情，这大概是宁波人独特的吃法。宁波还有一种糯米块，与年糕也算近亲吧。肉馒头那般大小，石骨铁硬，顶上按了一颗"朱砂痣"，凝聚了千锤百炼的功夫。隔水蒸透，加绵白糖和猪油，韧劲十足，美不可言。糯米块我已经有四十年没吃到了，前不久甬府的翁总给我一个年菜大礼包，里面居然有两包年糕，还有两包糯米块，个头比以前吃过的小一号，但仍然让我大大知足啦！

今天，作为一种年俗，糖年糕的功能正在转换，厂商做成锦鲤、金蟾、寿桃、元宝等形状，夹花上色，真空包装，喜感满满。上海人买回来，与佛手、金橘、水仙、蜡梅、银柳等一起供在佛像前，是不是很俗啊？过年嘛，就是要俗一点呀，大家开心点不是很好吗。

甜到心里的崇明糕

中国的糕，如果以原材料来区分的话，有两大阵营，一个是用小麦做的，另一个是用大米做的。北方是小麦的主产区，发糕、油糕、切糕、花糕、炸糕、枣糕……在小麦粉里欢天喜气地打滚。长江以南是稻米文化的大本营，糕点多以大米为主，杂以豆类，但也不排斥小麦的友情串场。

小麦粉可塑性大，用它来做糕可以有很大的发挥空间，我最佩服北方农村大妈大嫂做花糕，几个人嘻嘻哈哈捋袖上阵，跟玩似的，转眼就堆满了一房间。花糕也称面塑、礼糕、捏面人，糕体上堆着小孩啊动物啊花草啊，造型夸张，还上了色，对比又十分强烈，蒸熟后简直就是一个可看可吃的雕塑！而在江南一带呢，即使到了明清两朝，小麦种植面积也不大，人们一般都用米粉来复刻北方的面食，比如米线、米粉、米饼、米糕、米馒头、粿条，一不小心成就了另外一个体系。清代第一吃货袁枚在《随园食单》里写到的米糕就有脂油糕、雪花糕、百果糕、栗糕、青糕、鸡豆糕、三层玉带糕、运司糕、沙糕等。运司糕与一个官老爷有关："卢雅雨作运司，年已老矣。扬州店中作糕献之，大加称赏。从此遂有'运司糕'之名。色白如雪，点胭脂，红如桃花。微糖作馅，淡而弥旨。以运司衙门前店作为佳。他店粉粗色劣。"

运司糕今天已销声匿迹，但从袁枚的描写中可以想象此糕的基本形态，米粉制作，有糖馅，不太甜，糕的表面还要用胭脂红的食用色素点缀一下，蒸好后糕体雪白，十分诱人。这几个要素一直延续至今，构成了江南米糕的审美框架。

做米糕要用糯米和粳米按比例调配，后来还会掺些豆杂和干果。清代朱彝尊的《食宪鸿秘》中就记载了多种可入糕的食材，比如栗子粉、菱角粉、松柏粉、山药粉、鸡豆粉等。鸡豆粉就是芡实粉。

豆杂入糕的经验，还被西点师借鉴。上海凯司令的栗子蛋糕是大大有名的，这是西式蛋糕的美妙异化，程乃珊对此有过生动描写，在物质供应困难的时候她在家也试着做过。欧洲人不会做栗子蛋糕。这货松软可口，但保鲜不易，更不能邮寄到远方去。要吃，只能到上海来，坐在黄浦江边，栗子蛋糕配咖啡，两个人面对面，还有什么不能谈的呢？

有一次我吃到了朋友自己烘焙的蛋糕，用鹰嘴豆打成粉后与小麦粉、玉米粉混杂，烘烤后有特殊的香味。鹰嘴豆原产地在土耳其，后从印度传到中国，在新疆和甘肃等省份落地生根。十多年前在上海还看不到，家庭主妇也闻所未闻，我从电视里得知美国篮球明星科比最爱吃鹰嘴豆色拉，我儿子是科比的铁粉，做梦都想吃这个玩意儿。有一天我与太太游玩召稼楼，在一家杂粮店里看到有卖，赶紧买了一些。在西餐馆里鹰嘴豆常用于色拉或配菜，我也照此办理，做了一盆蔬菜色拉，这小子光挑鹰嘴豆吃，一副粉丝嘴脸。

李渔在《闲情偶记》中说："南人饭米，北人饭面，常也。"又说"糕贵乎松，饼利于薄"，后一句几乎成了糕饼业的圭臬。

在魔都，饼以面饼居多，越薄越好，比如葱油饼、韭菜饼、鸡蛋煎饼；糕以米糕为宗，越松越灵，比如黄松糕、定胜糕、玫瑰印糕、薄荷糕、高桥松糕。江南古镇有一种现切现卖的云片糕，是又薄又松的双冠王，市区的食品店里也常年供应。张爱玲是很爱吃云片糕的，她小时候常常梦见吃云片糕，吃着吃着，薄薄的糕就变成了薄薄的纸，除了涩，还感到一种难堪的惆怅。其实云片糕是不涩的，除非里面夹了胡

臨飽挺裘拂曙袍。糅姿花飲斗分
喜翁郎少改甦糕名。寅負詩家一代
豪

宋宋祁
曰食糕

上嘉榮作
山陰

桃肉，胡桃肉的衣又没有剥干净。

黄松糕是最便宜的国民小食，在我小时候只卖四分钱一块，一口咬下又香又松，现在乔家栅还有黄松糕供应，以前做黄松糕用的是糯米粉加陈年籼米粉和古巴砂糖，现在食材提升了，常常用纯糯米粉，田螺姑娘变成了美人鱼，反而不如以前那般有质朴的口感。

再比如定胜糕，与寿桃并肩亮相，作为一种礼俗而存在，是它们的价值。老派上海人乔迁新居、祝贺寿辰还会请它出场担当形象大使，取其高兴和长寿的意思。堆起来供在桌上，有形有款。蒸软了吃，一口咬出豆沙馅，径直甜到心里。

制作定胜糕要在糕粉中加入红曲粉，成形后腰细而两头大，形状如木匠师傅拼接木板而用的定榫。有一次与太太去杭州清河坊闲逛，看到沿街点心铺子现蒸现卖定胜糕。小小的木模每只蒸一枚，撒米粉，埋豆沙馅，再罩一层米粉，手脚极快，表演性很强。

不过也不是所有的米糕都是膨松的，也有糕体紧密，类似琥珀脂玉，比如赤豆糕、百果蜜糕、桂花拉糕、条头糕等。遇到重阳或春节等重大节庆，上海郊区的民众还会兴师动众地蒸糕，这般场面，充满了人间烟火！

此时隆重登场的蒸糕，亦叫松糕，或称桶蒸糕，是江南米糕中的头牌，圆圆的，厚厚的，直径一尺左右，高度也有两三寸的样子，拿在手上颇有些分量，冷却后密致紧实，一不小心可将脚板砸成骨折。表面堆集了红红绿绿的蜜饯，喜庆色彩相当浓厚，也有些比较含蓄，将核桃或红枣藏在糕中，那是偷着乐的画风。

说起来，松糕在上海混码头也有些年头了。《嘉定县续志》记载："松糕，以粳糯米磨粉，和以赤白糖汤，徐徐入甑，松腻得中，则易熟而不滞。果品如松仁、胡桃、枣肉、橙丁、橘红，芳香如玫瑰、木樨、薄荷及干菜、猪脂，皆可加入。岁杪馈遗，比户为之，新正常以享客，重九亦然，盖谐声于高，以为颂祷……"

七宝、高桥、崇明都有自产自销米糕的悠久历史，去年重阳节，收到吴玉林兄从闵行颛桥快递来的一块桶蒸糕！说是一块，其实由四色组成，分别夹了豆沙、黑芝麻和白糖猪油。我挑了一块搁在锅里蒸软，水汽弥漫之际，被一股稻谷香暖暖地包裹住了。玉林兄在微信里强调：这个糕是纯手工制作的，做糕师傅是安乐村蒸制作坊的宋爱华、罗仁官，他们夫妇俩是颛桥桶蒸糕制作技艺的传承人。

今年春节前，许其勇兄也从他家乡崇明给我快递来一块沉甸甸的崇明糕，似乎比别处的蒸糕更加讲究，除糯米、粳米之外，用糖要红白分两种，配料又有核桃、松仁、瓜仁、红绿丝等，最妙的是加了猪油丁！没有羊脂玉般透明的猪油丁，蒸糕怎么会有令人神往的腴香呢？

许其勇兄再告诉我，蒸糕也不是一次完成的，而是先在桶底撒一层经密眼筛子过滤的糕粉，固化后再下核桃和枣肉，再撒一层粉后继续蒸，如此者三，才能完成一块有形有款有味的崇明糕。

崇明糕有松糕和紧糕两种，松糕可冷食，紧糕必须回锅蒸软后吃。春节时吃的以紧糕为主，不过我是得手后立刻分割成八块，保鲜膜封好存冰箱，临吃取出上笼屉蒸，也可以在平底锅里油煎至表面冒出小油泡，又香又糯。如果你偷懒，将整块米糕存入冰箱冻上三五天，到时候你就是从李逵那里借来大板斧，也别想劈开它了。

崇明糕还有一种细巧的吃法，切成细条，与酒酿共煮，叫做糕丝汤，可以登席。切成小块，与赤豆或南瓜共煮，乡情可亲！这种吃法好像在苏州也有，咸猪油糕切丁烧南瓜汤，有咸有甜，别饶风味。

米糕是甜的，糯的，松的，软的……吃在嘴里，心里泛起一阵实实在在的欢喜。

"雷米封馒头"

　　寒门出孝子，我大哥就是孝子，也是我们兄弟姐妹的榜样。妈妈经常这样教育我："你大哥十五岁那年就赚钞票了，上午当学生，下午当老师，拿到津贴连夜坐摆渡船从浦东赶回家交给我。"上世纪60年代初大哥在上海船舶学校读书，尚未毕业就受到学校领导关照，破格当起了辅导员。毕业后留校，财务室里一坐就是一辈子，不论学校北迁还是升格，直到在总会计师的职位上退休——返聘——外聘——退休。

　　大哥曾在少年宫美术班跟张乐平学过画，小荷初露尖尖角，但为了减轻家庭负担，选择了另一条路。大哥平时住校，每周回家一次，星期天就成了全家最热闹的日子，对我而言就是开荤，红烧肉加蛋、霉干菜烧肉、面拖排骨、咸菜大汤黄鱼等等，只在这天端上桌。

　　在我能朦胧记事后，三年困难时期刚刚过去，物资供应还很紧张，不过有一个印象倒很清晰，大哥回家那天，家里也会做一次馒头。那时候上海居民的大米是定量供应的，更多日子只能吃面粉，黑乎乎的标准粉掺了不少麸皮。妈妈会做面疙瘩、面条子，倘若面粉有富余，月底就摊一次煎饼，六分厚，两面焦黄，掰开后可见两三层油酥，嵌着绿白葱花，喷香。那时候家家都备有一只"法兰盘"（平底锅），我们家的那只法兰盘直到上世纪70年代才恋恋不舍地扔掉。面疙瘩、面条子做起来简便，与菜帮子共煮一锅，汤多油少，沉淀物更少，纯粹是图个虚饱。

　　大哥会做馒头，在我看来相当了不起。他有大将风度，胸有成竹，发酵（鲜酵母在南货店里有售，总是差我去买，蜡纸包装，四分钱一小块，与乳腐相似，芳香中略带酸味，我很喜欢这个味道）、揉面、摘剂，一半做刀切馒头，另一半做花卷。我呢，偷偷地摘一块面团来捏成小鸡小鸭什么的，混进笼屉里蒸，蒸熟后总归面目不清，又怕妈妈看见了骂我浪费粮食。大哥揪我一下耳朵："小把戏！"将失败作品朝我嘴里一塞。

刚刚出笼的刀切馒头真是太香了，一口咬下，舌头得赶紧躲开。花卷当然更加高级，可以一层层剥来吃！有时还会做菜馒头，蒸好后有金黄色的菜油从收口处钻出来，不过妈妈心痛这点油。

大哥吃了晚饭就要返校了，妈妈总会跟他有一番推让，让他多带上几只馒头。我有时候会提前蹿到弄堂口玩，仿佛与大哥"邂逅"，再送他一程，走到百米开外的杀牛公司，路灯渐次亮起，大哥催我快点回家，再朝我怀里塞一只馒头。

有一次我吵着要吃甜的刀切馒头，大哥被我缠得没办法，就做吧，但是白糖也是配给的，正好家里存货无多，那就找几片糖精片溶化后拌在面团里吧。蒸好后一吃，咦，怎么不甜？大哥找出存放糖精片的小瓶子，坏了，原来是爸爸用来治疗肺结核的雷米封。

大哥向来谨慎，没想到被雷米封撞了一下腰，这馒头吃了会产生什么副作用，他吃不准。妈妈想到了生产组里的同事杨家姆妈，她丈夫是仁济医院的医生，可以去问一下。于是，尴尬的任务就落在姐姐身上，她出门时又把我拖上。我们来到太平桥一条弄堂里，二楼前厢房，满堂的红木家具，蕾丝边台布，冬日的阳光正斜斜地照在杨家姆妈身上，挺拔的鼻尖上搁着一副很细巧的金丝边眼镜，她在一针一针地绣羊毛衫——这是里弄生产组里分配给每个组员的工作量。杨家伯伯正在试放几张新买的唱片，他肯定地告诉我们：馒头可以吃的，没关系。临走，杨伯伯在我口袋里装了几粒鱼皮花生，杨家姆妈则拿了三件羊毛衫包进一个小包袱递给姐姐："回家交给你姆妈，今天夜里我们去看尹桂芳的戏，这点'生活'来不及做了，请她帮帮忙，到了月底我会跟她算工钿的。"

杨家姆妈一家跟我们大不一样，只有一个"嗲妹妹"式的独生女儿，杨家伯伯收入又高，不愁吃不愁穿，杨家姆妈完全可以不去弄堂生产组做的，但是政府动员每个家庭妇女（现在叫全职太太）自食其力，走向社会，她只能顺应时代潮流。不过她每天领回来的"生活"常常不能按时完成，最后要请妈妈代劳。妈妈遇到这种情况心情复杂，多一点收入当然好，不过她留下的羊毛衫总是深色的，在上面绣十字花当然更费眼神啦。

我心情也是复杂的，有时候妈妈到她家里指导绣新花样，也会带上我，我就可以吃到牛轧糖、甘草橄榄，但又不能东摸西摸，最后，唉，又要让妈妈忙到三更半夜眼睛通红了。

我跟着姐姐蹦蹦跳跳地回家了，当我抢着将杨家伯伯的"鉴定报告"告诉大哥时，他松了一口气，拿起一只馒头砸在我头上。我咬了一大口，"雷米封馒头"倒是有点甜津津的呀。

香椿芽的乡愁

一场润物无声的夜雨之后，大地苏醒，春回人间。时令菜蔬不让瑞香、樱花、桃花、杏花等专美于前，迫不及待地登上人们的餐桌，韭菜、菜苋、枸杞头、马兰头、茼蒿、蒌蒿、春笋……它们在舌尖滑过的时间有些短促，却唤醒了我们对春天的所有记忆。

还有香椿芽，上海人与它的一期一会，已经固化为拥抱春天的一种方式。

香椿芽是中国独有的树生菜。"三月八，吃椿芽"，香椿头拌豆腐，是上海老一辈爱吃的素食。父母健在时，常从南货店包一枝回家，那是用盐腌过的，色泽暗绿，洗净切碎，拌嫩豆腐，浇几滴麻油，咸的香椿头和淡的豆腐在口中自然调和，味道十分鲜美。香椿芽有强烈的芳香味，这是它的鲜明个性，起初吃时消受不起，而且听说是从香椿树上得来，以为我家真穷到要吃树叶了，心里不免慌了几分，后来慢慢喜欢上了它。现在，每到阳春三月我必去邵万生包一枝香椿头回家，家人不爱，我乐得独享。当年上海评市花时，曾将臭椿树列为候选，因为它有净化空气的功能。但臭椿芽是不能吃的。

香椿树长得峻峭挺拔，树干可达十几米，羽状复叶，开春后有紫色的嫩芽蹿出，农人在竹竿顶端缚了剪刀，另一半系了绳子，瞅准了一拉，嫩头应声而落，粗盐一抹就可以吃了。

椿树是树中的美男子，也因此，古人将父亲比喻为椿树，"椿堂"

或"椿庭"就成了父亲的代称，与之对应的是"萱堂"，是母亲的代称。唐孟郊《游子诗》："萱草生堂阶，游子行天涯。慈母倚堂门，不见萱草花。"《诗经》疏称："北堂幽暗，可以种萱。"北堂即代表母亲之意。古时候当游子要远行时，就会在北堂种萱草，希望减轻母亲对孩子的思念之苦，忘却烦忧。

报纸上有文章说吃香椿芽的时间也就是一个星期，尝鲜要趁早，结果弄得大家心慌手乱！但我在菜场里看到这货可以在摊位上赖足一个月。有老前辈告诉我，现在物流发达了，自南往北，香椿芽一茬茬地往上海送，当然可吃一个月不止喽。再说香椿芽分初芽、二芽、三芽，越早香味越浓，初芽宜凉拌，拌豆腐、拌面都是极好的；二芽宜炒鸡蛋，香椿芽的香嫩与鸡蛋的肥腴合起来，相得益彰；三芽味道就淡了，宜裹面油炸，吃个脆香。

在安徽黟县，我在农家吃过土灶头上的香椿芽炒鸡蛋。嫩芽切细，鸡蛋打成液，拌入嫩芽末，多放点猪油，在锅底摊成一张饼，再用文火烘片刻，翻个身装盘，满室飘香。在山东我吃过凉拌香椿芽，酱麻油一浇，脆脆的，香香的，当然比腌过的更能体会春天的气象。厨师还用蛋泡糊挂了浆油炸香椿头，类似日本料理中的天妇罗，俗称"香椿鱼"，但香椿芽的本味有不小损失。此菜我在西安、洛阳都吃过，也叫"春椿鱼"。

上周末去我家附近一家无公害蔬菜专卖店买了一把香椿芽，这货身价年年见涨，店家居然按两计算，跟卖黄金一个思路。八元一两，一把要我二十多元。想想农民剪香椿芽的不易，再想想近来股市出现了难得的小阳春，我也不好意思还价了。

今年本大叔要翻花样经，回家将香椿芽整理一番，切成细末，再取一把新鲜小葱，切成葱珠。坐锅上灶，倒精制油300克，先将葱珠慢慢熬香，一刻钟后看葱色转暗，再投入香椿末，一起翻炒至水分走得差不多了，加适量海盐和少许鸡精拌匀，装碗冷却。

其实我是从清代朱彝尊的《食宪鸿秘》中得到的启发，书里有"油椿"一条："香椿洗净，用酱油、油、醋入锅煮过，连汁贮瓶用。我觉得加醋肯定会发酸，不好吃，就干脆不加任何调味品，放冰箱一个月也不会坏。

接下来煮面，是那种号称以鸭蛋代水轧制的苏式龙须面，一余捞起装碗，码成一边倒的"头势"，将葱油香椿芽挖一大勺盖上，先拍个照晒上微信，然后趁热拌匀，那个香啊，满屋子都装不下！

这就叫沈家香椿油拌面，吃了这碗面，才不辜负大好春光！

不过到了吴江才知道，沈家香椿芽拌面只是小打小闹而已，昨天和今天，我参加吴江宾馆年度春季菜品鉴活动，国家级烹饪大师徐鹤峰先生做了几道以香椿芽为点睛之笔的珍馐，将"树上鲜"独特而孤傲的个性发挥得淋漓尽致，令我大开眼界，启发多多。

一道是香椿酱蚬肉熏整塘。整塘，就是用整条塘鳢鱼做成的熏鱼，头尾俱全，外形美观，风味独具，无疑是苏帮熏鱼中的极品，一年之中也就是现在这段时间有，每位一条的规格，相当奢华。但徐大师还要用香椿芽打成浅绿色的酱料，拌了太湖蚬子肉和笋丁，用以烘托整塘的雍容华贵。有了香椿芽的独特香气，就使得熏整塘的油炸味变得雅驯起来。

还有一道于今天中午出现在宴会上，香椿酱与蚬肉拌黄酱萝卜丁，与咸鸡、马兰头百叶卷拼成一盘冷菜，极具苏帮菜的神韵，蚬肉与黄酱萝卜的味道也被香椿酱的风味调和得十分妥帖，脆软兼具，清雅甘鲜，诚为下酒妙品。

徐大师坐在我身边，近水楼台先得月，我抓住机会向他请教，他呵呵一笑："这个很简单嘛，香椿芽洗净后塞进榨汁机里一转就行了，不要太细，留点颗粒更好，拌豆腐、拌面、做色拉，都行。嫩豆腐一块，四角方方不要切，直接平躺在盘子里，香椿酱浇个几道，再加点盐，加点白胡椒粉，就是一道美观时尚的冷菜。让我想想，厨房里还有小半瓶，等会儿给你带回上海去。"

饭后雨霁，空气爽朗，几个吃货驱车回上海，我抱着半瓶香椿酱，就像捧着一个阿拉丁神灯，明天我做一道香椿酱茄子。

读台湾地区美食作家唐鲁孙的随笔集《什锦拼盘》，在《我家的香椿树》一文中，老前辈满怀深情地回忆了北平老家院子里的那棵百年老香椿树，每年初春让窗下读书的他闻到一片清芬，而香椿芽都被家里的门房老头剪下卖钱，他也只能偶尔吃一两次。到了台湾后常常思念故园，那棵香椿树也是怀想的对象，后来有朋友送了他四棵从大陆移植过去的纯种香椿苗，经过连年培植，终于在某年的春温时节长出了绿叶红边的嫩芽，摘下后送到饭店请厨师料理，在美餐一顿之后，妥妥地化解了舌尖上的乡愁。"北望燕云，中怀怆恻，思绪纷披，恨不能回去看看，我想五十岁以上的人都有这种想法吧！"

香椿芽，维系着无数人的乡愁，或者童年的美好记忆。

蚕豆，"本地"两字堪珍重

　　拜互联网和现代农业所赐，品尝时鲜这档事突然就变得很容易了。比如春笋，过去总是在一场润物无声的春雨之后才悄然出现在小菜场里，笋壳沾着斑斑点点的黄泥，笋尖啜着一颗晶莹的露珠，那股早春的气息让少年的我莫名感动，而近年来春笋赶在春节前就急于登台走秀，当然，用这种抢跑道的笋做上海人最爱吃的腌笃鲜，味道与记忆中的差远了。再比如香椿芽，每次与我们相会总是来去匆匆，但今年我发现香椿芽在市场上和餐桌上盘桓的时间比以往长久，保鲜技术应用是一个原因，另一个原因是闽粤一带的香椿芽捷足先登。同理，孟浪抢跑的香椿芽香气稍逊。

　　一期一会的春夏时蔬中还有蚕豆，今年上市的时间也大大提前。但上海人的味蕾是相当厉害的，舌尖一抵就眉毛紧皱：这是客豆呀！皮色不够鲜亮，豆皮厚韧，豆肉不糯也不酥，更重要的一点是香气不足。既然买来了，就随便炒一盆吃吃吧，照唐鲁孙的说法，"慰情聊胜于无"。

　　在苏州寻味时，一个食神告诉我：客豆不宜清炒，只宜剥豆瓣做成某些大菜的辅料。我在苏州吃到的两道名肴，一道是豆瓣樱桃肉——苏州旧俗，春天要吃樱桃肉。用红曲米上色煨成的一大块樱桃肉，四角方方，酥而不烂，肉皮分割成网格状，浓稠的卤汁呈赏心悦目的樱桃红，碧绿的豆瓣作为配角上场，烘云托月，大俗大雅。另一道是豆瓣塘鳢鱼，这道菜相当奢华，出自旧时官商人家，单取"菜花塘鳢鱼"鳃部的两片瓜子状"豆瓣肉"，余熟剥下后旺火滑炒，再加入蚕豆剥壳后的豆瓣肉，快速颠锅即成。一百八十尾菜花塘鳢鱼，成就了这道旷世美味。

客豆傍大款，赚足了人气，但真正的美食家心里有数，不会乱了方寸，筷头所向，只在樱桃肉和塘片。

客豆，指南方省份运来魔都的蚕豆。南方气候较之长江三角洲要暖和，茶叶、春笋、香椿芽、蚕豆等，上市时间都要早一些，尝个新鲜、解解馋，晒图到网上叫尖几声是可以的，真要领略中华名物的"标准味道"，要静静心心地等几天。名角上场，需要适当时机和气氛——前奏，暖场，铺垫……天下所有美好事物，都需要我们怀着一颗恭敬的心，去迎候，去想象，去享受。

蚕豆在上海，有三个品种：本地豆、客豆、日本豆。

客豆上市最早，豆荚长短不一，荚内含有四五颗豆。日本豆，顾名思义是外来"异种"，属于大棚改良品种，豆粒胖墩墩的，吃口较糯，豆皮较厚，豆香不足。

本地豆上市时间最迟。我记得早几年清明扫墓时，在坟地边上常常能看到一丛丛蚕豆花。沪剧《庵堂相会》里有一段唱词："豌豆花开像灯笼，蚕豆花开黑良心，好像我岳父金善人……"蚕豆花果真是黑的，又是单瓣，在料峭的春风里，每当有白蝴蝶成群结队地飞来，它们就会不停地颤抖，叫我涌起一阵莫名的伤感。

所以，在客豆大量涌到时，本地豆正值豆蔻年华。

本地豆又称大粒蚕豆，青皮绿肉，自带腰身，剥开豆荚，可以看到"双胞胎"仍在呼呼大睡，而且是睡在"丝绵被头"（指豆荚内毛茸茸的内衣）里的，仿佛贵族血统，一脉相传。豆荚内只有两粒豆，极少有三粒的，格外金贵。

对于本地豆的烹制，我有三条忠告：第一是清炒，第二也是清炒，第三仍然是清炒。真正的绝代美人，才敢素面朝天。

清炒本地豆，香、糯、酥、嫩，色泽淡雅，本味充足，举重若轻地标示了"清水出芙蓉，天然去雕饰"的美学境界。上海人民喜爱它，不是没有道理的。

上海郊区都有种植蚕豆的悠久历史，产自嘉定的蚕豆一直被目为上品，三林塘蚕豆也有很好的口碑。我们弄堂里有一位大叔，每逢蚕豆成熟时，他都要骑一辆"老坦克"去乡下，深一脚浅一脚地来到田头，手搭凉棚东张西望，最后折下两根树枝插在一垄地的前后两端，跟农民兄弟说："从这里到那里的蚕豆我都要了。"

我见过对食材特别讲究的人，但没见过如此讲究的人。

黄昏时分，农民兄弟收好蚕豆，给他装了两麻袋，鼓鼓囊囊地驮在自行车上，大叔就喜滋滋地满载而归了。

沈朝初《忆江南》云："苏州好，豆荚唤新蚕。花底摘来和笋嫩，僧房煮后伴茶鲜。团坐牡丹前。"这绝对是一幅祥和雅致的姑苏闲居图。也说明新夏吃蚕豆在江南是一份天人感应的集体记忆。也因此，在太湖流域叙述蚕豆，苏州就成了主场，占有"本地"的视角。

王稼句先生在他的《口感苏州》一书中引用了《古今图书集成·草木典》中的说法，"蚕豆出双凤法轮寺前者尤佳，自双凤至南门亦据胜，大有如指顶者，他邑仅三分之一，性亦粗硬。"我只知双凤镇羊肉极佳，不知道历史上以蚕豆闻名。王稼句又说："因其粒大而扁，当地人俗呼为牛踏扁。其实牛踏扁不仅太仓有，其他地方也有。"

范烟桥是苏州前辈作家，他在《茶烟歇》中说到苏州人吃蚕豆："如在初穗时，摘而剥之，小如薏苡，煮而食之，可忘肉味。"这种吃法虽然可以获得抢先一步的乐趣，但未必能吃到蚕豆的真味。

袁枚在《随园食单》中介绍清代扬州盐商的吃法："新蚕豆之嫩者，以腌芥菜炒之，甚妙。随时随采方佳。"我认为也是"随时随采"者大佳，但与腌芥菜一起炒，并不是最好的办法，就怕腌芥菜夺味。

有一年我在杭州西湖国宾馆采访，大厨跟我讲了一个事：那年朱镕基总理在国宾馆休养，正值新夏吃蚕豆时节，他炒了一盆蚕豆让首长尝鲜，还加了几片薄薄的金华火腿。朱总理一看就笑了："蚕豆要吃它的本味，加火腿就画蛇添足了。"

汪曾祺也在《蚕豆》一文中写道："我的家乡，嫩蚕豆连内皮炒。或加一点切碎的咸菜，尤妙。"汪老的家乡高邮与扬州相去不远，炒蚕豆加咸菜末子，看来是苏北人的习惯。不对，苏州人炒蚕豆也加芥菜末子的，还要加笋丁、虾米、火腿末、榨菜末等。在烹饪一事上，苏州厨娘总是比别处更加精细些。

食之过嫩，辅之夺味，对蚕豆都可能造成伤害。上海人取法自然，清炒。

善持中馈的"家庭煮妇"炒蚕豆还讲究现剥现炒，若是剥好后放在淘箩里见风一吹，或者存放超过两三个钟头，豆皮就容易老。也有人认为剥出的蚕豆不必再洗，经水一洗也容易见老。

我本人的经验也是现剥现炒为妙，还有一点，剥出的蚕豆不能放冰箱。一般来说，素食宜用荤油，荤食宜用素油，但炒蚕豆须用素油。老菜油色重，味厚，容易压过豆香，也不宜。

我是这样炒蚕豆的：点灶坐锅，油稍许放一点，将葱花煸香，等油温升至八分热时投入蚕豆翻炒，动作要快，等蚕豆收油出汁，加一点矿泉水（千万不要加自来水），加盖片刻，然后加盐适量，白糖少许，再加一点葱花，颠锅翻匀，大火收汁十几秒后即可装盆。本地豆皮薄肉嫩，豆皮稍皱或者绽开都是正常现象，少量绽开说明火候正好，有利入味。

一盆合格的清炒蚕豆应该碧绿生青，色泽悦目，薄油明亮，豆香与葱油香交织在一起，特能振奋食欲。一勺入口，满口江南风味，豆皮薄软，豆肉酥松，沙中带糯，微有回甘。蚕豆要趁热吃，吃到最后不见盆底汁水与浮油，厨师好手段。

好的食材都是掐分掐秒地呈现在世人面前，说它有脾气、任性、身上有娇、骄二气，也不算过分。本地豆就是这样，你如果不能谦恭地迎接它的到来，它就对你不理不睬。

过几天，蚕豆上的那条"绿眉毛"就会慢慢凹下去，转成黑色，此时的蚕豆就老了，清炒的话就要吐壳吃了。假如不想吐壳，也有办法，在剥豆时将"黑眉毛"所在的那小块皮剥去。

蚕豆与我们相会的时间真是太短了，没过几天，我们就只能吃咸菜豆瓣酥了。蚕豆剥皮待用，炒热锅，倒油升温，下切得极细的咸菜梗，煸炒至软，再下蚕豆肉，翻炒出香，加矿泉水适量，加白糖适量，转小火煮至酥烂，大火收汁时须快速翻炒，防止粘锅底，盛起装盆冷却。冷的咸菜豆瓣酥再浇一点麻油，是初夏的下酒妙品。

走笔至此我发现，以前在饭店里，一般的家常菜是不能上桌的。比如葱烧鲫鱼、蛤蜊氽鲫鱼汤、葱烧大排、咸菜炒墨鱼、臭豆腐干炒芦蒿等等，再比如近年来几乎每家饭店都必备无缺的外婆红烧肉、干煎带鱼，以前也不会出现在饭店里。清炒蚕豆也一样，假如你进饭店叫一盆清炒蚕豆，堂倌会对你翻白眼。这是什么道理？也许这路菜不上台面，又卖不出价钱罢。

但是，咸菜豆瓣酥可以上台面。压模覆盆，金字形型或蛋糕形，卖相蛮好，可以卖钱。近年来饭店里还有咸蛋黄豆瓣酥应景，切块装盆，黄绿相间，三明治风格。我反对咸蛋黄抢去蚕豆的味道，曾建议一位厨师改做山药泥蚕豆酥，颜值也高，吃口更加清雅。

前几年饭店里流行过一阵油浸蚕豆，以低温之法将蚕豆焐熟，酥软鲜美，有葱香味，但是油多，吃客得从高腰的盛器中打捞上来。做这道菜用的是日本蚕豆，而且是冷冻货，一年四季都有。

现在，餐饮市场与时俱进，清炒蚕豆也偶有供应了。

剥豆图

丁酉春生

侬剥一粒豆，伊
剥一粒豆。啥
人剥脱就是
罗汉豆。

等蚕豆老了，上海人还有办法让它再度春风。剥出豆瓣烧豆瓣饭，是人见人爱。如果再加几片咸肉呢，就让咸肉在土耳其浴室般的电饭煲里享受一次桑拿服务，将油脂一点点渗透到大米与豆瓣里，这样就更加好吃了。我家里每年要烧一次，否则就对不起蚕豆也对不起咸肉。

　　豆瓣也可以包粽子，糯米浸泡后少加一点海盐，拌入四分之一的豆瓣，以前宁波人还会加少许食用碱以增强黏性，增悦颜色。豆瓣粽子煮熟剥出时有翡翠白玉之美，香糯可口，若蘸白糖吃，滋味也相当丰厚，比之"泛滥成灾"的咸蛋黄肉粽，在风雅上胜出多多，且有古意。

　　岁月无情，蚕豆落花流水地老去，再善良、再美好的意愿也不能留住它，但上海"煮妇"有办法延长它们的青春。比如，剥成豆瓣后让风吹一会，入温油锅炸成油氽豆瓣，这是在上海人吃早饭的恩物，送粥、过泡饭一流。油氽豆瓣下酒，也是越吃越香的逸品。以前南货店里有油氽豆瓣供应，放在圆筒形玻璃瓶里，微绿微黄夹杂，豆瓣之间有深不可测的空隙。递上五分钱，师傅会给你一个三角包，回家撒点细盐，当零食空口吃，咯嘣脆的感觉真好。

　　吃过端午粽，最后一批蚕豆就被晒干了，像戏文里所说，是"响当当的一颗铜碗豆"，被小心存放在小口深腹的绿釉罂里，但深爱着它们的上海人还有办法让它们重返秀场。

　　盛夏时节，每当菜蔬匮乏或胃纳较差之际，上海人就拿出老蚕豆来，用刀跟劈成两半。小时候见过有工厂技工做成专用工具，凹字形的木模，中间嵌一片刚刀，左手将蚕豆架在刀刃上，右手拿小榔头顶着蚕豆屁股轻轻一击，蚕豆应声分作两瓣，再剥去干皮也十分容易。蚕豆干在水煮时大概会释放出一种特殊的鲜味，又在咸菜的辅助下完成美的升华，若再浇几滴麻油，就更加势不可挡，消暑之功也是众所周知的。弄堂里的宁波老太烧好这锅咸菜豆瓣汤后就会扯起大嗓门说："三日不吃咸薤豆瓣汤，骨脚酸汪汪。"

咸齑，在古汉语中指捣碎的姜、蒜、韭菜等，在浙江一带特指腌制的咸菜。宁波笑话，有一老太招待不速之客，从厨房端出下饭小菜，热情洋溢地招呼："咸齑慈菇肉，蛋划划，鱼过过，吃呐，冒（可解释为"不要"）客气！"一共有几道菜呢，哈哈，自己去猜吧，一定要用宁波方言来说噢！

老蚕豆还可以做成奶油五香豆、三北盐炒豆、四川怪味豆，都是我们小时候难得一尝的零食。汪曾祺在《蚕豆》一文中还写道："入水稍泡，油炸。北京叫'开花豆'。我的家乡叫'兰花豆'，因为炸之前在豆嘴上剁一刀，炸后豆瓣四裂，向外翻开，形似兰花。"

冬天来临，上海人也没有忘记蚕豆。老蚕豆可以烧成茴香豆，对，鲁迅的小说《孔乙己》里那个穷秀才的下酒菜，无须用筷，直接用手拿来吃，这是资深酒鬼的标配。不过茴香豆在上海不大受欢迎，上海游客去绍兴咸亨酒店寻访旧味，更喜欢他家的白斩鸡和臭豆腐干，茴香豆只是看看，上海人更爱吃发芽豆。

我妈妈会孵发芽豆，老蚕豆在温水里浸泡一夜发胖，放在竹箩里沥干，盖一块旧毛巾，不时给它淋水。几日后，老蚕豆就像经过冬眠苏醒过来，每颗蚕豆都会钻出白白的嫩芽。嫩芽天天伸展，终于长到半寸长，发芽豆就孵成了。加茴香和咸菜卤，煮成老上海情有独钟的发芽豆。小时候我见到街角小酒馆里，发芽豆叠床架屋地在玻璃橱窗里堆成金字塔，一角一碟，老酒鬼将它叫作"独脚蟹"，可见感情之深。

在日本京都我也吃过蚕豆，那是一场雅致的怀石料理，在先付、八寸、向付之后，蚕豆隆重登场。一只长方形的盆子，有田烧釉上彩，一头是一朵海棠花，一头是一粒蚕豆，中间留了一大截空白。没错，蚕豆只有孤零零的一粒，大概是水煮的，味道很淡。蚕豆与海棠花，以浅绿对应着粉红，在色彩与构图上竭力体现着大和民族的审美情趣，但与中国人对蚕豆的感情大相径庭。

我在日本的超市里看到了蚕豆荚，装在透明塑料袋里，每袋四五节的样子。在日本久居的朋友告诉我，在日本家庭，吃蚕豆也顶多每人分食两三粒而已，吃河虾、吃烧肉、吃草莓、吃枇杷……基本上每人一枚。

　　数年后，我在上海接待四个日本画家，请他们在一家小饭店里吃饭，看到有清炒蚕豆，马上点了一盆，让他们用汤匙舀来吃。日本画家奋力咀嚼，点头如捣，并向我投来感激的目光。在他们的体验中，一盆蚕豆大概仿佛一场豪宴了吧。有一位击盏感叹：这个蚕豆太美了！我说："这是上海本地蚕豆，取清炒一法，最能突出本味。放开吃，才能表达上海人对蚕豆的朴实感情。"

　　觥筹之间，我作为吃惯本地豆的上海男人，相当相当的自豪。

走，去食堂吃饭

有人说：若要胖，吃食堂饭；若要瘦，去食堂吃饭。意思就是干食堂这一行的，难免多吃多占，时间一长自然会长出不少膘来，与之对应的是，在这样的食堂吃饭，就吃不到应有的质量与数量，结果越来越瘦。

这是俏皮话，在特定阶段体现了一对矛盾的两个方面。

我倒觉得，去食堂吃饭，在不同的情景会有截然不同的体验与意义。

小时候，父母都上班去了，哥哥姐姐去外地或者修地球或者苦读书，天寒地冻，万般萧索，家里只剩下我一个无所事事的少年郎，眼看午饭时间临近，陡然来了精神，下楼穿过一条横弄堂，顺着那股过熟的饭香，冲进一排四间打通的石库门底楼，那就是居委会操办的里弄食堂。嘈杂声中排起了长队，移至木板夹墙上开出的拱形窗口前，挑选荤素菜各一，糙米饭三两，清汤一小碗，数出几张饭菜票，然后晃晃悠悠地端到洗得雪白的八仙桌上，与一帮叽叽喳喳的陌生人挤作一团，狼吞虎咽。这一刻，幸福指数爆表。

在小孩子里的印象里，弄堂食堂的饭菜总是比家里的香。同时也可以说，里弄食堂是孩子认识社会的大课堂。不是吗？除了饭菜，我还知道，打饭菜的阿姨阿娘们虽然是我们的邻居街坊，平时与妈妈关系也不错，可她们一旦系上了白饭单，就换了一张公事公办、六亲不认的脸，决不会给我多打一块土豆半勺饭，真是白白赔了笑脸。还有，那些在里弄食堂搭伙的中小学教师，别看他们在课堂上动不动板起面孔教训学生，但到了热气腾腾的环境中立马像换了个人似的，也会与打菜的阿姨斤斤计较起红烧排骨的大小，辣酱里肉丁的多少。倒不如街道工厂里的小青工来得爽气，领了工资的头几天，酱汁肉一吃两块，外加一份糖醋小黄鱼，阔气得很，若是有熟人在旁边坐下，他就端起碗来倒一半给他。到了月底，即使做起了"汤司令"，那坐姿仍然像口铜钟，还左看右看面不改色，淘着一碗没有几颗油星的清汤将一大碗饭送进肚里，再打一个回肠荡气的饱嗝。还有15号里的小毛阿伯，在小菜场里踏黄鱼车，老婆死得早，还拖着三个孩子，忙完了菜场里的本职工作就转到食堂里来帮忙，收拾碗筷揩揩桌子，我估计食堂是会向他提供一份简单的餐食吧。好几次我还看到，在午饭过后难得的宁静时刻，初冬的阳光从天窗洒下，食堂里的阿姨为他补过衣服，绗过棉被，做过棉鞋。小毛阿伯则在扫地或刨土豆皮，大家有说有笑，荤言荤语也在所难免。温馨一幕，成为里弄食堂的底色。

一个人的口味会变的。上了中学，我很快就发觉里弄食堂的饭菜简直不堪入口，中午时分就晃到外面去找吃的，阳春面、大馄饨、排骨年糕，草草对付一顿算了。有时候大雨滂沱，不便出门，就点起火油炉，用隔夜冷饭炒一碗蛋炒饭也比吃食堂强多了。那会儿，我们中学生还必须抽出一段时间去工厂学工，去农村学农。学农就不多说了，反正是瞎折腾，贫下中农其实非常讨厌。但一日三餐也必须自己解决啊，伙房里的事就由老师和学生共同打理，如果有心灵手巧的小妞当灶，饭菜质量还能过得去，而且时有意外味。不过当时都是孩子，加上田间劳动也很消耗体力，开饭时的吃相，拿班主任的话来说"简直就像一群猪猡"。

到了学工阶段，就让我们获得了强烈的翻身感。工厂的食堂质量就是高，小黑板上写着的菜式有十几种，油氽排骨、红烧扎肉、油豆腐塞肉、咖喱鸡块、干煎带鱼、咸菜炒墨鱼、三鲜汤等等经常有，大肉包、豆沙包、烧卖、葱油饼也是我们的最爱。我们一听到开饭铃声就扔下手头的活，争先恐后地涌向食堂，与女同学"做人家"的作风大相迥异，男生专挑好吃的点，饭菜票用光了，只管伸手向父母要钱。有时候我也会买几块食堂里的土制蛋糕回家"孝敬父母"，这样的话，下回申请追加资金时就有底气了。

后来我们还在老大昌的加工车间劳动过，那伙食质量就华丽丽地升华了。饭点将近，食堂里袅袅溢出的气息绝对诱人，这香气似乎还有点异国情调。后来我才发现，烧菜师傅常常在食油断档时，跑到车间里来"偷"制作西点用的色拉油。烧饭师傅理直气壮地说："厨师不揩油，饿死家主婆。"

用色拉油炒卷心菜，特别滋润，特别软糯，有一种西菜的风味。

糖、香精、面包粉、发酵粉、胡椒粉、咖喱粉……都可以堂而皇之地大"偷"特"偷"，要是老大昌职工食堂的饭菜质量不好，真是天地难容了。

我的口福还比别人好。有两个月的时间，我被安排至老大昌淮海中路的门市部劳动，在门市部对马路的一条弄堂里描图纸（今天古今胸罩店后面），做裱花蛋糕切下来的边角料，随便吃吃。午饭就与门市部的师傅一起吃，总共十几个人，等于开小灶。由一个很会烧菜的师傅负责，炒鳝糊、黑椒牛肉、炸猪排、洋葱炒蛋、咖喱鸡、奶油菜心等等，经常翻花样。还吃到过罗宋汤，盆底窝着一大块牛肉，那是我吃到的最最美味的罗宋汤！后来我吃过的所有罗宋汤都不能与这碗"处女汤"比。

我中学毕业后，被分配到餐饮行业当学徒，一开始单位是不安排工作餐的，于是我又吃起了里弄食堂，那家食堂开在金陵东路沿街面房子里，也许是副食品供应的紧张局面稍有缓解，饭菜质量还是不错的，每天菜式也有二十来种。我单位有财务老法师，与这家食堂的关系相当不错，我有时就跟他一起去吃饭，享受的优惠就是可以用一半的菜金买到半份菜，而事实上这半份与一份的量差不多。比如说半份葱烧排骨，总不能将大排骨一剪为二吧，那就挑一块小一点的。

后来，在职代会的强烈要求下，单位领导就将午饭问题当作实事来抓了。饭店里的职工伙食，从原材料到烹饪水准，都是占尽优势的。比如做熏鱼做八宝鸭做贵妃鸡，厨余的边角料就给职工吃了。真真坐实了"不会偷东西的厨师，就不是好厨师"这句话。因为工作关系，我经常不能与一线职工同时吃饭，于是师傅就会单独为我做一份菜，这小灶开得我经常不好意思，如果当灶的厨师正好请我为他评定职称啊、整理菜谱啊、为菜肴拍过照片啊等等，为了感谢我帮过的这点小忙，那么……就不说了吧，说出来要被人暴打的。

后来我进入新闻界工作，一开始在劳动报的《主人》杂志社，午饭在外滩总工会的机关食堂吃，伙食相当不错，可供选择的品种超多，更让人感动的是机关领导个个和蔼可亲。接下来随报社搬到昌平路，在底楼饭店搭过伙，在静安区文化宫也搭过伙，反正能混个肚饱气胀就是了。调到新民晚报后，职工食堂也是相当不错的。我还发现，职工食堂的菜式与从业人员的吃相似乎敏感地反映了社会经济文化的现状，但总体还是比较轻松的。每月发一叠装订成册的饭票，取饭时撕一张下来，荤素十几种任选。有一次去晚了，食堂里的蔬菜没有了，总编辑丁法章正好来就餐，就关照师傅再炒一锅，出锅后他便招呼还在吃饭的编辑记者："大家快来吃刚刚出锅的炒青菜啊！"老丁是一位非常随和而且富有人情味的领导。

后来，单位食堂改用磁卡了，也向社会开放了。这里有两方面的意义，一是通过外包服务的形式，将食堂这块业务承包给外来企业，单位领导就不必为这事太操心；二是在附近工作的外来人员也可以买你的饭菜票，到你食堂里来吃饭。从十多年前开始，文新大楼也实现了这样的转型。应该说这是大趋势，总体来说利大于弊，群众和外来搭伙人员都很欢迎。一度，网上出现了所谓"申城十大最受欢迎食堂"，不少高校就榜上有名，文新大楼也在区一级层面得到肯定。

听说过一个关于文汇报总编辑马达的故事，马达是德高望重的老革命、老报人，他对记者要求极严，常常在中午时分，守候在报社门口，看到记者赶回来吃午饭，就会问他是不是在外采访？他认为：记者在外面采访而被采访单位没有留他吃饭，说明这个记者的公关能力有问题，更可能采访不够扎实。

一开始我对马达的这种做法不以为然，后来才体会到这其实也是一种世故人情。进入新世纪后，我在外采访就希望受访单位不要在饭店里安排就餐，最好在职工食堂与大家一起吃便饭，一来可以减轻双方的负担，精神的和物质的负担其实都有；二来可以借此考察一下相关单位的福利及对员工的关心程度。所以马达对记者的要求是很实际、很通达的。

改革开放以来，国有企业如果效益不错的话，那么职工食堂都是芝麻开花节节高，领导放心，群众称心，师傅安心，而且都有一两只特色菜足以夸耀。在一些民营企业里，对员工餐一般也是很重视的，有时候比国有企业还要肯下本钱，甚至将此当作企业文化和品牌经营来看待。我曾在福建莆田一家民营企业采访，董事长请我外出去大酒店吃，可我坚持与员工一起吃食堂，因为我早就听说这家企业的食堂是超水平的。进了大餐厅一看，果然大开眼界，自助餐形式，菜式有四十多种，冷菜热炒汤品等琳琅满目，还有甜品、酸奶和水果。那天我就吃到了烤羊排和焗蜗牛，还有榴莲酥！

三十年里，我还多次在边防部队、武警部队、高炮部队吃过食堂，还在东海舰队舟山基地的一艘导弹驱逐舰上吃过食堂，在某野战部队吃过野战炊事车里孵化出来的绿豆芽，深深体会到今天部队的伙食标准有了很大的提升，并为之欣慰。我还在大、中、小学校与师生一起吃过食堂，在训练基地食堂吃过网球运动员标准的伙食。还与公安局的干警一起吃过食堂，杨浦分局的小食堂有水平，一款蜜汁湘莲火方的色、香、味、形不输给扬州饭店。我在青浦监狱的食堂也吃过饭，并得知监狱里对有宗教信仰的犯人给予特殊照顾，体现了我国司法机关的人性化管理。还有一次我去上海航空公司体验式采访全国劳模吴尔愉，在上海与深圳之间当天来回，弄得胃有些不舒服，吴尔愉就贴心地送来一碗本为机长准备的热粥给我吃。我还顺便到后舱瞄了一眼乘务组的工作餐，没什么花头，也是简餐，要说与经济舱的餐食有什么不同，就是蔬菜多了点。

顺便说一下，现在不少社区办起了新式食堂，这是过去里弄食堂的成功转型，为居家养老提供了极大便利，饭稻羹鱼，团栾而坐。我在这样的食堂体验过一把，十几种小菜任选，米饭一元钱一碗，不够随便添。一餐吃到饱，也就十元出头一点。

今天在大力发展现代服务业的背景下，还有不少写字楼里没有食堂，比如陆家嘴吧，饭点一到，小白领们要么取出家里带来的便当盒，要么像鸟群一样外出找食，顺便透透空气松松筋骨。但总体而言，现在企事业单位的职工食堂越办越好了，这是新时代给年轻一代的福利。然而，仍有人在"爱疯"上手指一滑叫外卖，去吃那种口味很重，卫生也没有保障的食物，真是没办法！

菜饭老味道

　　有一次在饭局上不知怎么就聊到了上海的菜饭，一个酒量甚好的北方朋友脱口而出：上海人就喜欢来事，不就是白米饭拌青菜吗，有什么好吹的？

　　不，泰山不是垒的，菜饭也不是吹的！我大声批驳这个北方汉子，并用了一句貌似很有学术性的话来震慑他："菜饭是江南稻作文化的杰作，并非1+1那么简单，个中奥妙是长期啃煎饼卷大葱的人难以领略的。"今天，我承认当时有点急。

　　在美食这档事上，南人与北人交流难免有点夏虫不可语冰的"捉急"。不过北方朋友的这句话也催生了我要写一篇文章的念头，讲一讲菜饭的奥妙。

　　上海是一座移民城市，但在饮食这档事上，受本地土著影响无远弗届。所谓土著，一般指川沙、南汇、奉贤、宝山一带的原住民，而一水之隔的崇明就略显疏隔。在城市化的进程中，他们还顽强地保留着祖祖辈辈传下来的饮食习惯，比如我太太祖籍在川沙，平时炒个青菜吧，也要放点酱油。百叶包肉，川沙人俗称"铺盖"，城里人是白烧，他们习惯红烧，还要改刀上桌，真拿她没有办法。

　　我太太还将菜饭说成"咸酸饭"，还说乡下头一直是这么叫的。

　　菜饭在吴越一带的城乡，应该是一款家常美味。春雨初晴燕双飞，菜畦新绿笋出泥。寡淡地等候了一个冬季，自然希望亲近乡野的香蔬，于是割来水淋淋的青菜，在河边洗清，切小块，重油旺火煸炒一下，再下淘洗过的大米，旺火转小火，大半个钟头就成了。锅盖一揭，香气飞冲，白的饭粒，绿的菜叶，黄澄澄的菜籽油渗透进了米粒与菜叶，那股香气实足而率性，真正的农家风情。若是再从屋檐下割一块年前腌下的咸肉加盟菜饭，味道更好。用蓝边大碗堆得山高，可以连尽三碗。再过几天，菜苋新割，就可用菜苋做菜饭。此菜汁液充盈，帮子扁而薄，菜叶格外软糯，煸炒后慢一拍入锅，有一股小家碧玉的气息。

在苏州吴江区的太湖边上，有一种滩涂"夜潮泥"上出产的香青菜，洗净后以四十五度入刀斜切成粗丝，旺火一炒香气十足，此物烧菜饭亦能香甜美味。香青菜中的佼佼者叶片边缘呈波浪状，叶面筋脉清晰，如不规则网格，故称"绣花锦"。如果香青菜整株余水后晾晒成菜干，俗称"菜花头"，冬天浸泡回原后烧大锅菜饭，香魂归来，又是一种风味。

菜饭是蔬菜与米饭的一场联姻，但不止于绿叶菜。初夏时节，蚕豆新摘——天啊，蚕豆是我的性命，但此时豆荚里的小豆豆们还水嫩着，宜旺水急炒，加葱花，图的是豆香。等到差不多落市了，豆荚上生出了点点黑斑，就剥成新豆瓣，加咸肉丁烧成豆瓣菜饭，那个滋味等于为春天做一次圆满的小结。

新秋芋艿上市，小颗芋艿籽去皮后与青菜一起煸炒，烧成菜饭也有另一种香软味，窝在饭里的芋艿稍有弹牙，食之有清香。冬天莴笋上市，巧媳妇也会摘下莴笋叶，用粗盐抹一下去除青涩味，切碎后与咸肉丁一起烧成的菜饭有一丝丝不令人讨厌的苦味，其味不俗。

二十年前在江苏靖江，我曾经吃过一碗菜饭，用当地特产的香沙芋头，再加当地糯性十足的扁豆，与射阳新大米共煮一锅，揭盖时浇一勺熟猪油下去，拌匀后盛大碗开吃，佐以咸肉毛豆蚬子汤，味道真是太好啦！至今思之，热泪盈眶。

今年春二三月，在上海浦东的新场古镇，我还吃到过两位农家大妈合力共煮的塘鳢鱼草头菜饭。一添柴一掌勺，草头重油炒过碧绿盛起，投入浸泡过的闪青新大米，将五条肥硕的昂刺鱼钉在锅盖背面，盖上后用大火煮沸，再转小火焖上片刻，余烬将熄时锅盖一揭，白花花的昂刺鱼肉已经落在饭粒上，锅盖上只留下龙骨几条。大妈将鱼肉稍加整理后与菜饭搅匀，一股香气冲得我们脚步踉跄，垂涎三尺。再每人配一块稻草扎肉和一碗咸菜笋片汤，这一顿农家饭吃得通体舒泰，神清气爽！

一年四季，菜饭都是受欢迎的。所以在有些饭店里，菜饭长销不衰，慢慢形成了专卖特色。比如云南南路上曾经有一家，环境简陋，生意却一直兴旺，一个市头要烧两三大锅，还有排骨、大肉、辣酱、素鸡、老卤鸡、素什锦等浇头。福州路上的美味斋是老字号，以菜饭立身扬名。米粒清晰、菜香浓郁，浇头品种丰富，红烧排骨、红烧猪脚、八宝辣酱最为经典。满满一碗菜饭，两大块猪脚，兜头再浇一勺肉卤，色香味都有了，再配一碗肉骨黄豆汤，吃完摸摸肚皮，相当结实。平民的生活是容易满足的。

菜饭要烧出举座惊艳的效果，并不容易。大米要选那种涨性不大的，新米更佳，以获得弹牙的口感。这里就顺便透露一下日本厨师告诉我的秘诀：淘米时间不必太长，淘净后浸泡一小时再煮，米粒就会更加软糯，弹性更足。青菜要保持碧绿生青，最好还能有一点点脆性，蔬菜的香气就能在鼻尖萦绕。咸肉肥瘦兼顾，能带薄皮当然更考验火功。有人喜欢加香肠，我也不反对，但广式香肠有甜味，川式香肠有麻辣味，都会扰乱菜饭清鲜爽口的感觉。还有人放胡萝卜，那就会冲突本味，我反对。过去青菜供应紧张，有些饭店用卷心菜滥竽充数，味道就不对了，因为卷心菜有老熟的甜味，令人翻胃。

浦东的老阿奶还会用粗盐擦过的草头做一种菜饭，香得有一点点野性。有时还会用腌过的金花菜做。这样的话，金花菜带了一点暗黄色，卖相不好味道特别，金花菜带一点点沉郁的酸味，很开胃。这，也许是咸酸饭的由来吧。

还有一次，我吃到了用马兰头干烧的菜饭，带了几块又脆又香的饭糍，味道绝对乡土。

早十几年前，吴越一带农家乐里的菜饭还会用柴灶来烧，灶膛里塞一把棉花秸，然后接一根硬柴，火头旺，力道大，一会儿开锅了，收火时改用小火焖，让锅底结成一大块薄薄的镬焦，那么这锅饭不香也难。现在有些饭店里也有菜饭飨客，不过是用电饭煲烧的，这锅菜饭只能"神与貌，略相似"了。

前不久在浦东一家饭店里吃到了据说属于"老味道"的三林塘菜饭，米粒清晰，富有弹性，咸肉与菜的香味恰到好处，配一碗熬得浓浓的肚肺汤，解饥杀馋，经济实惠。据老板介绍，他们烧菜饭自有一套，秘诀在于青菜之外，再加鲜肉与咸肉。鲜肉丁中的肥肉丁先入锅煸炒使之走油结壳，再加瘦肉丁和青菜，煸透后加事先浸泡一小时的大米——大米为松江所产，最后加入咸肉丁一起旺火烧，饭焖透后浇一勺香喷喷的猪油拌匀，致米粒温润如玉。

补充一句，菜饭一顿吃不完，隔夜早起加开水煮成菜泡饭，也是上海人的心头好。如果带了一点半透明的饭糍，烧软后味道更香，大家抢来吃。

最后福利大放送，透露一下本人烧菜饭的秘诀：春天吃腌笃鲜的时候，将笋尖切碎与青菜煸一下拿来烧菜饭，大米淘净后滗去水，加两勺腌笃鲜的浓汤在饭锅里，烧好的菜饭油亮丰润，腴美沃口。

大脚阿婆的猪脚黄豆汤

　　猪脚黄豆汤也叫脚爪黄豆汤，是值得回味的老味道。入冬后，上海煮妇就会做一两次，炖得酥而不烂，汤色乳白，味道醇厚。黄豆宜选东北大青黄豆，有糯性，回味有点甜。当年黑龙江知青回沪探亲几乎人人都会带上一袋。猪脚，上海人叫作猪脚爪。民间相信"前脚后蹄"，前脚赛过猪的刹车系统，奔跑及突然停住时前脚用力更多，脚筋锻炼得相当强健。买蹄髈宜选后蹄，骨头小，皮厚，肉多，无论炖汤还是红烧，口感更佳。

　　寒冬腊月，特别是那种冷风吱吱钻到骨头里隐隐作痛的"作雪天"，煲上一锅猪脚黄豆汤，一家人吃得暖意融融，小孩子来到阳台上冲着黑沉沉的夜空大吼一声："快点落雪呀，死样怪气做啥啦！"魔都有许多年没下雪了，如果有，也是轻描淡写地在屋顶上、车顶上撒一点，就像给一盆罗宋汤撒胡椒粉。

　　就是在这样寒气砭骨的冬天，我喝到了人生第一碗猪脚黄豆汤。

　　这里必须先交代一下背景。在我学龄前，也就是上世纪60年代前期，我妈妈在里弄生产组工作。生产组是妇女同志的大本营，"半边天"怀有心思，千方百计要进入体制成为工厂正式职工，吃食堂饭，有车贴，有浴票，享受全劳保，每个月还能领到肥皂、草纸。有一次，妈妈牵着我的小手穿过大海般辽阔的人民广场，来到一家比较简陋的工厂，一个很大的屋顶下，上百人分成若干个小组围在十几张长桌旁给毛羊衫绣花。这其实是她平时在家里做的"生活"，而此时她们非要像向日葵那样聚在一起，在形式上模拟车间里的劳作。妈妈忙着飞针走线，我在她身边像条小狗似的转来转去，没玩具呀，只能将鞋带系死，再费劲地解开，无聊得很，实在不行就瞅个空子逃到大门口，看对面操场上的中学生排队操练，怒吼"团结就是力量"。

第二天，妈妈就把我托给楼下前厢房的邻居照看。这家邻居的情景现在是无论如何看不到了，两个老太，一位叫"大脚阿婆"，另一位叫"小脚阿婆"，对的，其中一位缠过脚。在万恶的旧社会，她们嫁给了同一个丈夫，解放后男人因病去世，大小老婆就住在一起，相安无事，情同姐妹。她们有一个儿子、一个女儿，都成家了，分开住。

大脚阿婆收下我后就严厉关照不要跑到天井外面去，"当心被拐子拐走"。这在当时是极具震慑力的。然后她又无比温柔地说："今天我烧脚爪黄豆汤给你吃。"

等到中午，大脚阿婆将一碗饭端到八仙桌上，上面浇了一勺汤，十几粒黄豆，并没有我期待了一个上午的猪脚爪。"脚爪呢？"我问。大脚阿婆回答："还没烧酥。"

天可怜见的，我就用十几粒黄豆将一碗白饭塞进没有油水的小肚子里。好在有一本彩色卡通画册深深吸引了我，白雪公主和七个小矮人的故事为我打开了陌生而美丽的新世界，公主如此美丽善良，小矮人又如此勤奋，他们挖了一整天的矿石，天黑后回家才能喝到公主为他们煮的汤，我想也不是猪脚黄豆汤，所以很知足，看一页，塞一口。这本彩色卡通画册应该是她们的儿子或女儿留下来的，一起留下来的还有《封神榜》《杨家将》等几本破破烂烂的连环画，以及几十本布料样本（这大概与她们儿子的工作有关），也相当有看头。

第二天，经过一个上午的等待，饭点到了，同样是一碗饭，同样是十几粒黄豆，"脚爪呢？"我问。大脚阿婆回答："还没烧酥。"第三天，重复第一天的模式，一碗饭，一勺汤，十几粒黄豆，猪脚爪还没有烧酥。大脚阿婆与小脚阿婆在我吃好后才在屋子另一边的桌子上吃，她们有没有吃猪脚爪，我不敢前去看个究竟。因为里屋光线极暗，墙上又挂着一个红木镜框，鸭蛋形的内衬里嵌了一张擦笔画，一个精瘦的男人戴一顶瓜皮小帽，桌上的一饭一羹都被他看在眼里。饭后，大脚阿婆用刨花水梳头，小脚阿婆则开始折锡箔，口中念念有辞，弄堂里的人愿意买她的锡箔，她一边折一边念经，据说"很灵的"。

在楼下前厢房被托管了三天，白雪公主与七个小矮人的故事被我看到浮想联翩，里弄生产组大妈们精心策划的被招安行动宣告失败，她们灰溜溜地回到各自家里，继续可恨的计件工资制。妈妈松了一口气："也好，可以看牢小赤佬，明年再送他去幼儿园也不晚。"

第二年春暖花开时节，我又稍稍长高了一点，壮着胆子向妈妈提出："我要吃脚爪黄豆汤。"妈妈有点奇怪，因为我在吃的上面从未提过任何要求。"去年在大脚阿婆那里吃过脚爪黄豆汤，是不是吃出瘾头来啦？"

我把实情向妈妈汇报了，她恍然："每天给她两角饭钱的，死老太婆！"

几天后，我才真正吃到了人生第一碗猪脚黄豆汤。但味道怎么样，没记住，印象深刻的还是白雪公主，一双美丽的大眼睛！

后来我家条件好了，也经常吃猪脚黄豆汤。我五哥是黑龙江知青，他千里迢迢背回来的大青黄豆确实是做这道家常风味的好材料。不过我又发现，那个时候像我家附近的绿野饭店、老松顺、大同酒家、鸿兴馆这样的饭店似乎没有猪脚爪，只有像自忠路上小毛饭店这样的小馆子里才有，猪脚爪与黄豆同煮一锅，还在三鲜汤、炒三鲜里扮演"匪兵甲"的角色。在熟食店里也有，以卤烧或糟货出镜。有个老师傅告诉我，猪脚爪毛太多，啥人有心相去弄清爽？再讲这路货色烧不到位不好吃，烧到位了又容易皮开肉绽，卖不出铜钿，干脆免进。他又说："猪脚爪不上台面的，小阿弟你懂吗？一人一只猪脚爪啃起来，吃相太难看啦！"

想象一下指甲涂得红红绿绿的美女捧着一只猪脚爪横啃竖啃，确实不够雅观。在家可以边看电视边啃，不影响市容，所以在熟食店里卤猪脚的生意还是不错的，尤其是世界杯、奥运会期间，猪脚鸡爪鸭头颈卖得特别火，女人也是消费主力。有一次与太太去七宝老街白相，看到有一家小店专卖红烧猪脚，开锅时香气扑鼻，摆在白木台面上的猪脚，队形整齐，色泽红亮，皮肉似乎都在快乐地颤抖，端的是一只极妙好蹄。马上买了一只请阿姨劈开，坐在店堂里每人啃了半只，老夫老妻，就不在乎吃相了。

平时在家，我们也是经常烧脚爪黄豆汤的，我的经验是不能用高压锅，必须用老式的宜兴砂锅，实在不行的话就用陶瓷烧锅，小火慢炖，密切注意，不能让脚爪粘底烧焦，一旦有了焦毛气，就全盘皆输。如果有兴趣又有闲暇的话，也做一回猪脚冻。猪脚治净煮至七八分熟，捞起后用净水冲洗冷却，剥皮剔骨，再加五香料红烧至酥烂，然后连汤带水倒在玻璃罐里，冷却后进冰箱冻一夜，第二天蜕出，切块装盆，蘸不蘸醋都行，下酒妙品。如果加些花生米在里面，口感更加细腻丰富。炖猪脚黄豆汤时我喜欢加点花生米，不必去红衣，有异香，也能补血。以上几款都是冬天的节目，到了夏天就做糟脚爪，口感在糟鸡爪、糟门腔、糟肚子之上，春秋两季可红烧或椒盐。

进入改革开放后的新时代，猪脚爪才有了闪亮登盘的大好机会，九江路上的美味斋驰誉沪上，他家的菜饭深受群众欢迎，浇头中的红烧脚爪是一绝，点赞甚多，我也经常吃。在黄河路、乍浦路美食街曾经流行过一道菜颇具戏剧性：猪八戒踢足球——三四只红烧猪脚爪配一只狮子头。最让人怀念的还是香酥椒盐猪脚，老卤里浸泡一夜，次日煮熟后再下油锅炸至皮脆肉酥，上桌时撒椒盐或鲜辣粉，趁热吃，别有一种粗放、直率、极具市井风情的味觉满足感。在市场经济启动后，在初步摆脱物质匮乏的尴尬之后，不妨在餐桌上撒撒野。那种"人手一只啃起来"的吃相，对应了"改革开放富起来"的颂歌，也可以当作"思想解放，与时俱进"的案例来看。

也因此，我在广州吃到猪脚姜和白云猪手，在东北吃到酸菜炖猪脚，在北京吃到卤猪脚与卤肠双拼，那种"放开来"的感觉，都不及在上海小饭店里大家一起啃猪脚时那般豪迈与酣畅。

不过还真有一次，让我吃到了更加豪迈与酣畅的猪脚爪。

十多年前，上海芭蕾舞团由哈团长带领回老家乌鲁木齐演出《天鹅湖》，哈团长是维族人，性格豪爽，时在《上海星期三》当记者的吴建民兄与哈团长是老朋友，他请我一起去。说实话，《天鹅湖》首演乌鲁木齐这事对我来说新闻价值并不大，不过我有更大的话题要关注，于是就去了。同行的还有《上海文学》的副主编金宇澄和上海女企业家梁静，两位也各有使命。到了乌市，看了《天鹅湖》首演，游了天池，参观了二道桥大巴扎，我采访了相关领导与环保专家，还陪同芭蕾舞团的领导与主要演员拜会了市委书记，最后乌市有一位与金宇澄很熟的作家朋友赵新民，请我们去吃卤猪脚。

开车走了很长一段路，找到路边那家小店，乌市的夜幕迟迟不肯降临，店堂里仍然空空荡荡。乌鲁木齐人一般在晚上十点才吃晚饭，我们去早了。不过电话有约，厨师应声而将一只比脸盆还要大一圈的铝盆咚地一下杵在桌子中央，热气腾腾的一盆卤猪脚，再也没别的菜了，冷菜也没有，然后是一整箱啤酒，嘭嘭嘭全部打开，泡沫流了一地。

炖得酥而不烂，色泽红亮，香气汹涌，没有我讨厌的孜然味和腥膻味，皮可拉扯，但不磨蹭，筋有弹性，也不倔强，骨肉粘连，一咬即开，一切都走到最好的点位。我一口气啃了五个，坐着不能动，嘴巴、五根手指都粘在一起了。宇澄、建民和新民都吃了不少，醉了。梁美女此时也不去考虑长膘不长膘了，义无反顾地啃了四个。她一点也不用害羞，在"亚洲地理中心"这么遥远而陌生的地方，不会有人惊愕于此番狂野的吃相。

弄堂里私房美食

　　上海的弄堂形成于开埠后，华洋杂处的格局一旦被打破，大量移民涌入租界，人口暴增，商机无限，外国的房地产商就心急慌忙地参照中国北方三合院房子的形式建造了一些西式的联排式房子，后来就成了前后客堂加两厢的石库门房子，石库门成排地集中在一起呈鱼骨状组合，就是弄堂。随着弄堂人口的增多，弄堂里的居民就纷纷违章搭建，三层阁上再加层、屋顶抬升开老虎天窗、天井里要搭两三间厨房、沿街面房子挖地三尺开小吃店，这个小小乾坤越来越拥挤，越来越肮脏。所以我们对弄堂的去留也不可一概而论，有些弄堂比较典型，可以保留，但更多的弄堂属于三级旧里，危房简屋，火灾隐患很大，"七十二家房客"的日子，真的很难过。

　　但上海人对弄堂的感情没有因此淡薄，一个街坊的数条弄堂兜底迁走，大家照例要叹息一番。弄堂曾经是城市的血管，自有乾坤。以前弄堂里不单纯是住家，还藏着工厂、生产组、学堂、外语补习班、舞蹈班、老虎灶、混堂、烟纸店、裁缝店、编织社、印刷所、画像馆、诊所、白铁作、落弹房、命馆、棺材店等等，真是热闹极了，但大家鸡犬相闻，相安无事。

　　有些百年老弄堂还没有拆掉，那么生活还在继续，日子再穷，开门七件事也须安排妥当，于是，弄堂里曾经有过的种种业态开始复活。比方讲，你去饭店吃饭，去茶馆吃茶，那里的点心品种不少，有三鲜馄饨、三丝春卷、葱油饼、酒酿圆子、宁波汤团、鲜肉小笼、桂花赤豆糕、荠菜肉馄饨等。你随手一点，服务员会心一笑，一眨眼工夫，江南风味的点心就送来眼前，味道很不错噢！

可是你不知道，这些点心可能并不在店里做，而是由饭店茶馆后面那条弄堂里的大妈或大姐做的。饮食业竞争激烈，成本控制很重要，自己做点心要有专门的点心间、专门的点心师，这可不是一笔小钱啊，倘若外包给弄堂里的大妈，事情就简单多了。湖心亭、绿波廊里的火腿小粽子，大拇指这般大小，裹了十三道红丝线，英国女王吃过、克林顿吃过，大胡子卡斯特罗也吃过，但他们肯定想不到，这些点心不是由国家特级点心师亲手做的，而是弄堂里大妈的手笔！据说长期给绿波廊供货的这位大妈，数钱数到手抽筋啊！

现在，又有一些"白骨精"级别的时尚女人，在环境好点的新式里堂里借下整幢房子，专做私房菜，据说生意相当不错。

私房菜的奥妙全在于一个"私"字，过去，在狠斗"私"字一闪念的时候，它在小巷深处蛰伏。而今，它以色香味形器诱使食客以夏娃偷吃禁果的心情直闯一个陌生人的私人空间。烧私房菜的主儿，一般都是出得厅堂、下得厨房的娇娘，品尝她做的菜点，好不好先不说，手上的香汗已经远远地嗅到了。怪了，这种弄堂里的私房菜也颇受老外欢喜，他们认为如此一来，就进入上海市民社会的硬核了。

有些饭店里的私房菜，也不过是外婆红烧肉、马兰头拌香干、糖醋小排、干煎带鱼、咸菜大汤黄鱼、芹菜炒墨鱼、烂糊羊肉之类的大路货。这怪不得人家，老板娘本来就是苦孩子出生，靠党的政策富起来，她家的私房菜能有山珍海味、龙肝凤髓吗？不过也有些老板娘风姿绰约，眼角眉梢都是戏，大家就愿意相信她是名门之后、大家闺秀，如果她基础比较好，比如搞过设计，学过绘画，练过书法，又有留洋的学历，英语说得溜，那么一切都得重新打量。你看墙上挂着高仿的宋画，壁炉上摆着英国19世纪的银烛台和法国跳蚤市场淘来的圣女贞德大理石胸像，桌上铺开爱玛仕品牌的餐具，天哪，连餐巾都是绣了花的法国货，你还能怀疑她的非凡人生吗？

你再看人家袁子才，一本薄薄的《随园食单》，就不经意地记录了当时中国富人家的私房菜。比如吴小谷家的茄二法，杨中丞家的鸡汁豆腐，程泽弓家的蛏干，杨参军家的全壳甲鱼……还有杭州西湖五柳居的醋搂鱼，与之相比，随园老人在食单中愤愤不平地跟了一笔："宋嫂鱼羹，徒存虚名。《梦粱录》不足信也。"

被袁子才品尝后击节赞叹并记录在案的还有杭州商人何星举家的干蒸鸭，尹文端家的风肉、鲟鱼，苏州沈观察（官名，仿佛今天的局级巡视员）家的煨黄雀，太兴孔家的野鸭团，大大有名的是大画家倪云林家的云林鹅……真是太多，方才提及的豆腐烧法就还有好几家。袁枚还注意到和尚道士的私房菜，比如芜湖大庵和尚的炒鸡腿蘑菇（鸡腿菇，今天也叫杏鲍菇），扬州定慧庵僧的煨香蕈木耳，芜湖敬修和尚的豆腐皮卷筒，朝天宫首道士的野鸡馅芋粉团子……老一辈的美食家曾说过，和尚道士烧的菜有天厨妙味，看来不假。最有趣的是，随园老人人老心不老，说仪真南门外萧美人善制点心，凡馒头、糕、饺子之类，小巧可爱，洁白如雪。想必袁老头是亲口吃过的，并仔细观察过美人粉藕般的手臂，否则很难认定坊间对老板娘所谓美人的称呼。

由此可见，私房菜在中国是有传统的。

中国的菜谱有两大主流，一是皇家王府，一是民间。而皇帝大臣都是油瓶倒了不知道扶一把的主儿，厨房在哪里当然不知道，他们吃的美食也有来自荒村野店的，偶尔一尝，说声好吃，赶明儿厨师改动一下，用料讲究一点，就成皇家王府的专利。一部《红楼梦》，食色二字贯穿始终，宁荣两府的菜单中就有糟鹅掌、家风羊、芦蒿炒肉、奶油松瓤卷酥、油炸焦骨头、油盐炒枸杞儿等，还有被红学家反复考证过的

戊戌端陽

枣艾插窗
櫺。吉光耀
門庭

山陰
嘉榮筆作

茄鲞，就是大宅门里的私房菜，源头也在民间。所以，私房菜是中国饮食的根本。比如谭氏官府菜，据说卖得很贵，我猜也是童养媳出身，登堂入室是后来的事。再比如名重一时的扬州饭店，以前是北京东路上的莫家厨房，正宗私房菜，荣毅仁一家吃上瘾了，一帮实业家也跟着尝鲜，电影明星也去凑热闹，后来就成了老字号。

前不久我在华山路一幢小洋房里吃过一餐，老板娘谢姐，本来拿着会计师事务所的高薪，开豪车，好美食，吃遍天下，意犹未尽，干脆辞职开饭店。前客堂摆一桌，亭子间摆一桌，东厢房西厢房再各摆一桌，每晚觥筹交错，衣香鬓影，她手持酒杯满场飞，神采奕奕红光满面！

她家的本帮酱拼、红烧河鳗、葱油鸡、韭黄炒鳝鱼丝、水晶肴蹄、暴腌蹄髈蒸茭白、荠菜肉馄饨真是好吃！

还有一次，我被朋友拉到一条狭小的弄堂里探秘，典型的石库门房子，上楼，拐入前厢房，屋里的摆设力图还原30年代流金岁月的老上海风情，手摇唱机、打字机、月份牌、花露水瓶香水瓶，墙上是泛黄的老照片，圆台面旁还有一张老红木八仙桌，酒足饭饱后可以来上一圈。墙角还放着一张老红木梳妆台，上海人叫做"面汤台"，台面中央挖了个洞，坐只铜脸盆，盛半盆水，撒几片玫瑰花瓣，这种布置容易让人产生时光倒流的感觉。

菜色也清清爽爽，用料讲究，于家常味道中新意迭出。据说这家小饭店一天只做两市，每市只摆两桌，另一桌在后厢房。若是天气晴好，天井里也可以开一桌。开了两年不到，生意好到要在一个星期前预定。

等一砂锅突突滚的金银蹄（一只鲜蹄、一只咸蹄另加三支切成羊角状的冬笋）上来后，老板娘——大家都叫她刘三姐——从灶披间上来应酬，解了围裙往脸汤台上一搭，跟大家干一杯。眼睛往桌面上一扫，信息反馈已了然于胸。还为每位客人点一支烟，自己也叼了一支。半老徐娘风韵犹存，又是场面上的人物，水来土淹，兵来将挡，黄段子早已听出老茧来了，于是，谑而不虐地将宴飨小酌的气氛推向高潮。

最后桌子撤清，上来四色小菜：油汆果肉、镇江酱萝卜头、倒笃菜拌百叶丝、玫瑰乳腐。每人一小碗闪青的新米粥，大家呼噜呼噜吃光，大叫一声："爽！"

这锅新米粥和四色小菜都是老板娘送的。

弄堂私房菜之所以受欢迎，主要在于菜式上不拘一格，本帮、广帮、川帮、苏帮，甚至还借鉴了西餐的做法，一切以客人的味蕾为先导。同时，食材也极为讲究，不仅新鲜，而且来自全国各地，一般饭店吃不到的菜，在这里都会出现。再有一个秘密：那就是讲究待客之道。厨娘一般都是阿庆嫂那样的厉害角色，察颜观色，八面玲珑，嘴巴甜得赛蜜糖。在贴心贴肺的攻势下，即便是上海滩的老江湖，也不得不缴械了。

还有一位黄姐更具传奇色彩，她在上世纪80年代初就下海经商，涉足饮食业，并轻松掘到第一桶金。也许是疲劳过度吧，几年就自己给自己办了退休，在家休养生息。不过清闲了几年又浑身骨头痒了，黄姐便经常包了粽子请朋友分享。她包的粽子有讲究，糯米选安徽吴祥的，鲜肉选浙东农村的，连粽叶也有讲究，从福建采购来，煮后仍然碧绿生青。更讲究的是五花肉切小块，事先用老抽腌过两日两夜，再加糖拌透，一只粽子塞进五六块肉，足足有100克，保证每一口都能吃到肉，而且是肥瘦兼顾的肉，这样的粽子口感自然好嘛！

黄姐的粽子是免费送朋友的，朋友吃了都说好，几番推让，黄姐收了成本费。后来有许多饭店听说了，就向她订货，黄姐忙不过来，只好请邻居大妈帮忙，在家里开起了小作坊。人家饭店包粽子讲究速度，据说最快的一分钟要包十几只，而她反复关照帮工的大妈：慢点慢点！一分钟只能包五六只，慢工出细活，这是有道理的。

上周，我在忠明兄的引导下，来到浙江南路靠近延安东路的一条狭窄弄堂里，爬上陡峭的楼梯去看过究竟。阳台上搁几个灶具，五六只高压锅同时开烧，每天产量达到几百只，今年端午节一天产量就突破5000只，一出锅就卖光！有一天太太叫我去买40只送亲戚，我一直在她家门口等到晚上九点钟。平时黄姐还供应油氽排骨、熏鱼、百叶包、蛋饺、酱油肉等老上海风味，也是独门秘技，散客与饭店争相订货。现在黄姐的名气越发响亮，除了本地客，还有专程从北京、广州来的吃客呢，甚至连住在古北小区的老外也按图索骥来买黄姐的粽子，最夸张的是日本人打飞的来上海，买了当天就回去。

黄姐家所在的那条弄堂很短，又是危房，她坚决不让客人爬楼梯上楼，怕他们骨碌碌摔下来脑袋瓜开花。楼下门口有一修鞋摊，修鞋老头代为接洽业务，客人订货，他代为收费，客人取货，他代为通报。听到楼下一声喊，黄姐就从阳台上探出半个身子，将几大包粽子晃晃悠悠吊下来。客人捧着火火烫的粽子乘兴而归，这也许是上海弄堂的最后一道风景吧。

绿豆芽是冷面的情人

今朝是小暑。小暑两字，是老祖宗对我们的提醒：从今朝开始，夏季开始了。当然，土豪可以去海南岛、澳大利亚、加拿大度假，再想跑远点，有南极和北冰洋可供选择。工薪阶层没办法，每天一早还是要打起精神去挤地铁。车厢里一股肉膈气，美女衣裳又穿得少，你得管牢自己的一双眼睛一双手，这日子，真真难过。

好在上海这座城市历来是贴心贴肺的，吃食方面早就给大家准备好了，比如骨灰级的酸梅汤、怀旧风格的简装冰砖、时尚一路的水果冰沙、还有咬牙切齿也不得不吃的哈根达斯——我真不愿意提及它，老派一点的上海人家到了这一天还要吃响油鳝糊或绿豆芽炒鳝丝——小暑黄鳝赛人参嘛，还要吃赤豆糖粥和焐熟塘藕，而我最喜欢的还是冷面。

上海的冷面与东北的朝鲜冷面不是同路人，北方是过水冷面，沉浸在冰冰冷的汤里，吃口比较滑爽，但一碗落肚似乎有晃晃荡荡的感觉。上海的冷面是干拌的，吃口利爽带劲。还有韩国的豆浆冷面、泡菜冷面，日本的荞麦冷面、抹茶冷面等等，吃过才知道也就这么回事，上了当也不大肯明说。只有上海的冷面，忠贞不渝地诠释了冷面的定义。

计划经济时代，夏天一到，饮食店就会特别设置一个"非请莫入"的冷面间，内有摇头风扇从早到夜一刻不停地吹，四周钉有碧绿的纱窗，保持通风，也可防止蚊蝇犯上作乱。冷面间里的阿姨手脚麻利，像变戏法一样地操作。她戴着洁白的大口罩，露出明亮的双目，乌黑的鬓发掘上去，用几只黑漆乌亮的发夹夹妥，帽檐再一压，叫人看了舒服，放心。店门口的霓虹灯一闪一闪极具挑逗性：花色冷面，路人见了满口生津。

老上海有一个经验，凡是门口排队的店家，就是群众认可的放心店。生意好，食材就新鲜，吃口自然不差。如果生意清淡，店堂里小猫三五只，一坨蜡黄的冷面堆在那里，见了未免犯嘀咕：这货不会是昨夜卖剩的吧！

没有冷面，上海人的夏天怎么过啊！

做冷面是需要一点技术的。冷面分"干蒸派"和"湿煮派"。前者，生面须抖松后放进大蒸笼里蒸过，再下锅煮熟，然后吹凉待用。先蒸后煮的冷面可较长时间保持它的利爽口感，富有弹性。后者省却蒸的工序，生面直接下锅煮熟后再吹凉待用。这倒不是偷懒，而由顾客喜好所决定，年轻人喜欢吃一个爽劲，中老年客人则认为后者软中带韧，更能吸收调味汁。不过，"湿煮派"冷面在保存时间上稍短，一般家庭都采用湿煮法。

做冷面的面与阳春面相似，但以小阔面为佳，不宜太粗。有些店家请制面工场定做，10斤面粉加1斤鸡蛋，是谓鸡蛋冷面，看上去金灿灿的，吃口较为松软。我有一做冷面的朋友则想到用咸鸭蛋的蛋清打进面粉里，味道据说更佳。现在咸蛋黄是无所不用的神食材，不过许多人都在想：咸鸭蛋的蛋清都去哪里了？据说是当厨余垃圾处理掉了，真要如此，做成面条倒是化废为宝的选择。

上海人家在家经常做冷面吃，冷面好不好吃，相当考验主妇的执爨功力。

冷面好不好吃，调料也是关键。调料的勾兑必须认真对待，酱油、米醋、花生酱、辣油，一个都不能少。酱油可用一般生抽，六月鲜，道道鲜也行，苏州虾子酱油更好，新加坡出产的油鸡饭专用酱油甜度高，不能用。但任何酱油都要兑适量的水，煮一下冷却。米醋用一般的也可以了，稍许放点白糖味道更佳。花生酱也要兑点白开水拌匀，国内的比较便宜，不过有人认为进口货更加安全，我选美国产的带颗粒的那种。

老苏州还喜欢用糟卤拌冷面，别有风味。

对于冷面来说，在所有的错误中，用老抽和白醋拌冷面是最最不可原谅的！

跟北京人吃打卤面一样，冷面的浇头也可看出食客的品性与文化背景。在有点名气的饮食店，各式浇头油光锃亮地堆在长方形的搪瓷盘里，鳝丝、辣酱、青椒肉丝、素什锦、蚝油双菇、红烧大排等，都是冷面的黄金搭配。我以为，冷面宜拌素浇，蚝油双菇、面筋木耳、素三丝，清清爽爽。我用茭白、青椒、吴江大头菜做素三丝，麻油一浇，拌冷面一流，过粥吃也极好。

在所有的冷面浇头中，有一样食材万万不可少，这就是素面素心的绿豆芽，她是冷面的情人，不离不弃几十年了。吃冷面如果少了绿豆芽，其严重性不亚于吃炸猪排少了辣酱油。绿豆芽摘净，沸水里一焯，凉水里一过，夹一撮在冷面上，入口时嚓嚓作响，那个爽劲无与伦比。资深吃货可以不加鳝丝不加双菇，但不能不加绿豆芽。再补充一句：千万不能以黄豆芽李代桃僵啊！

小暑来了，出梅了，赤日炎炎似火烧，三只糟鸡爪，一碟糟毛豆，一瓶冰啤酒，一盆绿豆芽冷面，吃饱了睡个午觉——本大叔已经有好几年不睡午觉了！醒来吃西瓜，看电视《风味人间》，冷面，还是上海人做得最好！

冷饭，高手一炒成美味

　　"乡下人，到上海，上海闲话讲不来，咪西咪西炒冷饭。"

　　这是一首童谣。人到中年的上海人都记得，说不定还琅琅上口地唱过。我们小时候在弄堂里胡天野地，一边追追打打一边唱，心里很痛快，并不知道这里面含有歧视外来移民的意思。玩过，"炒冷饭"这三个字也深深地印在了脑子里。

　　在我们小时候，"炒冷饭"其实是一种尴尬状态的写照。隔夜剩饭，一副百无聊赖的样子，因为没有像样的小菜可资送饭，只好将就点，做一碗油炒饭。在炒锅里倒几滴油，将冷饭拨碎，倾盆而下，听炒锅弱弱地吱一声，再加点盐，加点葱花，不停翻炒，等香气逸出，就算大功告成。若有一根上午吃剩的油条，剪段后冲一碗酱油汤也是锦上添花，碗底朝天后犹觉不足。有时候不速之客在饭点过后光临，主妇实在拿不出可供招待的餐食，好在锅底还卧着一坨冷饭，便哗哗哗地打两只鸡蛋，切一把葱花，少顷，一碗香喷喷的蛋炒饭就上桌了，燃眉之急便在双方略带歉意的相视一笑中冰消雪融。供应匮乏的年代，炒冷饭是寒苦人家的居家快餐，也是父母犒劳孩子的奖品。

　　上海人都看过《七十二家房客》这部滑稽戏吧？天寒地冻，穷人家的孩子睡到半夜被活活饿醒，吵着要吃东西，老爸拗不过孩子，就说："喏，还有半碗冷饭，去炒热了吃。"孩子说："没有油，怎么炒啊"。老爸说："用蜡烛头炀了去炒吧。"这只小包袱一抖，观众席上一片笑声。蜡烛油炒冷饭，也只有上海人想得出，听得懂。

今天，《七十二家房客》偶尔还会应个景，在节假日演两场，上海人视同鸡肋，无非是"炒冷饭"。是啊，滑稽戏好久没有出新剧目了。

"炒冷饭"在上海人的口语中是一个使用频率较高的词，现在多用于文艺评论。

在物质层面，"炒冷饭"还不失为一种值得念想的美味。

日子慢慢好过起来，普通人家也可以经常吃炒冷饭了，而且可以变着法子将冷饭炒出新意，蛋炒饭就是油炒饭的升级版。具体操作是这样的：将油锅烧热，将两个鸡蛋打散加适量的盐和味精，倒入锅内，迅速划散，再将冷饭倒入，不停翻炒。香气随着翻炒的节奏渐渐溢出，从灶披间飘至弄堂口。蛋炒饭比素面朝天的油炒饭当然美味多多，如果撒些碧绿的葱花，还有不俗的美学价值。

懂点执爨之道的人都知道，蛋炒饭有"金包银"和"银包金"之分。前者是先炒饭，然后倒入鸡蛋液快速翻炒，使黄澄澄的鸡蛋液包住每一颗米粒。还有一种炒法更省事，事先将饭粒与蛋液拌匀后同时下锅，这样更容易炒出"金包银"的效果。后者是在锅内先炒蛋，在鸡蛋液大致凝结后，快速分割一下，倒入冷饭后大幅度翻炒，直至鸡蛋碎成与米粒相仿的小颗粒，与白玉一般圆润的饭粒势不两立，但吃起来味道更爽些，这就是"银包金"。

扬州炒饭一般都以"金包银"的形象出镜。不过照沈宏非兄的说法，扬州其实并无扬州炒饭，就像海南并无海南鸡饭一样。

唐鲁孙在文章里曾经回忆，早年家里请厨师，试工的时候要求厨师做一道汤、一道菜、一道炒饭，汤是清鸡汤，菜是青椒肉丝，炒饭就是鸡蛋炒饭，"大手笔的厨师，要先瞧瞧冷饭身骨如何，然后再炒，炒好了要润而不腻，透不浮油，鸡蛋老嫩适中，葱花也得煸去生葱气味"，"要把饭粒炒得乒乒响，才算大功告成"。

就是这位美食文章写得活色生香的老前辈，据西坡兄讲，曾创造过连吃七十几顿蛋炒饭的纪录。他还有一位朋友更是十几年如一日地痴迷蛋炒饭，每天的早餐就是油腻的蛋炒饭，"我帮他算了一下，这得连吃四五千顿才行！不知道吉尼斯世界纪录有没有给他颁发证书？"

前几日得到纸帐铜瓶室主人郑逸梅先生孙女郑有慧女士赠我的《先天下之吃而吃》一书，系上海文化出版社重印的郑先生文集之一，读来饶有趣味。里面写到旧时福州路上有大西洋餐馆，以六小姐炒饭名传遐迩。这位六小姐是会乐里的梅茵老六，琴棋书画之外还精于烹调，为了让自己吃到称心如意的美食，不惜一身羽衣霓裳蹿进大西洋后厨指导厨师做蛋炒饭，后来餐馆干脆以此为招徕，"居然生涯鼎盛"。郑先生尝后认为"这饭色香味三者俱全，且松软殊常，为之朵颐"。他还说绍兴春宴楼的蛋炒饭也脍炙人口，系老板娘"三太娘"亲自当炉操作，驰誉遐迩。

历史的书写往往带有一定的偶然性，在餐饮历史的书写上，讲述者和撰写者如果是性情中人的话，就会讲究一点娱乐精神，否则就会沦为酒肉账。

改革开放后，将扬州炒饭炒热炒香炒成全世界吃货都如雷贯耳的，则是广东厨师，香港厨师也功不可没，他们在炒饭中除了加鸡蛋，还加虾仁、青豆、胡萝卜、瑶柱、鲜贝、火腿等，一切由着心情来，打破常规，海纳百川，吃客点赞是王道。

没承想，时机一到，扬州厨师像半路里杀出的程咬金，弯道超车，轻轻松松将扬州炒饭申报为非遗，还与隋炀帝南巡江都时吃的"碎金饭"联系起来讲故事。当听众一个劲地咽口水时，他们又像模像样地制定了扬州炒饭的技术标准，话语权一朝在手，就缺乏娱乐精神了，不好玩。

前几天我与几位业界大佬聊天时，他们异口同声地说："扬州炒饭就是什锦炒饭，是广东厨师让它名满天下，香飘神州。"

在我年轻时，新雅粤菜馆的姜介福大厨就是一位大咖了。他退休后在小南国担任行政总厨，为了给员工培训增加点趣味性，举办过一场蛋炒饭比赛。"我们要求用泰国香米来炒饭，泰国香米属于籼米，煮成饭后硬中带软，颗粒分明，宜做炒饭。我们要求炒饭的每颗米粒不能粘在一起，不能搞团团伙伙。作为辅料的虾仁、香菇、火腿、胡萝卜等都应切成米粒大小的丁。"

广式炒饭中有一道生炒牛肉饭，比之扬州炒饭更加考验厨艺。姜大师向我透露秘辛如下：取新鲜牛肉参以蚝油牛肉之法切片上浆，再斩成颗粒，下油锅煸炒断生，捞起待用。净锅下油，下蛋液炒之凝结成块，再下拨散的冷饭快速翻炒，加牛肉粒和调味料后即可起锅。

姜大师曾在荷兰工作四年多，这道生炒牛肉饭也是欧洲人吃到扶墙的美味。

三十多年前，我在新雅粤菜馆吃过一道咸鱼炒饭，至今齿颊留香。看上去并不复杂，就是用绯红色的咸大马哈鱼去皮切成丁，加鸡蛋与米饭一起炒香即可。但咸鱼的前期去腥拔咸与翻炒时的火候掌控要多加留意。现在有些饭店为降低成本，改用腌过的海鲈鱼干，风味逊色不少。

姜大师看我听得津津有味，又教了我一招：咖喱炒饭。

前几道步骤与扬州炒饭相似，也可以随个人的口味加入鲜贝或鲜鲍，在即将起锅前，匀匀地撒一圈黄咖喱粉，炒匀后就行了。这样一道金灿灿、香喷喷的咖喱炒饭，对于孩子来说不啻是一场新奇古怪的味蕾刺激。

原锦江行政总厨邵昌年先生也认为炒饭的用米是第一要务。不过他认为在泰国香米一时难得的情况下，也可以选用优质大米，煮饭时可以少加一点水。他的经验是，炒饭时淋少许生抽，即有画龙点睛之功。

邵大师接待过无数外国元首和首长，炒饭也是在他菜谱中经常出现并深受欢迎的角色，他的扬州炒饭就选用东北五常大米。"有时候我还会选用高寒地区的大米，生长周期长，早晚温差大，这种大米做成炒饭口感超好。为了适应大型国宴的要求，我们提供的扬州炒饭必须按照每人一份的规格，那么我将它们炒好后再包在新鲜荷叶内，上笼蒸五分钟。上桌后客人一打开荷叶包，一股清香便扑鼻而起。哈哈，这就是中国味道！"

有时候外国元首提出要吃纯素的炒饭，这也难不倒大厨，邵大师给他们做山珍炒饭，牛肝菌、松茸菌、干巴菌等切成小颗粒，在油锅里滑一下后再下蛋液，再下米饭，炒成后堆在盆子中央，上桌后当着客人的面刨几片有大理石花纹的黑松露在顶上，在适当的温度下松露的香气袅袅上升，啊呀，没有一个不啧啧称美的。

邵大师的拿手炒饭中还包括芽菜炒饭。芽菜就是川冬菜，也叫叙府芽菜，为蜀中四大腌菜之首。颜值不高，却是一叫就应的百搭，与猪、牛、羊肉为伍，可以四量拨千斤地提升成菜的鲜美度。在四川，冬菜扣肉（咸烧白）、冬菜包子、冬菜炒蚕豆等等，是川妹子的心头好。

芽菜经漂洗适当拔咸，切成丁，五花肉肥瘦得当，同样切丁，先在油锅里略煎至边缘微硬微焦，然后参以蛋炒饭之法。起锅前加少许辣椒粉，味道一流，芽菜的脆鲜加上五花肉丁的香腴，是这道炒饭的最大特点。

同样是腌菜当主角，香椿炒饭也值得一试。腌过的香椿芽切末，加肉丝和鸡蛋液炒饭，有一种江南农家风味。同理，雪里蕻咸菜秆漂淡后切末，与鸡蛋液一起炒饭，也是别具风味的。上海人都是雪里蕻的知味客。

邵大师告诉我：在五星级宾馆的自助式早餐中，炒饭的受欢迎程度要超过炒面。赏心悦目的炒饭盛在细瓷小盅子里，排成整整齐齐的方阵，一眨眼就光盘了。

姜大师告诉我：旧上海的富贵人家为了让蛋炒饭更加好吃，先用老母鸡和蹄髈吊汤，然后用这个高汤去煮大米饭，这样的蛋炒饭简直跟《红楼梦》里的茄鲞有异曲同工之妙了。不不不，我们普罗大众不能这么奢侈吧！我还是选择咸鱼炒饭、香椿炒饭、咖喱炒饭，吃了没有负罪感！

过了几天，我遇到了原老饭店总经理任德峰先生和国宴大师叶卓坚先生，聊了一阵本帮菜和港式粤菜，就以激将法引诱他们聊起有关蛋炒饭的那些事。

任大师也认为蛋炒饭的先决条件是烧饭，饭烧好，成功一半。他也说伊斯兰人喜欢吃素的蛋炒饭，菌菇炒饭在世界上受欢迎的程度是国内吃货无法想象的。我一直以为，菌菇入油锅一炒就容易出水，与米饭一起炒，一不小心就炒烂了。

"告诉你，菌菇一定要焯水，焯水后它就一直保持原状，有骨子，也不会再出水了。"任大师又教了我一招。

接着，任大师向我介绍了一款非常原乡的猪油炒饭。哈哈，我是猪油控，这个很对我的路啊。

五花肉肥瘦都要，切丁后，先将肥膘粒下锅炸至又香又硬，瘦肉丁滑一下锅盛起待用，然后下鸡蛋液与米饭翻炒，最后再下瘦肉丁，加调味即可装盆，顶上撒些葱花。猪油最能突出蛋炒饭的香味，而且饭粒油光锃亮，诱人食欲。

还有一道老饭店风格的菜炒饭，也不是随随便便能吃到的。风干老咸肉蒸熟后切片。青菜用盐揉捏一下，控去一点水分，上海人管这叫"暴腌"，能够保持蔬菜的碧绿生脆。起油锅煸香青菜，净锅后再下油炒蛋液和饭粒，然后加青菜和咸肉片一起翻炒，色泽好看，吃口更好，过去浦东农民家里经常做。

酱油炒饭，上海老饭店曾经供应过，在老吃客的印象中也是一道不可多得的美味。看上去与扬州炒饭相似，也有虾仁、胡萝卜、香菇，但酱油炒饭顾名思义是要加酱油的，浓油赤酱是本帮特点，在炒饭这档事上也是海枯石烂心不变的。

"告诉你，一般家庭做蛋炒饭也喜欢加点胡萝卜丁，颜色好看，但吃口有点梗，原因就在于事先没有焯水。焯了水，胡萝卜仍然保持脆性和色泽，但不会有梗的感觉了。"

这就是厨师不会告诉你的秘密！

国宴大师、五洲国际大饭店行政总厨叶卓坚先生说一口港式广东话，曾在香港、北京、吉隆坡及上海等地工作，担任过N家酒店的行政总厨，他见多识广，思路开阔，也向我介绍了一道拿手好饭——老菜脯猪油炒饭。

菜脯，在港台地区就是对萝卜干的称谓。菜脯蛋就是一道颇受欢迎的家常名菜。不过老菜脯在十年以上，贮于密封粗陶坛中，肯定是能够给人意外之喜的食材。此外，还需蚬子干、鸡蛋、肥膘和香菜、小葱白适量。叶大师选用的大米是常熟所产，圆润、糯滑，弹性适度。

老菜脯漂净切粒，用文火炒香待用。肥膘切丁焯水后文火熬油，油渣可是好东西，冷却后切成颗粒。坐锅下猪油，煸香菜脯粒，加糖少许再炒透。净锅后再下猪油炒蛋液，下蒸过的蚬子干、猪油渣，以及米饭，让蛋液紧紧包住饭粒后，再下菜脯粒，最后下葱白，"让米粒在锅底跳舞，跳迪斯科，不要慢吞吞地跳华尔兹，让食材的滋味互相渗透，最后盛起，撒上香菜末，就可趁热开吃了。

最后我班门弄斧，跟大师们汇报了自己做过的几款炒饭。比如白蟹炒饭，取两只新鲜肥硕的白蟹，煮熟后拆出蟹肉蟹黄，坐锅烧热，倒少许精制油，将蟹肉略微煸炒一下，不可多炒，否则会走水成渣。净锅后炒鸡蛋（也可分蛋清和蛋黄两种分别炒），再下蒸过撕丝的干贝，以及米饭，下调味，翻炒后再下蟹肉蟹黄，最后撒一把芹菜白梗，装盆上桌，在饭尖尖上堆两小勺黑松露酱，吃时拌开，味道也是相当好的。

还有鹅肝酱炒饭、三文鱼炒饭、干贝鸽松炒饭、橄榄菜鸡肫炒饭、榄仁牛肉炒饭、松茸芹菜猪油渣炒饭、洋葱牛肉炒饭……

看看，沈氏炒饭也蛮有创新精神吧。不过说实话，我的炒饭本事是从小跟邻居大叔学的，这位大叔平时不喜说话，休息天唯一对自己的犒赏就是炒一盆蛋炒饭，哗哗哗吃完，然后呼呼大睡到下午三四点钟。这位大叔还有一个讲究，无论哪种炒饭，最后总要打开玻璃瓶，捏出一小撮甜津津、油汪汪的福建肉松放在饭尖上，据说味道超好。我的榄仁牛肉炒饭就是他教我的。那会儿南货店里没有榄仁，就用核桃仁温油炸过代替，真正吃到榄仁是在上世纪80年代初的时候了。

有一次我问他一生中哪顿炒饭吃了最香？他想了想说："在朝鲜战场上，有一次，一场恶战过后，雪地上一片死寂，村庄尽毁，硝烟未散，美军败退后弃下无数军用物资，我们得到了罐装黄油和鸡蛋，还有大米、饼干和威士忌，我就用美国大兵丢下的钢盔当炒锅，做了一顿黄油蛋炒饭。那个香啊，把团长、政委都吸引过来了，毕竟十多天没吃到热饭热汤啦。哈哈！后来团部开庆功大会，就让我去指导炊事班做这个黄油蛋炒饭。"

今天，魔都餐饮业空前繁荣，但一般社会饭店的炒饭做得却不尽如人意。有些小青年成家后仍希望与父母同吃一口锅，自己烧饭做菜的能力不强，积极性也不高，偶尔用隔夜冷饭炒一盘蛋炒饭，手忙脚乱之后，吃到的总是一团遗憾。所以炒饭在今天也有发扬光大、开拓创新的必要，餐饮界大师应该将炒饭的秘诀告诉更多的人，让大家分享更具海派风情的炒饭。

炒饭在上海，是一款家常美食，是一份生活智慧，更是一种生活态度。

无鳌不宁波

　　在我小时候，西藏中路有一家甬江状元楼，宁波风味老字号，出品呱呱叫，苔条拖黄鱼、冰糖甲鱼、咸菜大汤黄鱼、沃鲨鱼、蛎黄炒蛋等等，都叫我一想起来就止不住口水汹涌。1974年，我们几个铁哥们送王文富同学去崇明农场，在状元楼（当时改名为宁波饭店）为他饯行，店堂里铺天盖地张贴着批林批孔的大字报，有点莫名其妙。五个饿死鬼，十瓶啤酒，一桌子菜，吃到爬不动，一结账，八元钱。

　　后来，西藏中路拓宽，状元楼轰隆一声没了，曹家渡的沪西状元楼也不声不响人间蒸发，直叫我一阵惆怅。一百多年前，宁波人成群结队来大上海打拼，成为上海最大的移民群体之一，上海工商业的数十个"第一"就是宁波人创下的。宁波帮中的鲤鱼跳龙门者，成了呼风唤雨的狠脚色，法租界的路名都以法国人命名，但也有例外，至少有两条马路是以中国人命名的，一条是虞洽卿路，一条是朱葆三路，这两个都是宁波人，牛吧！

　　所以，上海滩上怎么可以没有宁波饭店呢。改革开放不久，魔都就开出了汉通和丰收日两家饭店，宁波老味道，人见人爱，生意火爆，但最近几年似乎风光不再，竞争激烈是外因，内因是出品质量有点下降，比如我最最喜欢吃的臭冬瓜、海菜股，味道大不如前。还有一点，新风鳗鲞干乎乎的，肉头不够滑爽，鲜味也欠缺，至于黄鱼鲞烧肉，似乎从来就没有供应过。我在宁波、奉化、象山好几家饭店吃饭，都能吃到带鱼鲞、鳗鲞、沙鳗鲞、青鱼鲞等，还有螟脯鲞（墨鱼干），宁波朋友说：以宁波风味立身扬名的饭店怎么可以没有鱼鲞呢？

两个月前，以传统宁波老味道驰誉沪滨的源茂苑搬到广灵一路的新址，装潢后重新开张，朋友请我去尝新。因为跟老板熟，我在吃了蒸鲜咸带鱼双拼、黄鱼鲞烧肉仍后不满足，吵着要吃乌狼鲞烧肉——这是林老板早几年就承诺过的。林老板一愣，面孔上赛过结起一层糨糊，这货在宁波当地也断档好几年啦！

乌狼鲞就是河豚干。每至清明前后，河豚随汛而发，渔民趁势捕捞，一时吃不完，就将河豚治净，从背部剖开擦上海盐，在烈日下暴晒一个多月，坚如檀皮的乌狼鲞就这样炼成了。乌狼鲞烧肉在饭店里不敢列入菜单，只有熟客光顾，老板才关照大厨做一盘，主客默默分享，两眼放光，亢奋犹如嗑药。

二十年前我在徐家汇某饭店吃过，也是朋友惠赐的口福，浓油赤酱，卤汁紧包，味道与黄鱼鲞烧肉有得一拼。饭后老板还特地送我一袋河豚干，但是老婆孩子谈虎色变，束之高阁两三年，归宿竟是垃圾桶，如今思之唯有扼腕。

上周末任辉兄邀我至延安中路一家旧款宁波饭店吃饭，单开间门面，上下两层，粉刷墙面，瓷砖地面，塑料椅子，塑料台布，装潢何其简陋！我喜欢这样的风格。经验告诉我：东床坦腹的腔势，往往隐匿着旷世美味。

任辉兄熟门熟路地点了几只菜：红膏炝蟹、臭冬瓜海菜股双拼、清蒸咸墨鱼蛋、墨鱼汁炒全墨鱼、苔条拖黄鱼……还有肉饼子蒸三曝咸鳓鱼。咸鳓鱼，上海人称之为"咸鲞鱼"，加肉糜或加咸蛋一起蒸，是浙江籍人家的夏令清粥小菜，筷头笃笃，可以吃好几天呢。

作为咸鲞鱼的豪华版，三曝咸鳓鱼在偌大的上海滩，也许只有南京东路的邵万生和三阳有售，用保鲜膜包紧后塞在柜台一角，一般人看不到，就是看到了也不识。此货价相较凡品要贵上三四倍，不识货的朋友舍得这点铜钿银子吗？家父在世时，得着一点稿费，才会去邵万生买一条来，分作三顿吃。蒸熟的三曝咸鳓鱼，鱼身断面的颜色艳如桃花，但筷尖一戳就发现鱼肉接近腐败，并有强硬的腐臭味蹿起。而这，正是三曝咸鳓鱼的奥妙，令知味者如痴如醉，欲罢不能。

三曝者，是大海、太阳与郇厨的天作之合，取新鲜鳓鱼，埋进老卤氅中浸泡一个月，捞起暴晒一个月至石骨铁硬，再入老卤坛中浸泡一个月回软，再取出暴晒至色呈老檀皮，然后再次沉入老卤中完成最后的发酵醇化。三起三落的历练，需要半年以上，所以味道才如此古早！

最后，老板像变戏法似的上了一道菜，我一看，几乎要叫起来：这不就是我心心念念的乌狼鲞烧肉吗！浓油赤酱风格，卤汁紧包，油光锃亮，五花肉与河豚干同在一口砂锅中经受长达两小时的历炼，修成正果。搛起一块入口，肥肉瘦肉俱在口融化，唯有乌狼鲞丝丝缕缕地让我的牙齿感到轻微的抵抗，并在咀嚼中释放野性十足的鲜味，这才是乌狼鲞应有的风骨！

宁波人的敲骨浆

上个月再访雪窦寺，在山门外看到两位大妈在售卖芋艿头，大板车旁端坐着一个炉子，像卖茶叶蛋那样边煮边卖，保证客人吃到热的。作为一道旧时风景的延续，奉化芋艿头让我身心俱暖。

在上海的宁波风味饭店里，我吃过白煮芋艿头蘸虾酱，十足的宁波风味，有一种渔家的野性在里面。有一次还吃过芋艿头煨白菜心，味道不错，表达了朴素的美感，直觉告诉我，这应该是一款古早味。回家翻《随园食单》，果然发现袁枚就记了一笔："芋煨极烂，入白菜心，烹之，加酱水调和，家常菜之最佳者。惟白菜须新摘肥嫩者，色青则老，摘久则枯。"不过袁枚所说的"酱水"是什么？我问过几位大厨，说法各异，我觉得可能是面酱或豆酱调和的卤汁，类似日本的酱汤，这才有些古意。上海人家常用芋艿炒矮脚青菜，也有异曲同工之妙。

作为清朝第一吃货，袁枚在《随园食单》中对芋头也是充满感情的，有"芋羹"一条中写道："芋性柔腻，入荤入素俱可。或切碎作鸭羹，或煨肉，或同豆腐加酱水煨。徐兆璜明府家，选小芋子，入嫩鸡煨汤，妙极！惜其制法未传。大抵只用作料，不用水。"这里再次提到了酱水，莫非这就是厨师点石成金的魔法棒？

这个芋羹什么味道？以前一直没吃过，此次重访奉化，居然被我吃到了，也算有口福了！

芋羹呈现的是家常风格，貌不惊人，一副要低到尘埃里的作派，但执匙一尝，居然有非常丰足的美感！做法也简单，芋艿头蒸熟捣碎，加棒骨汤不加鸭子，当地人俗称"敲骨浆"，用大棒骨敲碎后煮汤，使骨髓充分融入汤水，也有用猪油渣的，再加些酱油，煮沸至稍稍见稠，撒葱花即可。

芋艿头捣得不可太烂，要留有骰子大小的颗粒，能让人品出那么一点粉质感，这样才显粗犷。酱油也不能多放，上色即可，否则难免有酱扑气。加棒骨汤应是遵循古例，诚如随园老人所言："大抵只用作料，不用水。"

宁波的朋友告诉我：奉化种植芋艿头历史悠久，据《奉化县志》记载，在宋代已有种植，至今有七百余年历史，旧时它还有一个雅号："岷紫"。南宋监察御使、太学博士陈著是奉化三石人，他在《收芋偶成》一诗中这样写道："数窠岷紫破穷搜，珍重留为老齿馐。粒饭如拳饶地力，糁羹得手擅风流。"今天我们吃到的奉化芋艿头品种是明朝中叶由福建、台州一带来奉的"棚民"传入，经奉化芋农悉心改良培育而成，目前种植主要分布于萧王庙、溪口、大桥、西坞等乡镇，年产量达到6万吨。

在长江以南沿海及中南、西南地区，芋艿头自古以来是被当作重要粮食作物来种植的，《史记·货殖列传》里就有记载："吾闻汶山之下沃野，下有蹲鸱，至死不饥。"刘一止的《非有类稿》里也提到："南山有蹲鸱，春田多凫茈。何必泌之水，可以疗我饥。"所谓"蹲鸱"，后世注其为芋，可见在汉代，四川等地便以芋艿头为食了。腹笥丰厚的西坡兄谓我："蹲鸱"是一个熟典。芋艿头看上去极像一只蹲着的猫头鹰，故有此名。看来古人颇有幽默感。

奉化芋艿头不仅是一种饶有乡味的食材，在灾荒袭来之际，它也帮助饥民渡过难关。旧时农家煮饭，勤俭的主妇也会切一只芋艿头放在饭上面，饭焖透，芋头也熟了，以补主食不足。文震亨在《长物志》

里对此物感激涕零："御穷一策，芋头为首。"

对了，袁枚在《随园食单》里还透露了一则秘辛：十月天晴时，取芋子、芋头，晒之极干，放草中，勿使冻伤。春同煮食，有自然之甘。俗人不知。

我想这不仅是为了品尝美味，还为了教人防饥。在我小时候，妈妈会趁菜场里芋艿大批到货而价格便宜时多买一篮存着，挂在屋檐下让西北风吹，一直存到春节还不会烂掉，仔细刨皮，切片后与霜打过的矮脚青菜共炒，一定要放那种黄澄澄的初榨菜油，味道绝对好！

今天我就叫太太买了一枚硕大的奉化芋艿头，花两个小时做了一锅芋头羹。用棒骨和鸡爪吊汤做底子，加猪油（猪油渣一起加入）和虾子酱油，味道自然好！

最难忘，咸菜大汤黄鱼

　　江南梅雨时节，东海大黄鱼迎来了东风浩荡的汛期，渔民一网下去几十吨不稀奇，来不及处理时就暴腌风干，咸黄鱼油煎煎，过泡饭一流。对了，那是很早以前的事啦。

　　在我读小学那会儿，菜场里的大黄鱼真是白菜价，两三角一斤，弄堂人家经常吃，我妈妈清理大黄鱼时会果断撕去头皮，让殷殷血水渗出，煮熟后不会有腥味。妈妈喜欢吃鱼头，还会从嘴里吐出两块小石头，莹白如玉，煞是可爱。妈妈说：这就是鱼脑石，所以大黄鱼也叫"石首鱼"，这两块小石头也是一味中药呢。小黄鱼没有石头，小黄鱼就比大黄鱼笨。

　　后来我从一本科普读物中得知，大黄鱼靠鱼脑石来定位。有些渔民在作业时将碗口粗的扛棒频击船帮，在水下产生强烈振荡，方圆数里之内的大黄鱼不是晕头转向就是休克，呆头呆脑，浮出水面，渔民瞅准机会一网撒开，收获满满。在有些地方也叫"敲罟"，竭泽而渔，是今天大黄鱼沦为珍稀动物的原因。

　　上海弄堂人家过去有一句骂人的话："黄鱼脑子"，特指那些脑筋不转弯的朋友。

　　大黄鱼的珍贵，还在于有绵软肥厚的鱼鳔，与整条鱼一起烧，在口感上与紧实的鱼子有同工异曲之妙。但饭店里的厨师也会单独处理它，有一次我在淮海中路鸿兴馆的厨房里看到白瓷砖墙面上贴了几十条黄鱼鳔，慢慢风干成半透明状。师傅告诉我，等到年底一起揭下来，入锅炸至发泡，就可以做三鲜鱼肚羹了。

黄鱼胶又是做家具必不可少的黏合剂。读中学时心血来潮，与几个同学一起学做小木匠，手艺不行胶水来凑，从五金店里买来黄鱼胶，装在旧饭碗里隔水蒸软，抹在榫头上，用力碰紧，隔一夜，牢不可破。后来黄鱼胶没有了，只能用骨胶代替，再后来骨胶也断档了，只能用化学白胶。

黄鱼属鱼纲、石首鱼科。在中国的海错图版中，黄鱼有大小之分，大黄鱼又叫大黄花、大金龙、大鲜、黄瓜，一般长度为40至60厘米。小黄鱼又叫黄花鱼、小春鱼、小鲜，从长相上看，小黄鱼是大黄鱼的迷你版，长度不超过20厘米。捕捞大黄鱼讲究时间，月朗中天时分，黄鱼出水后浑身披挂黄金甲，富贵而华丽，如果在白天捕捞就没有这般色相。捕捞黄鱼大多是夜间作业，很辛苦。

不过我发现，在古代，如果我们在宋代到清代之间划条延伸线，草木江南"不时不食""闻汛而动"的江海湖三鲜里，除了刀鱼、鲈鱼，还看重鲥鱼、鲤鱼、鳜鱼、银鱼、鮰鱼、鲢鱼等，对大黄鱼好像并不在意，就连鲫鱼、鳊鱼、白鱼、河豚、鲳鱼、带鱼、马鲛鱼等庸常之辈，在古籍中露脸的机会也要比大黄鱼多。不信你可以去翻翻《随园食单》《鸿宪食秘》《尊生八笺》《闲情偶记》之类的"微型百科全书"，这几位才高八斗、睥睨天下的爷们对大黄鱼都装作没看见。

所以我有理由怀疑，大黄鱼在那个时代庶几归属俗物，落笔作文章时也就想不到给它一席之地。

大黄鱼俗吗？如果我们站在古人的立场上想一想，理由有二：首先，"每岁孟夏来自海洋，绵亘数里，其声如雷，若有神物驱押之者"（语出田汝成《西湖游览志余》）。也就是说，大黄鱼逐流而来，兴高采烈，大呼小叫，浩浩荡荡，如乱民啸聚一般，场面相当壮阔。其次，大黄鱼离水即死，正值初夏时节，压在舱底很容易腐败，一般市民可以"忍臭吃石首"，文人墨客多半要掩鼻而走。不够冷静，没有芳香，不是俗物是什么？

如果说还要找一条理由的话，也许就是大黄鱼的肉质稍见粗糙，纤维明显，鱼刺很少，味觉呈现直截了当。咦，吃起来方便难道不是好事吗？但是古人不是这样想的，剔抉爬梳太容易，进食速度不知不觉就会加快，人家慢慢剥一只大闸蟹要用一支香的时间，你一眨眼就将一条肥硕的大黄鱼吃剩一副骨架了，这般发配从军的吃相，村里的老童生见了不摇头才怪呢。

黄鱼易臭，所以"绿眉毛"渔船出海前要备足冰块。黄鱼进舱，马上撒一层冰块压住，所以在渔市上大黄鱼又有一个别名："冰鲜"。一时来不及冷处理，渔民便作简单加工，从背脊处剖开后加粗盐暴腌，挂在桅杆上经海风吹两三日，就成了黄鱼鲞。不剖而制成的白鲞更加高级，称为郎君鲞，是鱼鲞中的白富美。

写到这里我突然想起，倘若时光倒流一百年，近水楼台的宁波人可以随随便便吃到从码头沽来的冰鲜，而在我家乡绍兴就只能吃到硬如檀板的黄鱼鲞了。上海老城厢靠近十六铺不是有一条咸瓜街吗？就因为聚集了数十家专营黄鱼鲞和腌腊的商铺而得名。"咸瓜"是浙东民众对黄鱼鲞的俗称，而不能想当然地理解为酱瓜。今天拜现代物流之发达，哪怕远在内蒙或云南，也能吃到冰鲜的大黄鱼了。

以前，在上海的宁波馆子里，比如西藏中路的甬江状元楼，咸菜大汤黄鱼是一款长销不衰的经典名菜。一斤多重的大黄鱼，治净后沥干，两面煎黄，加高汤两大碗，生姜片和葱结不能少，黄酒及盐适量，下切得很细的咸菜梗和笋片，大火煮沸后转中火，十分钟后出锅，汤色奶白，黄鱼头尾不散，鲜香浓郁。

甬江状元楼除了咸菜大汤黄鱼，还有几道大黄鱼佳肴也极受欢

唐胡令能小儿垂钓诗意

迎，比如苔条拖黄鱼、特别黄鱼羹、莼菜黄鱼羹、蛤蜊黄鱼羹、雪花黄鱼羹等。半个世纪前，甬江状元楼在上海有几十家，比如盈记状元楼、四明状元楼、沪东状元楼、沪西状元楼等。上世纪60年代末，甬江状元楼改名为宁波饭店，80年代初又改回原名，我多次去尝过鲜，后来市政建设需要，拆了。

红烧大黄鱼、清蒸大黄鱼、糖醋大黄鱼、荠菜黄鱼羹，还有规格最高的松鼠大黄鱼，都是经济实惠、风味卓绝、为上海人争得面子的飨客佳肴，但诸般身段，都在咸菜大汤黄鱼面前相形见绌。咸菜大汤黄鱼是上海弄堂人家的家常风味，在黄鱼菜谱中占据主导地位。雪里蕻咸菜似乎有一种魔力，最能提升大黄鱼的品质。咸菜大汤黄鱼的鲜，是热烈奔放、无拘无束、坦坦荡荡、载歌载舞的，就像一个阅人无数的美人，本身已然玉树临风，又懂得如何在最有效的时间内用最简洁晓畅的语言、最生动活泼的表情来传递浓浓的感情。

很长一段时间里，咸菜大汤黄鱼就成了上海人家的一款基础味道，咸、香、鲜，鱼肉与浓汤，还有越嚼越鲜的咸菜梗子，都是一竿子插到底的享受，沉淀在碗底的细碎渣滓也不能浪费。每一汤匙送进嘴里，都给牙齿、舌尖以及食道无比妥帖的抚慰，悠长的回味可以一直持续到初夏静夜弥漫着栀子花香的睡梦中。

若干年后，思南路上的阿娘咸菜黄鱼面一炮打响，成了一款极具上海风味的国民小食，连米其林都郑重其事地给予推荐的评价。要是阿娘用红烧小黄鱼或糖醋小黄鱼来配一碗阳春面的话，能火起来吗？

由于过度捕捞，东海大黄鱼几乎绝迹，数十年后忽又显身江湖，养殖大黄鱼当仁不让地承担起接续香火的历史重任。随着围网养殖技术的不断提升，深海养殖大黄鱼中也出现了高品质的货，努力追赶野生大黄鱼的风味。有一次我在南丰城六楼的"食庐"吃到一款咸菜大汤黄鱼，一入口就像被电击一样瞪圆了眼睛：这才是妈妈的味道！

后来我在盒马鲜生超市买过几次围网养殖的大黄鱼，每条在500克以上，卧在晶莹剔透的冰屑上，闪烁着金子般的光芒。烧咸菜大汤黄鱼、暴盐清蒸大黄鱼、醋溜大黄鱼，筷头所至，"蒜瓣肉"纷纷落下，让我的味蕾沿着时光隧道回到了妈妈身边。

口腔里的核爆炸

"臭"与"鲜"组成一个词，许多人以为是搞怪，是拉郎配，给你一脸鄙夷。而以前的老上海，特别是祖籍浙江的朋友，一跟他说起臭鲜，呵呵，两眼立马放电。赤日炎炎似火烧的三伏天，胃纳欠佳，无精打采，吃什么都觉得寡淡乏味，乾坤大挪移的消暑良方就是臭鲜啦！

臭豆腐干油煎两面黄，再配一把碧绿生青的毛豆子；咸带鱼油煎煎，跟一碟山西老陈醋；身板极薄的黄鲔壳暴腌一下油煎，连骨头一起大嚼，都是饭店里吃不到的清粥小菜。夏天的海鲜都不甚新鲜，难免有一种令人不那么愉快的味道，油煎就是变法图强的不二法门。再说好这一口的人，图的就是这个味。

而最具核爆威力的当属宁绍一带所产的臭乳腐、臭冬瓜和海菜股。

小时候，家门口的酱油店——俗称"造坊"——一到夏天就有臭乳腐供应。臭乳腐比麻将牌还小三分之一，一角钱可以买上一大碗，黑章白质，表面还附有一点点石灰质的硬屑。闻着臭，吃着香——那时候报纸上形容资产阶级法权就用臭乳腐打比方。臭乳腐知道自己是冤枉的，但它不争论，知道人民群众心里都有一杆秤。

供应臭乳腐的除了正规部队，还有游击队。喏，头戴笠帽的乡下人挑着担子悄悄地走进弄堂，他们从不吆喝，但坐在弄堂口闲聊的老太太知道他是做哪路生意的，消息很快传开。妈妈也会拿一只蓝边大碗，再塞给我一角钱，"照这点钱买来，碎的不要"。我咚咚咚下了楼，弄堂口的过街楼下已围着一圈人，卖臭乳腐的绍兴人——他说的方言我能听懂——打开杉木桶盖，颜色极端魔幻的臭乳腐呈放射状排列，一股令人亢奋的气息无遮无拦地蹿上来，令人沉醉。小贩用紫铜铲将臭乳腐铲进碗里，再浇上一小勺臭卤，体现老少无欺的诚信。虽然妈妈关照过"碎的不要"，但农家土制的臭乳腐特别容易碎，经验又告诉我，碎了的臭乳腐特别鲜美。

不爱臭乳腐的人对此物有刻骨仇恨，诅咒它永远散发着"阴沟洞里的气味"，热爱它的人却一辈子不离不弃。作家王晓玉和翻译家黄源深夫妇在"臭鲜"这档事上就是势不两立的，但实际上他们是文坛出了名的恩爱伴侣。客观地说，臭乳腐体现了劳动人民朴素无华的品质，质地细腻，绵密软糯。执箸细品，一股尖锐的臭味一下子钻进鼻孔，如此生猛，似乎防不胜防。此时不可退却，小吸一口气，在舌尖作片刻的停留，让唾液汹涌澎湃，再细细品赏，便会觉得有一种妙不可言的鲜味慢慢将整条舌头包裹。然后脑子也清醒了，就像一个独身已久的男人，终于明白遇到了可心的尤物，泪水涌动之际还得陪上一声长叹：天哪，来得太晚了！

啊呀，此物性情坦荡，气息豪放，鲜味馥郁，无论过泡饭还是抹在切片面包上吃，堪与法国奶酪比美，而植物蛋白一说又更胜一筹，与劳动人民有天然的亲切感。

如今臭乳腐在超市里有供应，绍兴的臭乳腐与北京王致和的臭乳腐都是我的最爱。

臭冬瓜是宁波人的一大发明，冬瓜切大块留皮，下沸水一焯，冷却后扔进深不可测的臭卤甏，封好口置于阴暗角落处，一周后就可以捡出来，浇一圈菜油后上笼屉蒸透，味道极佳。不过身为绍兴人的后代，我更爱妈妈自己腌的海菜股。

一个人的味觉记忆是永恒的，我至今都记得家乡老屋的厨房里，一直弥漫着一股好闻的、逗引食欲的臭味。菜橱的两扇门一经打开，就会呈现这么几样小菜：霉千张、霉干菜、霉毛豆、臭乳腐。

它们构成了我的味觉基因。

绍兴人的臭鲜都是自产自销，我妈妈是个中好手。我妈妈会晒菜干，开春后菜场里小青菜便宜时，她就买来许多，在沸水锅里焯一下，用线一棵棵地串起来，晒几天成菜干，再齐齐切碎，收纳在一只甏里，用纸封严。盛夏时节多台风，蔬菜一时供应紧张，我家却有虾干菜汤喝。虾干通红，菜叶碧绿，菜梗如象牙微黄。这锅汤的味道又香又嫩，据说还可解暑。

妈妈还晒过马兰头干、刀豆干、豇豆干，不过它们不像菜干那般随和，必须拉猪肉入伙才玩得转。接下来的隆重的节目是——米苋梗登场。

米苋老了，妈妈就扛回一捆干柴似的米苋梗回来，切一寸半长的段，装甏，加几块丑陋的毛笋头，再兜头浇下从别人那里讨来的隔年臭卤，口中念念有辞地封严了甏口，挪到别人看不到的阴暗角落藏起来。等我差不多忘记有这回事了，她突然在我头上一拍：今天有好东西吃了。转身去角落唤醒那只沉默的甏，掏啊掏啊，掏满一碗青色的、臭气冲天的海菜股。

淋几滴菜油，入锅蒸，水沸腾，水汽呼呼外溢，海菜股的气味顿时在整幢石库门房子里跌宕起伏，巡回环绕。邻居中有顶不住的，大叫一声奔出去，逃难似的。蒸好了，锅盖一掀，妈妈伸出食指往汤汁中一戳，享受吮指之乐。

海菜股闻闻臭，吃吃香，特别是霉透了的海菜股，表皮坚硬如炮弹筒，中间却酥如牛骨髓，用力一吸，青白玉液应声蹿入喉中，烫得我浑身颤抖，却不舍得吐出来，只好丝丝地吸冷气。此时此刻，浑身上下每个细胞都被一种强大的声音唤醒，犹如醍醐灌顶，顿觉神清气爽，脸上还有汗珠淋漓淌下，一抹才知道是滚烫的泪花。

海菜股还可以与臭豆腐干共煮，有许多细孔的臭豆腐干努力吸收那股臭鲜味，荣辱与共，肝胆相照，既有弹性，有又滋味，碗底留有青黄色的汤，也舍不得扔掉，用来淘饭真是没得说了。

吃完了海菜股，臭卤还不肯倒掉，扔几个菜头进去，扔几块带皮冬瓜进去，几天后又是一碗很下饭的家乡菜。

妈妈说：臭卤甏，家中宝。

那时候的老家绍兴，家家户户要备一口臭卤甏。

妈妈还霉过百叶，正宗的叫法是"霉千张"，百叶卷成铺盖码在一只盘子里，撒点盐，再用一只同样大小的蓝边大碗倒扣严密，几天后百叶卷软如油酥，有点坍下去，一股陈宿气却幽幽上升，同样上笼一蒸就可以吃了。妈妈还霉过"霉毛豆"，选饱满一点的新鲜毛豆剥壳出肉，不可洗，堆在碗里，加适量盐，再用一只空碗倒扣在上面，用纸条封严了碗缝，推进菜橱一角，几天后揭开碗：咦！异香扑鼻。淋几滴菜油上笼蒸，有一股直入心肺的清鲜。

在绍兴一家饭店里吃过一道菜：臭三宝。苋菜股、霉千张、臭瓜冬，在一口乌漆墨黑的砂锅里三分天下，翻江倒海地上桌，臭气冲天！座中女士掩鼻而笑，花容失色，而我大快朵颐，什么蟹粉鱼翅，一边待着吧，别来烦我！

漫漫长夜，失眠有酱

　　已是凌晨两点，翻来覆去还难以入眠。没办法，开始数羊。但是人生有了杂七杂八的阅历，数羊的"纯洁性"就会受到影响，当两百头羊在我眼前咩咩叫时，不免急得团团转：我到哪里去找这么大一片草地喂它们呢？晚上把它们圈起来，要买多大的一套带花园的房子啊，我哪里有这么多钱？数羊成了思想负担，那么数美女吧，上海永远不缺美女。但是还没数到二十，像天仙那样衣袂飘飘迎面飞来的，倒是些似曾相识的面孔，一样的服饰，一样的妆容，一样的舞姿，一样的自我陶醉，还有点饱经风霜、咄咄逼人的表情。原来是晚上在街边路口跳舞的大妈，澎湃之势又叫我不免紧张。再换一种，数车，上海马路上好车多了去，但数着数着发现街上横七竖八地停满了车子，自己又是拍照又是开罚单，忙得唇敝舌焦，满头大汗，一条赤裸着上身的汉子跑来指我鼻子：为什么把比亚迪的罚单贴在我的法拉利上？从车窗扯下黄单子一看，果然噢，心一慌，踩了一脚狗屎，懊恼得更加睡不着了。

　　连翻几个身，横竖睡不着，要不数……食材！对，玩这个我是老司机。让我们来做一道人民群众喜闻乐见的酱吧：选猪肉、牛肉、鸡肉为一组；选香菇、鸡㙡菌、鸡腿菇为一组；选蒲包香干、大白干、小白干为一组；坚果类的以花生米、松仁、腰果为一组。辅料方面选开洋、瑶柱、小干贝为一组，为了丰富口感，又恰逢春秋冬三季，也可以将冬笋、春笋、茭白凑成一组；去腥提香的选蒜子、葱白、洋葱为一组。

调味方面选味噌酱、甜面酱、老干妈为一组；白糖、黄糖、冰糖也是一组；再选老抽、新加坡鸡油饭酱油、蚝油为一组。千万不能忘记酒，选黄酒、米酒、啤酒三种……

主辅料齐齐切成小颗粒，5毫米见方的规格。如果再想进一步精细化，则可将猪肉分为五花肉、腿肉、夹心，牛肉可分为牛腩、牛腱、西冷，鸡肉可分为鸡腿、鸡胸、鸡里脊……

臣本布衣，并非土豪，执爨之事，亦可任性。做一道上海味道的酱，在食材和调味方面可以三选一，也可以混合、交叉，一切无定规，全凭自己兴趣与口味。道生一，一生二，二生三，三生万物……这游戏值得一玩，好比做一道复杂的数学题，有N种组合，近乎无限可能。呵呵，看我的！瑶柱或干贝加黄酒蒸软，冷却后扯成细丝待用。坚果入冷油锅炸熟，起锅后吹冷至脆。锅内留油，将豆腐干炸至边缘起硬后捞起，煸香菇丁和笋丁去涩后捞起，肉丁滑锅锁住水分后沥油，煸辛香料起香，再下酱料炒出黄油，复下主辅料，加酒去腥，加酱油、蚝油与糖等上色入味，大火煮沸，转文火煮一个小时，看它噗噗冒泡，时不时翻炒几下防止粘锅。

不要加水，不要勾芡，如果冰箱里有一块厚厚的猪肉膘，就取出切块熬猪油——猪油渣不要熬得太枯，半透明最佳，冷却后剁骰子大小的颗粒备用。

看看手机发发微信，计时器叮的一声，香气已从厨房里跑出来了。

此时此刻，我咂了几下嘴巴，心满意足地进入梦乡，少顷鼾声如雷！

第二天起床，虽说头还是晕晕乎乎，但心情比较愉快。关照太太照梦里开出的单子悉数买来，细心操作，火候到家，特别是最后一道工序：将猪油渣拌入即将起锅的酱内，方称大功告成。

当这锅浓油赤酱的美味盛了满满三大碗时，幸福指数瞬间爆表，失眠的烦恼早已抛诸脑后，我甚至还有点小小盼望"今夜无眠"呢。

这道拌酱参照了上海老饭店的八宝辣酱和大蔬无界的"君子酱"的做法，比单位食堂里的辣酱提升了好几个档次，可丰可俭，宜酒宜饭。早上做面浇头，中午拌大米饭，晚上烙一张饼，买一根山东章丘大葱，取白弃青，切成三寸长的细丝，夹于饼内，再狠狠地挖一勺酱，抹开后严严实实地卷起来，大口咬下，使劲嚼巴，倘若再配一小碗滑溜溜的小米粥，宛若天上人间啦！

　　这道拌酱具有广泛的群众基础和鲜明的城市文化特征，还可以提炼出以下的关键词：多元、时序、融合、海派、价廉物美、成本可控、操作性强、无限可能……

　　行文至此，口水流了一键盘。我将这道拌酱命名为"催眠酱"，列位看官，菜单拿去不谢！

　　失眠时试试，倘若仍然睡不着，也别骂我啊。

鲁迅的条头糕，我的重阳糕

　　秋天是收获的季节，新米、园蔬、水鲜，南北水果次第涌来……秋天也是糕饼的季节。在农村，新谷轧米磨成粉，蒸几笼米糕庆祝丰收。城里呢，在沈大成、王家沙、乔家栅等老字号门前，从早到晚在排队，赤豆糕、黄松糕、条头糕、松花团、粢毛团、双酿团、玫瑰方糕……还有老派上海人庆生时必不可少的寿桃与松糕。上海人乔迁新居，一定要买许多定胜糕分送芳邻。定胜糕腰细而两头大，形状如木匠师傅拼接木板用的腰榫。"定胜"与"定榫"谐音，像榫头一锤敲定，寄托着在新环境里长居久安的美好愿景。定胜糕成双作对，喜感十足，红曲粉染成的浅红色倩影，羞怯地躲在一侧，但最抢眼的肯定又是她。定胜糕要蒸软了吃，糕皮依然松软，细如流沙的豆沙馅一直甜到心里。

　　在所有的糕团中，我最爱条头糕。乌红色的豆沙馅受到糯米皮子的适度挤压，似乎要破茧而出，撒在表面的那一点零碎的糖桂花常在夕阳下闪烁着金子般的光芒，吃起来有一种扎足的口感。这份小确幸，是每个上海人都能轻易获得的。同时代的文人回忆鲁迅，说起鲁迅在熬夜写稿子时，常备的夜宵就是条头糕。"斋夫摇寝铃前买好送进房间，周六夜里备得更富足。"这是夏丏尊在《鲁迅翁杂忆》一文里说的。

　　有人说鲁迅爱吃甜食是留学时养成的习惯。指间沙在《舌尖上的上海》一书中则认为："鲁迅这样夜夜吃条头糕，竟然不腻，怕是需要童年时代就打下的胃底子吧。他是浙江绍兴人，江浙一带正是又甜又糯

上海老味道续集

370

的糕团占领区。"

我的故乡也在绍兴，我也从小吃惯糯米糕团。我一直觉得鲁迅应该更喜欢另一种糕团，它就是绍兴所产的乌玎豆糕。乌玎豆糕以糯米粉和玎豆为食材，加一种由乌饭树叶子捣成的汁液揉压上劲，搓成粗实长条，上笼屉蒸熟，冷却后切片。论卖相，浑身乌黑，几无亮点，简直就是一个乱头粗服的烧火丫头，但味道不错，别具乡土风味，又特别顶饥。置于竹编饭篮中挂在窗口，可以久放不坏。所以绍兴人出远门、走亲戚，乌玎豆糕是常备的干粮土仪。为什么魔都的糕团店从来不见这货？一是乌玎豆糕是乡人所为，制作上粗枝大叶，缺乏标准，很难进入流通环节；二是上海的糕团店大多是从苏州来或模仿姑苏功夫的，它姓苏，不姓绍！除了乌玎豆糕，还有绍兴的喉口馒头、绍大麻球，上海人也没有见到过。对了，绍兴还有一种火炙糕，在食品店里偶然有见，大概已归入非遗项目了吧！

因为与苏州的渊源，在上海糕团店里还可以看到身板最薄而价格最贵的百果蜜糕。王稼句在《姑苏食话》一书中透露：蜜糕是稻香村名品。在乾隆皇帝下江南时，由苏州地方进呈，乾隆食而称美，下谕稻香村定制，呈送宫中。接下来就是大家听腻了的套路，皇帝吃了龙颜大悦，大笔一挥题了"稻香村"三字。"旧时稻香村、叶受和、赵天禄等店家承接订货，送糕上门，并当场开切、称量、包装。"

也因为与苏州的渊源，最近我发现沈大成新增了一个品种：炒肉团子。王稼句在《姑苏食话》中也有提及："炒肉团，姑苏夏食名点，用精细糯米粉作团，馅以鲜肉为主，辅有虾仁、扁尖、金针菜、黑木耳等，中有卤汁，外形似小笼包子，其上微露孔隙，能见馅心诸色。"沈大成摆在柜台上的炒肉团子也是如此，我见了很高兴，但没有买来吃。因为沈大成少了一个环节，苏州黄天源老板陈锡荣先生曾经跟我讲过，顾客买了炒肉团，营业员必须拿起一把铜壶，将热的肉汤徐徐注

包粽在當庭
新箬裹糯米。
戊戌端陽

学子考試食粽云可言中也民俗不無趣。

會稽王赤榮作

入团子的开口里，这样趁热吃，味道才是最好的。

九九重阳节即将来临——重阳糕要登场了。近年来传统文化回归，每逢此时，糕团店门口买重阳糕的小青年排起长队，一买就是小几盒，回家孝敬父母，美意浓浓。

在古代，时逢重阳还要登高，在手臂上系上茱萸，据说可以避灾解厄。"遥知兄弟登高处，遍插茱萸少一人。""明年此会知谁健，醉把茱萸子细看。"王维和杜甫的这两句诗成了千古流传的名句。唐代的文人登高和插茱萸都要结伴而行，类似今天的秋游。到了宋代，这个风俗中又增加了吃糕的环节。现在上海市民也会在这天举行登楼活动，金茂大厦和东方明珠都成了目标，这是古代习俗的都市化体现。

重阳糕上一定要插小旗子，有小旗子意味着有风吹来，这就是表示登高，因为只有身处高处才能明显感觉迎面有风呼呼吹来啊。少了这面小旗子，重阳糕的民俗涵义就要大打折扣。小时候在弄堂口的点心店里玩，师傅用洗涮锅子的笊帚拆散后取它的竹丝做小旗子，我一时技痒，毛遂自荐，帮他一起做。我有做风筝的经验，对付这玩意儿游刃有余。忙活了一上午，师傅一个劲地夸我，完了送我两块刚出笼的重阳糕，我吃一块，带一块回家给妈妈吃，妈妈可高兴啦！

两年前我去苏州，得知《舌尖3》正好在黄天源拍摄做重阳糕的场景，我问陈老板有没有插小旗子？回答没有，我一听急了，马上建议他发动员工做小旗子插在糕上。《舌尖3》后来播出来的这一集里，重阳糕上最终还是插了彩色的小旗子。

想起小时候遇到的一件事。那年我才读小学五年级，大嬷（老爸的姐姐）从绍兴到上海来小住几天，昏天黑地的哪里也不能去，她是小脚，又是文盲，在家枯坐真是百无聊赖，偶尔看到她的嘴巴在微微颤动——应该是在念经。一个萧瑟的下午，老爸差我去八仙桥龙门路转角处的糕团店买重阳糕——那时候重阳糕改叫"方糕"，八宝饭改叫"甜饭"，但是老百姓心里有数，不响，照吃。买好糕，被五六个中学生模样的外地青年围住，他们有男有女，虽然头戴帽军，穿黄军装，还腰系铜头牛皮带，但掩不住满脸疲惫，其中一位向我讨粮票，要买几块糕团解解饥，但我买了糕团后就没有多余粮票了。

"你家在哪里？能不能回家去拿？"对方虽然是与我商请，但表情坚毅，目光炯然有神，我未免有些害怕，就答应了。我一路小跑来到家里，额头上已经渗出了涔涔汗珠。父亲听了我的叙述后，郑重其事地掏出一张5斤粮票：去吧，给他们，顺便问一下他们从哪里来。

我再一路小跑来到八仙桥，一来一回就超过一刻钟了吧，糕团店门口已不见他们的人影。秋风卷起了满地的黄叶和纸片，糕团店生意不错，顾客的脸上居然浮现了难得的笑容。有轨电车叮叮当当朝我碾压过来，突然拐了一个弯，朝外滩方向驶去。我不知道他们从哪里来，要到哪里去。

那时我已经能背出几十首毛主席诗词了，比如这首："人生易老天难老，岁岁重阳。今又重阳，战地黄花分外香。一年一度秋风劲，不似春光。胜似春光，寥廓江天万里霜。"

吃饭与涉外

改革开放四十年，餐饮业这一块的发展着实令人瞠目，无论大街小巷都有吃的，"销品茂"这一块也主要靠大小餐厅撑世面，你看那几家在网上名气响当当的，饭点未到就吃客盈门，小几排彩塑椅子就是为他们准备的，热气蒸腾、酒香四溢时分，叫号声此伏彼起，只有在医院里看专家门诊的盛况可以一比。人头攒动处也少不了老外的身影，手执箸匙的腔调，早与中国老百姓打成一片了。身陷此景，不免生出隔世之感。

上世纪80年代初，国外媒体记者纷至沓来，想看看红色中国发生了怎样的变化。这些不远万里来到中国的记者并非公子哥儿，除了官方安排的节目，更着意串街走巷考察民风民情，但此时此刻，交通基本靠走，走着走着肚子唱起空城计，看到小饭馆就一头钻进去。但问题来了，你有粮票吗？什么，粮票？老外一头雾水，自出娘胎从没听说过这玩意儿啊！收银台后面的阿姨取出几张邮票大小的花纸片一晃："没有这个就不能买米饭！"老外兜里有的是美元和兑换券，就是没粮票。在原则性很强的收银员面前，他只能两肩一耸，吃了松鼠鳜鱼喝了酸辣汤，图个虚饱，继续他在红色中国的探秘之旅。

我亲眼看见三个老外在金陵东路围着一口炸油条的铁锅指手画脚，趣味盎然，照片拍了又拍，最终也想买几根油条尝尝。但是没有粮票，如此卑微的小确幸也落空了。还有些饭店见老外进门，立马坐地起价，菜价翻几倍，爱吃不吃，让老外相当不爽。

后来老外向外交部提意见，外交部又上报国务院，于是就有了议价粮。简单来说，一碗150克的米饭卖六分钱，你如果没有粮票的话，付一角两分钱也OK了。外国记者对这样的变通表示理解。但不久问题又来了，他们在有些油腻小饭馆吃了闭门羹，警惕性很高的营业员认为他们跟安东尼奥尼是一伙的，想出中国的丑，就严正表示：本店不接待外宾。

1989年春夏之交那场风波后，有些西方国家对中国不够友好，旅游业受到一定影响。为了向世界证明中国坚持改革开放的政策与事实，必须创造条件让更多的外国人来中国看一看，事实胜于雄辩嘛。于是上海旅游局着手评定一批涉外旅游餐馆，并委托市、区两级饮食公司组成一个专家团队来实施这项工作。我因为能写写总结报告之类的东西，就被领导抓了壮丁，跟在老法师后面拎包。

考察的重要内容是一看环境、二看服务、三看菜肴。半个月里天天大鱼大肉，一天两顿，有时下午还要加塞一顿。每家饭店都让最好的厨师上阵，亮出看家绝活，冷盘热炒外加汤品点心差不多有二十多道。一开始我这个穷小子偷着乐，老鼠跌进白米囤啦！但三五天下来就吃不消了，肚子有欲望，牙齿要怠工。然而不吃不行，吃完饭得开会讨论无记名打分，色香味型帮派特色，评分表上标注得清清楚楚，不亲口尝尝梨子的味道，打分就没个准头。再说各申报单位眼睛瞪得像铜铃，两三分的落差就可能造成"冤假错案"，谁都不是让人随便捏的柿子。吃饭，原来也是件苦差事啊！

好在当时年轻气盛，消化能力也强，考察评审虽然像一场舌尖上的马拉松，但我不仅感性地了解了各帮派菜肴的历史与特点，还有机会聆听老法师讲的奇闻轶事，见到了几位赫赫有名的大厨，值得。有一次在美心酒家见到一位白发苍苍的老头，西装革履，挂着司迪克，落座后脱下铜盆帽放在桌子一角，不用点菜，服务员就给他送来一盆蚝油牛肉，一盆白灼菜心，一碗白饭，一盅例汤。饭店经理告诉我：这位老人是宋美龄的英文秘书，天天来美心吃晚饭，雷打不动，两菜一汤一饭，数十年不变，只有生日那天，才会给自己加一道菜。老人见我好奇，就大拇指一跷：美心酒家的蚝油牛肉，very good！

在梅龙镇听到的故事更富传奇色彩了，那是关于原资方经理吴湄女士的，

我觉得她的人生故事可能比锦江饭店的创始人董竹君都要精彩。后来上海电影制片厂请我创作《春风得意梅龙镇》的电影剧本，就一口答应。虽然这部贺岁片没有涉及吴湄，但这个人物一直在我心里挥之不去，以后有机会一定要为她写一部作品。

经过严格评审，杏花楼、新雅、燕云楼、梅龙镇、红房子、天鹅阁、老饭店、绿波廊、人民饭店、扬州饭店、小绍兴等都挂上了"涉外旅游定点餐馆"的铜牌，这些饭店大致集中在黄浦、卢湾、静安等中心城区，闸北、普陀、杨浦、宝山等区几乎无一家入选，浦东就别提了，我们连黄浦江都没过，可见当时在硬件、软件上符合接待外宾条件的社会饭店严重不足。我记得还有一家自称专门接待旅游团队的饭店虽然申报了，但我们跑过去一看，从大堂到厨房居然大唱空城计，连一个值班师傅都不见！

评上涉外旅游定点餐馆有什么好处呢？有！可以名正言顺地接待外宾了，在服装、设施、原材料配额等方面都可获得有关部门的关照，知名度当然也更加响亮了。对老外来说，吃饭可以不用粮票了，英文菜单也有了（虽然像"lion head"这类笑话在所难免），店堂里也配了一两个能说几句"英格利西"的服务员。

过了几年，粮票终于退出历史舞台，老外与中国人一起谢天谢地！

随着上海餐饮业、旅游业的长足发展，涉外旅游定点餐馆这块铜牌的含金量就渐渐稀释，饭店更看重的是米其林这颗星。这些年来不少老外在上海创业开饭店，异域情调，风味别饶，中国人推门而入，打开英文菜单，右刀左叉，倒属于涉外行为了！

不要相信秘方

中国烹饪的信念也许就在两字：秘方。

从北京烤鸭到小绍兴白斩鸡，从糟钵斗到金陵盐水鸭，从金华火腿到符离集烧鸡，从麻婆豆腐到羊肉泡馍，从昆山奥灶面到台湾牛肉拉面，从南翔馒头到阿大葱油饼，从杏仁豆腐到姜汁撞奶……食材、香料、酱料、卤汤、程序、配比、添加剂，甚至一个小动作，都可以成为吃遍天下的一招鲜。

现在，如果你误打误撞跑进一家饭店吃饭，对饭店的风味特色还不太了解的话，服务小姐会眉飞色舞地向你推荐几道看家菜，牙签翅？东星斑？要不龙虾两吃？如果你囊中羞涩，也没关系，体贴的小姐会再推介几道私房菜，并特别提示：这是老板娘用祖传秘方做的，这个秘方是老板娘的老爸当年用两根"大黄鱼"换来的。

菜来了：家烧杂鱼加年糕、墨鱼炒韭黄、梅菜烧鳜鱼、六分熟醉蟹、蜜汁素火腿、红焖独头蒜黄鱼胶、泉水芥菜敲黄鱼……风味不与别家同。秘方对于菜肴的作用，不亚于魔咒神符，点石成金有保障。

有时候，我也会与一些入行才三五年的厨师正面接触，谈及某道菜的做法，对方表示为难：我们有秘方，不便与外人道也……

看到对方的脑袋上耸着很高的帽子，我只好嗫嚅而退。

昨天儿子推荐我看一部电影，是迪士尼推出的新片《功夫熊猫》。美国人拿中国功夫说事不是第一次了，这次表面上看来讨好中国人，但这笨头笨脑的熊猫还是有点伤我的自尊。且说故事吧，熊猫的老爸是一只鸭子，开一家面馆，生意不错，客人都知道那个面汤里兑有秘方。而作为儿子的熊猫不热爱这一行，一心想跻身于武林。鸭子老爸就激励他说：等你哪天走正道了，我就将秘方传给你。片子最后，半路出家的熊猫毕竟技不如人，此时亏得有鸭子老爸及时交底：那个秘方其实就是一瓶自来水。道理很简单：一切的一切都是虚的，信念才是致胜的法宝。

与此相同的情节是，武林中的掌门人——千年老龟传给熊猫的秘诀居然也是一张白纸，名为太郎的那头豹子越狱后千方百计想得到的也是这个秘诀。经过一番天昏地黑的绝杀，参透了秘诀真谛的熊猫，最终将太郎打败。

儿子在推荐这部片子时说《功夫熊猫》比《料理老鼠》好看。看完后我则以一种过来人的语气对儿子说："美国人看来黔驴技穷了，他们居然'抄袭'我小说中的情节。"

早在上世纪80年代初，我在《萌芽》发表过一篇小小说，当时的《萌芽》还没有玩新概念，我就侥幸成了它的忠实读者兼作者。那篇小说的"眼"就是一个秘方：有家熟食店，老板叫阿四，烧得一锅红亮油润、肥而不腻、入口即化的酱汁肉。每当快揭锅时，阿四都要支开徒弟，从怀里掏出一个小瓶子，倒几滴神秘液水在锅里。他知道，此时此刻正有人透过门缝偷窥，所以他的动作极具仪式感，庄严而隆重，有时还会双目紧闭，念念有辞。久而久之，全世界的食客都知道他家有这个秘方，生意还能不好吗？

若干年后的某一天，阿四猝死，来不及将命根子传给徒弟。从此，这家熟食店的酱汁肉无人问津。又是某一天，阿四的徒弟公开宣称找到了秘方，每次烧肉至大功将成时，也会从怀里掏出小瓶子，倒几滴液体在锅里。有人看到了阿四徒弟的这个操作程序，坚信不疑，四处宣传，于是熟食店里的生意又火爆起来。百年老字号生意不倒，一直火到今天。

我假装生气地对儿子说：我们要跟美国人打官司，叫他们赔一千万，咱家买房子的钱就有着落了。

儿子比我清醒，嘿嘿一笑说："电影里的秘方其实是全世界人民共同拥有的信念，你想与全世界人民为敌吗？"

带鱼也有南柯一梦

国斌兄在丽园路犀牛书店淘旧书，一不小心淘到一本《带鱼食谱》，上海市饮食服务公司编，科技卫生出版社1959年第一版，薄薄30页，索价200元，是当初定价的两千倍。涨得没有道理啊！是的，讲道理就别做旧书生意了。国斌兄咬咬牙齿买下来，打算送给苏州餐饮协会会长华永根先生。华先生是苏州美食界的大腕，冷面滑稽，噱头放得极好，还写过好几本专谈苏州美食的书，半夜三更看，那是要撞墙的。"华先生专门收藏这类书，这个送他最对路。他一高兴，说不定就会请我们去吃五件子。"国斌来我家显宝，我拿过一翻，封面简陋不说，内芯纸张之差，连草纸都不如，多翻几页怕是要碎成一只只纸蝴蝶了。这也让我想起老爸在那个时候出版的诗集，用的纸张也如此粗糙低劣。小时候我还不理解，大跃进啊，鼓足干劲，力争上游，多快好省……难道这个草纸就是"省"出来的？后来才明白1959年，苦日脚已经悄悄降临了！

我将这本奇书截下来看几天，因为我在四十年前就听老一代厨师说起过上海餐饮协会组织各饭店厨师鼓捣过带鱼宴，现在白纸黑字摆在眼前，我理当细细窥探一下"大跃进"的年代，身怀绝技的庖厨们是怎样将不上台面的带鱼整成华丽丽的宴席！

一看，果然不得了！那个时候中国人民脑洞乱开，水稻亩产可以有二十万斤，一只南瓜必须用卡车来装，带鱼为什么不能成宴？于是像带鱼蟹斗、吐司带鱼、八宝带鱼球、虾仁带鱼、铁排带鱼、苔拖带鱼、带鱼镶菜心、蛤蜊带鱼脯、清炒带鱼片等高大上的宴会菜都横空出世，林林总总有六十四道，主料、辅料，刀法、火候等等，写得一清二楚，各个帮派的十八般武艺都使上了，陪太子读书的阵势着实春风浩荡！事实上，我在三十多年前也曾听老一代厨师情声并茂地回忆过，带鱼宴不是停留在纸上的，还真做成了，并在南京东路四川饭店琳琅满目地展览过！只是后来冷空气南下，市场萧条，计划供应，饭店的带鱼供货也无法保证，带鱼的南柯一梦就这样被吓醒了。

1959年我刚刚满四岁，是不是吃过带鱼记不得了。但有一个印象是鲜明的，在我七八岁那时，妈妈有一位同事来我家，带了一饭盒油煎带鱼来，我居然搞不清楚这个东西能不能吃。她撮了一块给我，我连连退却，这位性格爽朗的阿姨就说我"洋盘"。她那个诧异的表情至今还刻在我的记忆中。还有一个故事是旅美画家吕吉人告诉我的，那会儿他在上海美专读书，吃住在学校，接连三四个月不见荤腥，校领导也很着急，就集体决定将校园里十多棵百年朝上的老樟树锯了，跟沈家门的渔民换了一船带鱼。渔民拿老樟树干什么？做棺材！

对带鱼有比较实在的印象是在我十多岁以后了。那时菜场里的带鱼渐渐多了，虽然仍是凭票供应，但毕竟一个月能吃上一两回。最宽的（约四指宽）每市斤五角一分，一般宽的（三指宽）三角五分，弄堂居民基本上吃三指宽的。那时的带鱼真新鲜，银光闪闪亮瞎眼睛，加葱姜黄酒清蒸，上桌后再撮一朵熟猪油，趁热吃，厚实而丰腴！不过好日子总是消逝得很快，不久，菜场里的带鱼越来越窄了，最后连一指宽的小带鱼也摆上了鱼摊头！这种带鱼每斤才一角五分，被上海人称为"裤带带鱼"，怎么吃啊？别急，上海人自有办法，做鱼松！

小带鱼净膛洗净，上笼蒸熟，剔除龙骨，拆下净肉，留小刺无妨，坐铁锅于煤球炉上，加少许油，投入鱼肉，再加葱花、姜末、盐、糖，讲究一点的人家再加胡椒粉少许，然后不停翻炒，漫长的一小时后，鱼肉呈现微微的金黄色，再淋几滴米醋使小骨刺软化，这才大功告成。

上海人家自制的鱼松喷香，鲜美，微辣，也有巧媳妇做成五香鱼松或麻辣鱼松，美名一下子传遍街坊，阿姨爷叔纷纷上门来取经。

我也会做鱼松，我会加少许酱油，再多加点古巴砂糖，做成后有点福建肉松的风格。那会儿我二哥在新疆生产建设兵团，钻地窝子，啃玉米窝窝头，喝玻璃汤（清水加盐），人瘦得跟猴子一样。妈妈隔三差五地做些牛肉干、笋脯豆、年糕片寄过去，鱼松也是为了改善二哥的伙食做的。所以，尽管我是做鱼松的功臣，却没有吃鱼松的份，我只能炒制过程中以尝味道的名义捏一小撮送进嘴里解个馋，天下厨师都有这个福利。好了，炒好的鱼松摊开在长方形的木质茶盘里冷却，闪烁着金子般的光芒，那股香气对我的胃袋也是残酷的折磨。有一次我炒好鱼松，就看起了莫泊桑的中短篇小说集，对，里面就有那篇《我的叔叔于勒》。啊呀，装腔作势的法国人坐在船上吃牡蛎，一口一个，一口一个，那个味道实在太美了。随着小说情节的推进，我的左手像着了魔似的，慢慢地沿着桌面爬向那只装满鱼松的木盘，然后像长了眼睛似的，准确无误地捏起一小撮鱼松，再徐徐回转塞进嘴里。呵呵，仿佛不是我在吃鱼松，而是若瑟夫在吃牡蛎。那个味道，牡蛎的味道，海水的味道，阳光的味道，莫泊桑的味道，简直叫人如痴如狂……天色渐渐转暗，妈妈回家了，她开了灯，看到了表面塌下去的木盘就大叫起来："你，你，你看看，一大盘鱼松被你吃成这个样子了！"

我惊醒了，我惊呆了，鱼松被我吃去一大半。我站在妈妈面前，准备承受她的责打。但是这一次她没有打我，她找出二哥寄来的家信，叫我从头到尾读上三遍。"读响点，再响点"，妈妈大声说，眼泪流下来了。

妈妈的眼泪比妈妈的巴掌更加厉害！

现在物质供应空前丰富，带鱼不稀奇了，但是上海人还是对它不离不弃，宠爱有加。干煎带鱼趁热上桌，蘸辣酱油吃，是本帮小馆子里点击率很高的一道下酒菜。带鱼烧萝卜丝也有一种暖意融融的家常风味，糖醋带鱼虽然有点做作，但还不算离谱。如果带鱼足够新鲜，那么能干的主妇还是选择清蒸，鱼鳞不必刮去，就加一点蒸鱼豉油好了，肥腴鲜美，罕有匹敌。不过正宗的东海带鱼据说很少，市场上多是南非带鱼。

谁也不会将素面朝天的带鱼画蛇添足地做成芙蓉、贵妃、百花……也不会给它配一点鸡蓉、猪肉、虾仁、火腿、奶酪什么的，带鱼是草根美食，应该保持它最能体现真实味道的形态。

名角儿来到燕云楼

　　家禽一类，上海人首选吃鸡。改革开放后市民生活质量明显改善，最先在餐桌上得到反映，"锅里一只鸡"就是让人梦中笑醒的憧憬，白斩鸡、电烤鸡等街头巷尾风行一时的盛况，上了年纪的上海人都有鲜活印象。其次是一只鸭。我记忆犹新的场景就是在云开日出的上世纪70年代末，沿街两边店铺不停播放"十月里，响春雷"的豪迈歌声，路边摊烤鸭也悄然露面，阵阵腴香似乎带着滋滋冒泡的响声与歌声一起传至四面八方，最后在人们的脸上凝结，那真叫是"春江水暖鸭先知"啊！

　　后来，无论酒楼还是家厨，但凡筵开琼林，必定要上全鸡全鸭，图个口福与口彩。今天，上海人餐桌之丰盛，非昔日可比，人们担心的不是巧媳妇难为无米之炊，而是要求少而精，但一鸡一鸭还是餐桌上的"哼哈二将"，一段时间睽违餐桌，大人小孩就会殷切呼唤。所以嘛，能干的巧妇不仅在家里隔三差五端出白斩鸡、咖喱鸡、三杯鸡、栗子鸡、香菇蒸鸡、宫爆鸡丁、银芽鸡丝以及老鸡汤、老鸭汤，在街上走两步也能看到炸鸡排与烤鸭这些店铺。前者是家常日子的滋润，后者是小青年的最爱。

　　鸡的做法有一百多种，鸭的烹饪方法相对而言较少，上海人普遍认可的方法也就这么几种：煲一锅老鸭汤是喜气洋洋、老少咸宜的，本帮酱鸭也是"喜大普奔"的，烤鸭则有点高大上的光亮形态，但即使你家里有五房三厅，也不会傻到在厨房置个烤炉啊，这货只能在店里吃或从店里买来吃。

不过亲们可要知道，与八宝鸭、酱鸭、白切鸭、板鸭等本地风味不同，烤鸭是"外来物种"，它进入上海的路径有两条，一是广东，二是北京。

比如广茂香，广式烤鸭的代表，旧上海虹口一带广东籍移民云集，广茂香烤鸭就是为他们思乡疗饥而定制的。广茂香烤鸭皮脆肉嫩，肥而不腻，以自行调制的梅子酱蘸食，具有独特的风味。今天在上海街头常见的游勇散兵式烤鸭基本以广式为主。

与广式烤鸭多为焖炉不同，北京烤鸭多为挂炉。烤鸭先出现在明代，据说朱元璋让御厨使用炭火，将鸭子烤成外焦里嫩，初步确定了烤鸭的技术框架。再随着永乐皇帝朱棣将政治中心北移而落户北京，制法有所改良，并取名为"金陵烤鸭"，是宫中元宵节必备的佳肴。进入清朝后，从乾隆皇帝一直到食不厌精的老佛爷慈禧，都特别爱吃烤鸭，御膳房里的菜单中经常出现"烧鸭子一品"这样的记录。最夸张的是，据《五台照常膳底档》记载，乾隆这个吃货在十三天中连吃了八次烤鸭，当时又没有吗丁林，真不知他怎么扛过来的！

后来，先有便宜坊，后有全聚德，形成焖炉和挂炉两大流派，吃烤鸭成了老北京的一个节目。北京烤鸭的特点有N条，其中之一是油水大。梁实秋在《烧鸭》一文中言辞凿凿地说："鸭一定要肥，肥才嫩。"他还说："在北平吃烧鸭，照例有一碗滴出来的油，有一副鸭架。鸭油可以蒸蛋羹，鸭架可以熬白菜，也可以煮汤打卤。……这一锅汤，若是加口蘑（不是冬菇，不是香蕈）打卤，卤上再加一勺炸花椒油，吃个打卤面，其味之美无与伦比。"

写到这里我突然想起一个笑话。三十年前，我与朋友去北京旅游，在王府井大街上看到有一家烤鸭店，那时穷啊，全聚德大门不敢进，一旦见到街头有外卖烤鸭就免不了流口水。朋友普通话说得实在"搭僵"，他上前问营业员："你们的烤鸭油不油？"女营业员将"油"字听成有没有的"有"了，就呛了一句："你眼睛长哪去了？竿上这么多鸭子没见着？"朋友吃了一憋，又问："我的意思是……壮不壮？"在上海话中，"壮"含有"油腻"的意思，但北京大妈听成了"脏"字，眼珠子一瞪："你说啥，我们的鸭子哪里脏了？你爱吃不吃待一边去，别来首都捣乱！"我一看不对，赶紧上前打圆场："我们的意思是你这鸭子肥不肥？"大妈这回总算明白我们的诉求，将两眼眯成一条缝，悠悠地说："鸭子不肥还算北京烤鸭吗？你们上海人还是回家吃泡饭去吧！"

　　唉，那时候上海人被北京人嘲弄是家常便饭，我们也只能打落牙齿一口吞了。现在可不，市场经济，北京人就争先恐后地进入大上海抢生意，近年来全聚德、鸭王、大董、王府井等声势浩荡，大举抢滩，让上海人领教了各个门派的北京烤鸭。但是，本土的烤鸭先行者燕云楼也不甘落后啊，这不，刚刚完成装修的燕云楼赶在元旦前开张，走，哥几个去尝个鲜。

　　燕云楼开设于1928年，名副其实的中华老字号，店招还是郭沫若写的，开在"中华第一街"上。燕云楼选用山东产的填鸭，个头硕大，光鸭胚就足有3公斤。净膛洗膛后，用开水泼浇以紧缩鸭皮，再以麦芽糖上色晾干，特别的一招是放入零下18℃的冷库冻起来……这番与众不同的"前戏"大概需要四天时间。而且据燕云楼的周总透露，鸭膛内还要放一枚竹鸭撑，顶起胸部和脊背，看起来身形更加挺括。

　　出于环保的考虑，燕云楼采用方便可控的煤气炉。在200℃左右的炉膛里，鸭子要烤50分钟，先是用大火上色，再用中火和小火烤到外脆里香。烤出来的鸭子呈现赏心悦目的枣红色。燕云楼也遵循老法当着客人的面片皮，传统的片法叫"牡丹片"，108片宽阔大气，像牡丹花瓣一样。还有一种叫作"柳叶片"，比较纤细婉约，均予客人美好的视觉享受。连皮带肉夹饼吃，厚实而丰腴。燕云楼值得点赞的是价格非常实惠：一套烤鸭卖158元，半只鸭子79元。如果在大董吃，恐怕得翻个倍。燕云楼还让我感到温暖的是，这里的鸭架汤特别浓郁，配了软糯酥烂的白菜心，为餐后一道实惠的醒酒汤。

作为为数不多的京帮馆子，燕云楼的生焖明虾、醋椒鳜鱼、糟溜鱼片、麻酱鸭掌、葱烧刺参、菊花蟹斗、炸酱面等也做得相当地道，而且便宜到不敢相信。还有银丝卷，我想死你了！

有小青年问我：银丝卷有啥吃头，不就是馒头包面条吗？嘿，话不能这么说啊！银丝卷，将发面团拉成一根根细丝，成束裹进面皮里收口上笼屉旺火蒸，吃时一切为二，看得见截面无数根比牙签还细的银丝，口感相当松软，有微甜。这个做功费时费力、老人特别爱吃的白面馒头只卖3元一只，只供堂吃，没有外卖。所以那天我们特地多叫了十几只，每人分到两只，第二天回笼一蒸，松软如新，这就是面点师傅的高超手段！

燕云楼过去有一道菜很出名：红扒熊掌。上世纪80年代初我见过他家菜牌，卖15元钱。熊掌与鱼不可兼得，现如今你还敢对熊掌想入非非？那是欠揍。还有一道植物四宝，用雪里蕻咸菜、腰果、香菇、冬笋这四样食材入锅油炸至脆，撒上白糖后上桌，诚为佐酒妙品，但因为油水太大，现在也不大供应了。还有炸全蝎，据说每年吃四只，夏天就不会生痱子，我倒吃过两三次，又脆又香。现在上海人胆子越来越小，此菜上桌，风云突变，这道名菜也消失了。好在糟溜鱼片还是用黄鱼做的，而且勾薄芡，甜咸正好，正宗京帮风味。

燕云楼以前与梨园界关系特好，梅兰芳、金少山、俞振飞等名角儿经常光顾，燕云楼还曾与梅葆玖先生一起设计了贵妃宴呢。听老职工说，袁世海每次来上海演戏，必到燕云楼喝一顿，老先生坐下后先点一道糟溜鱼片，菜上来后执匙一尝，味道对头，取菜单点菜，味道不对，马上起身走人。可以说，袁世海先生是燕云楼的恩客。

河豚料理的另类登场

  樱花落尽柳絮飞，一年一会的刀鱼季就这样过去了，接下来轮到河豚粉墨登场。好几个吃货朋友见着我就笑嘻嘻地说："去年看了你在《新民周刊》上写的《河豚鱼，老饕为它拼命》一文，当时就叫我垂涎三尺，过几天瞒着老婆直奔扬中而去，总算……"

  我不想听他的饕餮感受，直接以一声感叹堵住他的嘴："活着就好！"

  这话他应该懂。一个活蹦乱跳的大活人杵在我面前，我就放心了。我再跟他强调：现在一般饭店供应的河豚都是养殖的，虽然直到今天河豚毒素的来源尚未完全弄明白，但国内的水产养殖企业早已成功培养出无毒的河豚，也就是所谓的"控毒河豚"。日本市场上出现的河豚，百分之八十五来自中国。

  有位朋友甚至为了感谢我对他的河豚启蒙，特意请我去一家新开的饭店品尝河豚。长期来，中国厨师对河豚的烹治无非两种：红烧、白汤。旧上海，日本人在虹口一带开了不少日料店，以河豚刺身招徕食客，大先生鲁迅吃过，有他的日记为证。漂在魔都的同时代作家有没有去体验一把，我不知道。所以说，鲁迅的文章一直被模仿，从未被超越，舌尖上的鲁迅也一样是个牛人。然而作为创意新概念的河豚，大先生肯定没有吃过。

  这家名为"乐藏"的饭店开在北京西路，为食客们奉献魔都首家河豚全宴。一条重达750克的红鳍东方鲀从头到尾被做成十几道佳肴，从烹饪方法上说，又借鉴了中式、日式、欧式、泰式。欧洲人也好这一口？不，这个好比用烤苹果派的心思，去研发一枚葱油饼。

踏进饭店我不由得一愣，眼前呈现的不是鱼缸里来回游动的河豚，而是从巴洛克到安妮公主等各个时期的欧洲古董家具，还有大理石雕塑、西洋钟!原来老板的另一位身份是古董商，满坑满谷的两百多件古董家具，都是他从欧洲各国淘来，据说价值上千万。对此我未免有点紧张加警觉，近年来这路风格的装潢我见过不少，"菜不好，家具凑"，似乎也对应了"戏不好，歌来凑"的套路，那么且坐下再说吧。

喝了一口茶，三款餐前小食就上来了，量小亦君子，点到为止。摆盘十分精致，色彩赏心悦目，泰式柠檬河豚，用香茅、柠檬叶、白胡椒等调味而成的泰式汤汁将河豚肉温情提升，酸爽鲜香。巧达面包汤见得多了，但是将河豚氽入用蛤蜊和新鲜蔬菜熬出原汁的高汤里，那种鲜美难以用语言形容。与烘烤后的吐司一起进食，可加深对食材混搭的理解。甜酥酥的蛋挞里，也加入了牛油果和河豚肉，入口后有微微的回咸。这道令人脑洞大开的甜品，对古法河豚形成了严重挑战。而适时上来的石锅面包也非常好玩，平时用来做煲菜的密致石锅，此时加温后成了面包的温床，帮助两只小圆面包走完最后一段的历程。黑面包里加了墨鱼汁,白面包是用全麦做的，但都包裹了碎碎脆脆的坚果仁，夹着一小片奶酪吃，味道绝对好。

接下来进入正题：河豚宴。前菜之一，用焦糖和红酒蜜饯而成的金橘，酸甜可口的百香果芦荟和新鲜虾仁制成的虾饼，盛放菜品的食器匠心独运，好似为此量身定做一般。山椒豚皮海胆，明显的东洋风格。河豚皮胶质丰富，经厨师去除表皮讨厌的坚硬鱼鳞后，口感就变得软糯滑韧，经过山椒和柠檬的调味，酸辣到位，十分开胃。

肝酱慕斯河豚水晶冻让我想起镇江肴肉，这道菜品先将白葡萄

蘇軾詩
之一

酒、胡椒、洋葱等放入高汤后煮沸，再把新鲜的鹅肝切块氽过，然后剔除血管和筋膜，不厌其烦的操作才能获得绵密可口的效果。河豚皮冻色如琥珀，用河豚内皮制成，弹性适宜，入口即化，回上来的是河豚的鲜甜，与鹅肝相得益彰，设计思路很好。

低温河豚沙拉是以低温方式进行加工的，肉质滑润如脂，腴美异常。时令蔬菜和虾仁谦逊地贡献了丰富的层次感，浇上和风汁后整体上清爽得宜。

河豚全身都是宝，厨师一样也不会浪费。在"乐藏"，河豚的面颊、下巴、舌头、鱼骨等不同部位，都被富有想象力的厨师融入了多个派系的烹饪之道，呈现独特而富于变幻的风味。

厨师的得意之作就是河豚三烧：它包括三杯鱼骨，借用台式三杯鸡做法，上口咸收口甜，滋味相当丰富；还有蒜蓉油炸和豆豉青椒烧两种，前者外脆里酥，香气四溢；后者以豆豉的香辣味刺激味蕾，都是很好的下酒菜。河豚蒸蛋是日式的，每人一盅，凝固的蛋液上面顶了一朵海胆和一小撮鱼子，口感就变得丰富起来，吃到下面，发现还在底部卧着两片洁白而鲜嫩的河豚片。而河豚锅贴呢，在理念上与黄鱼春卷、蟹黄小笼及刀鱼馄饨相似，但口感上的距离相去甚远。厨师别出心裁的地方是，生锅贴是浇上酱汁后干煎成熟的，酱汁固化后如同为锅贴穿了一袭繁复优雅的花边裙，此举颇合小清新的心思。一口咬下，锅贴外层香脆酥松，由河豚与银鳕鱼配比而成的馅心鲜美而肥腴，飞快地拥抱你的舌尖，堪称完美。

最后说说河豚生鱼片，所谓的全河豚宴，这个是少不了的。这个很简单，食材的保证自是第一，还要仰仗大厨的手下功夫。厨师将河豚去骨后，将整张鱼皮平铺在料理台上，手持一把来自大马士革的锃亮钢刀，屏气切入，稳稳推进，须臾，布满鱼鳞的"黑皮"就被剥离开来，留下的白皮，就是上佳的食材。河豚生鱼片可以作刺身，也可涮

上海老味道续集

392

锅，选用河豚最珍贵的鱼腩肉，切得晶莹剔透，能轻易透出盘子的花色，每片几乎厚薄一致，可谓一绝。

河豚宴的正确吃法是，吃完河豚刺身，接着吃河豚涮涮锅。昆布和带子吊成的汤底鲜美清爽，更能体现河豚淡雅纤细的味道。轻轻夹起半透明的鱼片，往热气腾腾的锅内晃动两下，千万不能超过三秒钟，否则就不能获得最佳的口感。再吞下一枚纯手工制作的河豚丸子，搭配特调的油醋汁或和风芝麻酱，细嚼之下，清甜之味涌上舌尖。比河豚更难忘的，是河豚煮过的汤，可以按照个人喜好，放入白饭或乌冬面在锅内滚一滚，吸收汤汁的精华，即使你吃得再饱，也能连进两小碗。

据朋友介绍，他家老板喜欢淘古董，也善于调动厨师，特意请来了台湾地区名厨黄启云先生主理厨政。这位厨师的头上桂冠还真不少："中国饭店协会名厨委员会副主席""法国蓝带协会亚太区常务理事""2012两岸十大名厨"等等，一长溜金光闪闪的奖牌就放在餐厅的壁炉架上，相当惹眼，怪不得眼界宽阔，想象丰富。黄启云以他精湛的技艺和天马行空的创意，将一条河豚雕刻成一件舌尖上的艺术品，使你对河豚料理有了全新的认识。

"希拉克夹饼"

　　说起夹饼，很奇怪，我首先想到了古代有种简单而屡显奇效的刑具——夹棍。公堂之上，"明镜高悬"匾额之下，嫌犯若不肯从实招来，县老爷一生气，眼睛一瞪，胡子一翘："来人哪，夹棍伺候！"两旁的皂隶早就等得不耐烦了，一阵虎啸，马上动手。

　　夹棍的原理就是将两根三尺长的杨木棍夹住嫌犯的小腿，稍一使劲，就会听到咔嚓一声，与之相随的是一声撕心裂肺的惨叫。不消半个时辰，嫌犯拖着两条断腿被皂隶夹着回到大堂，趴在阴冷潮湿的地砖上给判书画押。诚如明人所言："棍则痛入心脾，每一下着骨，便神魂飞越矣！"

　　坊间流传甚广的杨乃武与小白菜故事里就有这么一节："……吩咐差人将夹棍掷在堂下。乃武却仍只叫冤枉，陈鲁早喝一声，将乃武上了夹棍，只一夹，乃武又昏了过去。知府见了，命人松了夹棍，用水喷醒。陈鲁知道不能再审，忙命人把一众人犯收监，自己退堂……"

　　在黑暗的封建社会里，夹棍造成的冤假错案一定不少。

　　在食事上，夹的意象也相当生动，除了筷子夹菜的形象直逼夹棍以外，夹棍烤鸭、夹棍烤鸡、夹棍烤田鼠等都出现在大中华的食谱里。另一种柔性的夹法则表现为夹饼。典型案例当推北京烤鸭。正宗的北京烤鸭一只批108片，每一片都得保证有皮有肉肥瘦相间，然后用面饼夹了京葱丝、黄瓜条和鸭皮鸭肉，蘸酱，紧紧实实地卷成一只小枕头，塞入口中，与之相随的是饕餮之徒的一阵喝彩。

食物之所以采取夹势，取决于食物的性质。比如烤鸭，油腻之物，又有京葱丝、黄瓜条帮衬，若是不用面皮夹起来，班子成员必定要闹不团结，吃口也会差许多。面饼一夹，不仅解腻，还混合了生脆、辛辣、肥腴、咸鲜、软硬、干湿等各种滋味和口感，从而使北京烤鸭成为风靡全球的中华美食。

香酥鸭配蝴蝶夹、椒盐蹄髈配蝴蝶夹等等，与北京烤鸭一样思路。

据老一辈说，北京烤鸭的前世是南京吊炉烤鸭，明代开国皇帝朱元璋特别好这一口。燕王朱棣发动宫廷政变后定都北京称帝，就将这款风味带到了京城，后来民间烤鸭店——比如便宜坊——又将焖炉改为挂炉，经过焖炉内一番骚操作，鸭子的表皮更脆更香。一开始北京烤鸭是不夹其他东西的，在特定的历史时刻，山东人出场了。山东人平时不是爱吃烙饼夹大葱吗？再抹上一层面酱，嚼得咔咔响，别提多带劲啦。民国初年，山东人哗啦啦闯关东，闯过山海关的，就成了东北人，若是跟着张大帅混，也能成一番大事。没闯过关的，就滞留在关内，或者辗转四九城里漂啊漂，卖拳头，卖狗皮膏药，卖冰，卖大馒头。也有些机灵的山东人就去烤鸭店里打零工，将烙饼夹大葱这款风味与烤鸭一结合，嘿，北京烤鸭就此完成了一场味觉革命！

夹饼虽外秀，中慧也相当重要。在上海锦江饭店我吃过一次烤鸭，光有皮没有肉，夹了京葱丝、黄瓜条和鸭皮一起吃，口感就单薄了，嚼劲也不足，就好像吃原始一路的烙饼卷大葱。

梅龙镇酒家是川扬馆子，那里有一款人见人爱的回锅肉，为适应上海人口味，也配了一碟面饼，让顾客有所一夹。回锅肉夹饼的口味中和了辣味和肥腴感，予人厚实而饫滋的享受。有一次法国前总统希拉克来上海，在梅龙镇吃到这款回锅肉夹饼，极为欣赏，一口气吃了好几个枕头包。后来酒家遂将此菜命名为"希拉克夹饼"。

法兰西是一个有革命传统的国家，左翼力量强大，学生、工人、贫困潦倒的艺术家经常在街头闹事，总统要把一碗水端平可不容易啊。希拉克在梅龙镇吃回锅肉夹饼时，我想他老人家是会触景生情的。处在右翼与左翼中间的总统，不就像一块夹在面饼里的走油肉吗？

北京还有一款京酱肉丝，也是跟一碟面饼上桌的，也可一夹。梅龙镇有一款酱爆茄子，最近也配饼了。这说明一个浅显的道理，凡有京酱的菜，均可一夹。于是在"枣子树"里，我吃到了纯素的京酱肉丝，也是用面饼夹了吃的。不过素菜本身并不肥腴，夹了饼后层次明显不够。

当"夹"成为一种饮食时尚后，危险也悄悄出现了。有一次我在一个有点名气的饭店里吃到一款蟹粉鱼翅夹饼，此菜看似有创意，其实是有点捉弄"阿木林"的。蟹粉鱼翅最好是排除其他干扰单独享用，方能体会原汁原味。面饼一夹，赛过吃糨糊，还不如吃蟹粉鱼翅小笼来得鲜卤满口。

这几年我还吃到过鱼香肉丝夹饼、黑椒牛柳夹饼、梅菜扣肉夹饼、外婆红烧肉夹饼、蜜汁火方与炸响铃夹饼。风险系数最高的大概是松仁鸡米夹饼，如果操作不当，一口咬开，松仁鸡米突然喷射开来，在瞬间实现生命终极，美女食客眼看餐桌成了爆炸现场，不免手忙脚乱，花容失色。

许多厨师不知道，并不是任何菜肴都可以一夹的，唯条块清晰、酱汁黏稠、味道浓郁、肥腴适宜的菜才可以配以面饼夹来吃。而且面粉以手工擀、微火烤、周边形成荷叶边的才好，有的酒家以冷面饼回笼蒸后上桌，别说香味，连韧劲也差多啦。

山东的烙饼夹大葱、陕西的肉夹馍、河南的驴肉火烧、杭州的葱包桧儿、福建的润饼、扬州的猪头肉夹饼，以及上海的蛋饼夹油条，虽然都是寻常的民间小食，却深谙夹饼之奥义，夹了上百年，越夹越有味。

话说七十年前开国大典后中南海摆开庆功宴，每桌都上了一只肥硕的北京烤鸭，一帮将军布阵打仗是行家里手，吃烤鸭是自出娘胎头一回，要么光吃烤鸭，要么光吃面饼蘸大酱，还说北京人小气，烙饼做得这么小，存心不让大伙吃饱。这时朱德总司令过来敬酒，一看乐了："瞧你们这帮土包子，烤鸭都不会吃，我来教教你们。"于是将烤鸭、京葱等蘸了大酱卷成枕头包示范，从此将军们掌握了北京烤鸭的正宗吃法。这是一位老将军在回忆录里记录的花絮。

吃相

　　一个人的吃相，其实是一个人修养的映射，我想从四个方面来谈。

　　一，不逾矩。也就是讲吃饭是有规矩的。老底子，在知书达礼，又是三代同堂的大家庭，吃饭是全家团聚、增强家族认同感和维系感情的重要内容，所以大人也会抓紧机会商量一些事情，或者是对孩子进行针对性很强的训诫。客堂中央放一张结结实实的八仙桌，长辈坐北朝南，儿子媳妇两边坐定，老祖宗最疼爱的小孙子享有特权，坐在他们身边。餐具也有所区分，比如在我家，祖父有专用的象牙筷，祖母则用系着细细链子的银筷，其他成员就用乌木筷或红木筷，我则有一双专享漆木筷，筷头尖尖，筷杆上画了花鸟。我家有几只金边高脚碗，逢年过节时请出来，专门盛大菜，总是放在长辈面前。还有几个粉彩温酒器，盖罐形状，中间可放一个小酒杯，罐中注热水，这是专门给祖父在冬天喝酒的，其他人不能用。这些细节都体现了敬老爱幼的传统。

　　菜上来了，最好的菜一定要摆在长辈面前。老人不动筷，其他人是不能开吃的。人小先吃好，得对大人说一声："我吃好了，你们慢慢吃。"更有些规矩大的家庭，长辈放下筷子，小辈也必须放下筷子，哪怕你还没吃饱。

　　吃饭时小孩子不能说话，嘴巴不能发出粗俗的吧嗒吧嗒声音，筷头不能像无人机那样在菜碗上游移盘旋，也不能一手执筷一手执匙左右开弓，饭粒掉下得马上拾起来送进嘴里。经常性掉饭粒的话，大人就会问："你没有下巴吗？"

我有一邻家小妹，三十五岁了还没嫁出去，爷娘急得头发也白了。有一天，家里来客人了。一个帅哥，一身名牌，大包头前冲三，从弄堂口摇摆摇摆走进来，邻居大妈交头接耳：看，是不是17号里二楼前厢房的毛腿女婿？啊哟，机关枪（火腿一只）、手榴弹（名酒两瓶）、炸药包（奶油蛋糕一只）一个不少，应该是的。邻居小妹的爷娘备了一桌好菜好酒招待，立体声音箱喷出来的音乐喜气洋洋。但后来，没戏了，小妹的爷娘再也没有跟人提起。倒是有人透露出几个剧情：这个大包头吃饭时，两条胳膊像大吊车那样支在桌子上，还不停地抖腿。攘菜就攘菜吧，筷子却要在菜碗里兜底翻，就像挖秦始皇的坟墓。还有呢，用筷尖剔牙缝，鸡骨头吐在台底下，咳嗽也不晓得遮挡一下。更吓人的是，牛皮吹到天上去，听上去好像他们家是专门给南京军区保养坦克车和装甲车的，观音菩萨生日那天一家门去普陀山烧香，坐的是东海舰队的导弹驱逐舰。这番话吓得小妹爷娘浑身发抖，头冒冷汗。大包头喝高了，跑到灶披间里呕吐，一股酸臭气直冲云宵。嫁给这种不懂规矩的酒鬼能过上好日子吗？

在餐桌礼仪方面，我觉得日本人做得比我们好，比如中国人搁筷子是纵向的，筷头对着对面的人，而日本人搁筷子是横向的。这是对别人的尊重，值得我们学习。日本人搁筷子有专用筷搁，隆重一点的还有锦缎筷套，中国一般家庭没有这小玩意儿。他们的汤匙也有专用的匙碟。其实他们都是从中国学过去的。我们失去的，在他们那里可以找到。

现在我们的生活水平提高了，鱼肉蔬果样样不缺，比日本人丰富多了，但真正讲规矩的人家倒越来越少了。小青年组建家庭，父母也不会把家族或家乡的规矩给他们讲一讲，他们也不要听这一套，吃饭时懒得交流，宁可低头看手机，吃的又常常是外卖的快餐，窗台上一坐也可以吃了。长此以往，他们的下一代在这方面就是空缺的，日常生活中的一些规矩就这样丧失了。

二，要惜福。以前老人一直教导孩子：要惜福啊！小时候不懂，很反感，我们有什么福啊，经常吃不饱，衣服也穿破的旧的，玩具也没几件，读书写字又那么枯燥。长大以后，我对"惜福"两字有了更深的理解。

我认为惜福至少有三个层面：首先是惜时。人生苦短，一寸光阴一寸金，活在当下，就要抓紧时间享受人生，学习、工作、娱乐，有余力帮助别人，服务社会，这样就能活出意义来，活得充实，不会虚掷光阴，这就是惜时。我从不抽烟，不跳舞，不打麻将，不K歌，也很少喝酒，上班追求高效率，在家读书、写作、画画、做家务，每一分钟都不浪费，这是我的生活态度。

其次是惜食。基督徒吃饭之前要祷告，感谢上帝赐予食物，哪怕穷人面前只有几片干硬的黑面包，他也要衷心感谢，发自内心的真诚。我们国家基督徒不多，但佛家、道家、儒家的思想在民间还是有影响的，知道一饭一餐来之不易，谁知盘中餐，粒粒皆辛苦。哪怕是盐齑白饭，也要感谢大自然的恩赐，感谢庄稼人的付出。同时，将暴饮暴食视作不道德的行为，许多封建王朝的覆灭就是从酒池肉林般的暴饮暴食开始的，这是历史教训，治家修身也一样。

王安石身为宰相，但生活上极为俭朴，在家吃饭不大喝酒，桌子上顶多两只菜，主食不是米饭就是蒸饼（馒头）。有一次家里来了亲戚，还是小辈，好像是儿媳妇家的内表弟，那么王安石就请家厨添了一些菜，还上了酒，最后的主食是胡饼。胡饼就是表面沾了芝麻的油酥大饼，从西汉传入中原后经过数百年的改良，从最初馕的形态不断迷你化，个头小了，芝麻多了，在宋代时已经如白居易在一首诗中所形容的那样："胡麻饼样学京都，麦脆油香新出炉。"王安石用这个饼招待亲戚，他认为很体面了，想不到那个小伙子吃相太差，拿了三四个，但只吃烧饼的中间部分，中间部分芝麻多，饼皮薄，更加脆香，边缘的一圈比较厚，也比较硬，他就扔在桌上。王安石也不响，拿过小伙子吃下的圈圈，津津有味地吃完，连饼渣都不剩。羞得小伙子头也不敢抬起来。

在有些大户人家，一日三餐的用米量是由老祖母掌控的，米箱钥匙就系在老太太的腰上。烧饭时间一到，佣人来请安，她就神情庄严地开箱，佣人将米装到淘箩里后，老太太要抓一把放在另外一口缸里，日积月累就积了满满一缸，据说为了防灾，后来就成了一种习惯或者信念。我家有一把粉彩的倒流壶，是专门给祖父盛黄酒的，从壶底一个口中徐徐灌酒，但不能多灌，超过警戒线，酒就会从倒流口一泻而净，这个壶在提醒人们不能贪杯，要惜食。

再次是感恩。我认为，一个人一生中遇到的人与事，都是一种福分。我这么说有点宿命的味道，有点像陈辞滥调，可能引会起青年人的反感。其实，自己的父母、配偶、儿女，包括老师、好友，哪怕是你的竞争对手，都是你的恩人、你的造化，如果我们站在命运的角度来思考这层关系，我们就会从自己遭遇到的一切人与事中提炼出有价值的东西，思想就会深邃，胸襟就会开阔，心态也会乐观通达。这个话题我就点到为止了，以后有机会再讨论。总之，感恩也是惜福的一部分。

三，不浪费。一度，自助餐在上海非常流行。这是从国外引进的消费模式，客人可放开肚子吃，直到大肚圆圆。精于算计又趋新务实的上海人赶来尝新，目光精准地挑选龙虾、生蚝、牛排、烟熏三文鱼等，将盆子堆得小山样高。回到餐位上，大胃王的吃相当然不会雅观到哪里去，吃不完就随手一推，浪费现象颇为严重。后来媒体提出批评，有些人也觉得自己太过分，才有所收敛。再后来，食物大大地丰富了，

上海人的胃口也越来越小，吃自助餐的新鲜劲也过去了，再进这样的餐厅，就要装得像见过大世面的样子，悠着点。

我有个朋友在新加坡吃过自助餐，同行的同胞也差点出洋相，以国内的脾气去开洋荤，盘子里堆得山样高。偏偏那里的餐厅有规矩，撑死没人管，就是不能浪费，盘子里有多余的食物要开罚款单。于是那个同胞只得偷偷地把东西全拨在汤里，撒腿就溜。我朋友还说，有一天他们在德国汉堡一家餐厅吃饭，德国除了香肠和啤酒，其他食物都不咋地，于是就剩了几盆菜。没想到走到门口就被服务员拦下，说他们虽然拥有对食物的享用权，但吃不完就等于浪费了公共资源，要罚款。他们不服，服务员马上打电话叫来一位资源部门的官员，跟他们上了一课，最后只得认罚，一个子儿也不能少。

不过在中国许多城乡，宴请造成的浪费总是触目惊心。二十多年前我在淮南某煤矿采访，接待单位请我们几个记者吃饭，冷盆热炒弄了一桌子，盘子都叠到三四层了，还紧着上，我放下筷子起身要走，对方拉下脸不高兴了，认为我们上海记者看不起他们小地方，其实我们没有这个心理承受能力。

中国人在吃的方面造成的浪费，早已触目惊心，为什么得不到有效的制止？周作人有一句话戳到了中国人的心里：中国生活的方式现在只是两个极端，非禁欲即纵欲，二者互相反动，各益增长，而结果则是同样的污糟。

八十多年过去了，这种污糟还没消除。

四，戒贪婪。我认识一个富婆，每次与小姐妹吃自助餐，都要捎带些东西回来，比如虾饺、蛋挞、白灼虾等。其手段之"闪"，不仅成功躲过目光如炬的服务员，甚至连一起大快朵颐的小姐妹也莫知莫觉。这些油腻物拿回家，自己又不吃，也不喂狗——宠物有进口狗粮，搁冰箱里，三五天后扔掉。她家里有的是钱！但每遇吃自助餐，她还是照拿不误，她是从来不肯吃亏的呀。

必胜客曾经有一个游戏规则，配套供应的简餐中有一道色拉，这道色拉由客人自行去取。也就是说，一只巴掌大小的盆子，你随便装，只要装得下就是你的，但是每人只有一次机会。这道"智力测试题"大大挑逗了上海人的兴趣。你去看吧，那些穿着时尚的美眉是如何操作的，她们先是将黄瓜片挑出半片团团一圈排列在盆子边缘，这样就延展了盆子的直径，然后铺一层生菜，进一步扩大盆子的直径，再然后一层层叠加其他东西，五荤六腥一直堆成一座"峣峣者易折"的宝塔，一盆直抵人家两三盆。抖抖豁豁凯旋，同桌人鼓掌喝彩。上海美眉本事大吗？本事实在大，但是她没看到别人在冷笑在摇头。

吃多少取多少，不浪费，不贪婪，这是一个文明人在餐桌上必须坚守的底线。

如果做到以上四点，一个人吃相才有可能比较地文雅起来。

上海人很要面子，过去请客吃饭，在饭店里绝对是一道风景，照老一辈小说家的说法是，酒足饭饱后结账，大家一定会争得面红耳赤。最后，总有一人付账，那表情是悻悻然的，而没有付账的那几个人，在角落里偷笑，仿佛捡了个大便宜，那种生动的场景让人想象起来是会忍俊不禁的。这就是上海人，在表面上竭力要维护争当老大的腔调，但真的埋单后又有点患得患失。

现在好了，这样的场面很难看到了。首先是请客吃饭成了一件平常事，兜里的钱也多了，埋单不成问题。二是即便聚餐，那就实行AA制，谁也不欠谁的。这种付款方式使人际交往变得务实而坦荡，也维护了人的尊严。

我妈妈跟我讲过一个故事。过去有一富翁，家里金山银山，唯一的遗憾就是老婆不会生。后来领养了一个小瘪三，给他穿新衣，住新房，教他吃大菜，还请了家庭教师教他讲英文、弹钢琴、跳交谊舞，一心想把他打造成堂堂皇皇的上海滩小开。这个假子在蜜糖罐里一天天泡大，看上去蛮"登样"啊。十八岁生日那天，富翁请了许多人来参加开派，将精心打造的高富帅隆重推出。假子满面春风，洋洋得意，跟人家千金小姐跳舞，还当众秀了一把钢琴。衣香鬓影，珠光宝气，香槟美酒，好不热闹！好了，宴会开始，主宾入座，音乐起，上冷菜，假子拿起象牙筷朝自己胸前一戳。嗯？这个不经意的动作被一位老太太捕捉到了，马上跟身边人说：这个小赤佬是叫花子出身。为什么？因为叫花子流浪街头讨饭吃，哪来桌子凳子，筷子有长短，只能在自己胸口上笃笃齐。

原来如此！一个不经意的动作就露出了马脚。

知道了吗，吃相很重要噢！

旧闻作家的美食情怀

　　杨忠明自诩"旧闻作家"，这是有资本的。茶余饭后，会议间隙，三五知已扎堆聊天，他可以眉飞色舞地把十里洋场的掌故佚闻说得惊心动魄，高潮迭起。他善写文饭小品一路的文章，删繁就简，标新立异，生动有趣，别有深意，文章一经刊布，朋友微信群就马上转发。

　　早在上世纪70年代初，世道还不太平，受过种种屈辱与磨难的文化老人一个个好比入冬后缩在墙洞里的蟋蟀，蛰伏不出，更不敢振翅作鸣，杨忠明却不避嫌疑，经常叩访陆澹安、郑逸梅、钱君匋、陈左高、朱大可、叶露渊、魏绍昌、苏局仙等老前辈，嘘寒问暖，解忧消愁，或在他们中间跑跑腿，递个消息，充当耳目，这对"遗老遗少"们而言是何等的抚慰啊！同时，忠明得便聆听他们畅谈旧上海的奇闻轶事，感受他们的儒雅与睿智。历史大变革中文化老人的精神世界、井底波澜，他也能体察一二。老人不经意中的回首一瞥，他也深深镌刻于心。

　　杨忠明善治印，他从陈巨来安持精舍得窥篆刻门径，近年来还创作了不少佛像印和肖像印。肖像印现在似乎少有人染指，而忠明兄倚马可待，往往在喝茶时一口承诺，次日一早，鲜红的印蜕就晒在微信上了。他的印钮刻得尤其精妙，这个本事是向陆明良学的，还参以汉晋石刻，无论避邪还是螭首，都能刻得栩栩如生，凛凛威风，虽不足方寸而聚集风云，呈现盛世气象。刘旦宅曾为他题了"二杨并举"的匾额，等于把他与康熙年间的寿山石雕艺人杨玉璇并列。

杨忠明还善画，花鸟鱼虫深得程十发先生笔墨神韵。他还从陈老莲一路的白描及民间年画中汲取营养，创作了一系列老上海风情画，如弄堂游戏、风味美食、市井风情、老街剪影、老茶馆、老饭店等世相百态，或刻在印石上，或刻在紫砂壶上，可玩又可传。

我被大家视作美食家，这是一种鼓励，其实忠明兄吃过的盐比我吃过的米还多，那么他写的美食文章也是大有可观之处的。他写美食，不是得意于吃到了鱼翅海参，而是感恩大自然的慷慨馈赠，铭记父母的哺育之恩，感喟许多存在于民风民俗中的民间小吃在今天的喧嚣中渐行渐远。我以为，这样的美食文章就超越了味觉体验的层面，而上升至文化观照的境界。

杨忠明写到上海人"吃食堂"，上海中年以上的人大都有这方面的经验。居民食堂一般开在弄堂里，由家庭妇女操持，这是特定时期为了解放生产力、用社会力量解决居民吃饭问题的举措。但吃过食堂的人，或受制于计划经济的市场状况，或受制于自身的经济能力，均能品味出丝丝缕缕的甜酸苦辣。"有一天中午我从食堂买了两只光馒头拿在手里，走到重庆北路上，突然从对面四楼屋顶上飞下一只麻雀，对着我手里的白馒头直冲下来就毫不客气地用嘴啄来吃。我一看，哈哈，从来也没有过的奇怪事，野生麻雀竟然不怕人。我让它吃个饱，它站在我手上不想离开。同学看见说，这个麻雀是你养熟的吧？那麻雀好像听得懂人话，又吃了几口馒头，翅膀一振，连叫几声，仿佛是感谢的鸣声，呼的一下飞走啦。后来我明白，这只饥饿到极底的麻雀，不顾一切地抢人的食品吃，即所谓'鸟为食亡'，今天我看到了这一幕！"

这能简单地视作美食文章吗？这是令人哭笑不得的"苦食文章"！

上海人嗜吃大闸蟹，每年金风送爽菊黄时节，谈吃蟹的文章连篇累牍，热灶头炒冷饭，但杨忠明却写出另一番滋味："上世纪70年代末，我去沪上刻印大家陈巨来先生家，只见他老人家正在方桌上拆蟹粉。巨老说：杨忠明，图章刻到一半，有人送来两串太湖大闸蟹，你知道吗，苏州太湖蟹要比昆山阳澄湖里的蟹味道更鲜，阳澄湖里的蟹都是从太湖里爬过去的！我拆蟹粉的水平一等一流，我把刻元朱文的功夫用在拆蟹粉上，今朝蟹粉拆得我手要断脱，人要昏过去了！小蟹脚里一点点蟹肉我都把它剔出来。有人拆蟹粉，小脚都丢掉，其实，小脚里的蟹肉最鲜，这是秘密，别人是不知道的！还有，拆蟹粉绝不能用死蟹拆，否则叫'叫花子吃死蟹'。吃了死蟹，人就死蟹一只，图章就刻不动了……"

　　苦中作乐而不乏自嘲精神，就是陈巨来等文化老人彼时的集体心态。

　　杨忠明在《食牛肉旧闻》一文中写了一则故事："'文革'时，我父亲是旧上海过来的知识分子，当然也受到冲击，平时喜欢浓油赤酱的他关进'牛棚'，萝卜干饭吃了心里发慌发潮，偶尔放回家一天，知识分子耍点小聪明，到菜场买来生的牛骨髓，放在锅里熬成牛骨髓油，把饼干放进锅里开小火煎，等饼干吸足了牛骨髓油捞起晾干，饼干下面再偷偷地藏一些牛肉干，进'牛棚'要'安检'，戴红袖章的人一看是充饥的饼干，把手一挥，放行。那年头身为'牛鬼蛇神'的我父亲在'牛棚'里偷偷地享用牛骨髓、牛肉干美食，别有情趣。"

　　知识分子的小聪明和环境的险恶形成了强烈反差，读之令人发笑，笑后又有苦涩的回味，这里的所谓"别有情趣"，也千万不能误读噢！

　　杨忠明写到一些正在离我们远去的风味，心怀惆怅，恋恋不舍，在《渐行渐远的风味》一文中，他勾沉了"花露"等物。"'花露'可以解暑渴，增酒味，制糕点，入药方。上海人对此恐怕很陌生，我听郑逸梅先生说：'苏州有花露茶，味香极，为文人雅士所好。'所谓花露茶，就是把鲜花放在茶叶中，让茶叶汲取花中的精气，或用花提取的液汁来点茶。老上海人喜欢在夏日饮用'金银花露'清热祛暑无上妙品。沈复《浮生六记》记：'夏月荷花初开时，晚含而晓放。芸用小纱囊撮茶叶少许，置花心。明早取出，烹天泉水泡之，香韵尤绝。'这是多么雅逸的文人闲趣啊！花露食之可以养颜延年。冒辟疆《影梅庵忆语》记董小宛擅制花露时称：'酿饴为露，和以盐梅，凡有色香花蕊，皆于初放时采渍之，经年香味颜色不变，红鲜如摘，而花汁融液露中，入口喷鼻，奇香异艳。'"

我不知道"顶山栗"为何物，忠明兄能细说其详："曾听祖父说，常熟顶山栗，产顶山寺附近，栗比一般小，香味胜绝，又名麝香囊，原来在虞山北麓一带栗树混栽于桂花树之间，每年中秋，桂花盛开，香催栗熟，栗染桂馨，故有桂花板栗之名。生吃脆嫩，熟吃糯软，香溢满口，听说产量极少，旧时乡人仅得数十百枚，则以彩囊贮之，以相馈遗。常熟顶山栗是栗中罕见珍品。"从内容到述事风格，杨忠明都不愧为"郑逸梅第二"啊。

花露与顶山栗在繁荣繁华的商业街市已经销声匿迹许久，于是读者与作者一起怀想彼时的岁月，一起惆怅一番。至于《记儿时几种美食》中提到的咸橄榄、金丝蜜枣、枣泥糕、鱼皮花生、盐渍梅子等，我或者见过或者吃过，读到此时不由得舌底生津、心驰神往了。尤其是伊拉克蜜枣，在困难时期绝对是疗饥解馋的恩物，可谁知道它们带进了多少肝炎病毒啊！

杨忠明写美食文章，也是有实践经验作支撑的。他常常将一些不易采购的食材相赠与我，比如做红菜汤的红菜头，一般菜场不可能供应，他从曹杨菜场买来送我，我以此复制了旧上海霞飞路上俄菜馆里的正宗红菜汤。还有与上海暌违数十年的胡葱，也让我怀了一把旧。他在《胡葱往事》里写道："胡葱最宜冬天吃，可以加白虾烧豆腐，要用猪油烧，要趁烫吃，极香、鲜、甜。胡葱炒豆腐干加肉丝也是一款佳肴。我听常州朋友说，从前在江苏常州、武进一带，当地百姓有冬至家宴上'胡葱煮豆腐'这道菜的习俗。谚云：'若要富，隔夜要吃胡葱笃豆腐。'上世纪60年代我外婆用胡葱烧河鲫鱼塞肉真是好吃，常常是鱼还没有动筷，面上那些胡葱早就被吃光了。"

忠明兄送我的一大捆胡葱真好吃，只可惜做了几次菜还是没消耗殆尽，只好当作厨余处理，有负他的心意。现在他的《外婆卖条鱼来烧》和《上海什锦》两本书出版了，我希望对美食和掌故有兴趣的读者都去买来读一下，为生活增添一些乐趣。

从《造洋饭书》到米其林指南

　　王安忆早年有一个中篇小说，《本次列车终点》，写知青回沪后，在这个生于斯长于斯的大城市里重建生活的种种尴尬。有一个细节我难以忘怀：几个上海知青看到火车缓缓进站，就情不自禁跳起来：到家后就去红房子吃西餐！

　　吃西餐，似乎是"生活在上海"的一个象征。

　　北京、天津、广州、青岛、大连、宁波等城市都有西餐馆，但很少听说游客到那里专门要吃一顿西餐的。上世纪80年代，有不少外地文学杂志的编辑老师到上海组稿，会事先将吃西餐列入计划，我也陪几位老师去红房子体验过。有一年法国前总统萨科齐到上海访问，也专程去外滩十八号顶层的法国餐厅捧个场。

　　也许，西餐之于上海，是西方文化进入的开始，也是本土文化惊奇而趋新地接纳外来文化的成功案例。

　　我小时候看过一本连环画，说到鸦片战争后英国人到上海开银行、开洋行，找来中国厨师给他们做饭，中国厨师也学会了烤面包、磨咖啡。小刀会起义时，中国厨师与洋大人闹别扭，一气之下走人，"番妇"只得亲自下厨房，结果烤出来的面包像焦炭一样黑。

　　1909年，也就是宣统元年的时候，上海美国基督教会出版社出版了一本《造洋饭书》，这是基督教会为适应外国传教士和商人吃西餐的需要，或者培养家厨而编写的一本书，薄薄的一本小册子，阅读对象为中国人。我在孔网上买到了由中国商业出版社上世纪80年代重印的这本小册子，由此想象西餐登陆上海时的情景。书中的译名也相当搞笑，比如将"小苏打"译作"所达"，"咖啡"译作"磕肥"等等。但我认为最重要的是教中国人如何定期清扫厨房，如何将厨房用具摆放到位、使用方便，如何养成饮食卫生的习惯。由此，中国人见识了烤牛肉、烘牛舌、熏牛腰子、牛肉阿拉马、烤兔子、牛蹄冻、苹果排、英法排、劈格内朴定、花红咳思嗒、亚利米泼脯、油炸弗拉脱、姜松糕、西达糕、华盛顿糕、托纳炽等稀奇古怪的"番食"。

后来我了解到，面包比西餐更早进入中国。具体时间不可考，但有关史书透露：在明朝万历年间，意大利传教士利玛窦最先将面包的制作方法引入我国沿海城市。在上海，徐光启在"顺带便"引进西方风味方面立下了功劳，他在把意大利传教士郭居静等人引入上海时，就同时引进了西菜，当时叫作"番菜"。中国人一直自以为是世界中心，将别的国家都说成"番邦"。

1882年，上海开出第一家西菜馆，叫作"海天春番菜馆"，可能也是中国的第一家西餐馆。不过，新民晚报有一次在"海上珍档"专版中以西餐为题展开回忆，作者薛理勇先生考证上海第一家西餐馆应是亨白花园。他还写道："清人宜寰在1868年的日记（后汇编为《初使泰西记》出版）中记叙：'再至徐家汇，畅游外国花园（即亨白花园），吃香饼（香槟）酒，极沁心脾。'王锡麟1879年写的《北行日记》中也记叙：'乘马车游徐家汇，在黄浦之东（应作北——薛注），洋楼数间，花木缤纷，铺设精洁，外国酒馆也。有洋人携二洋妇在处宴娶。园丁不令入，云来饮外国酒者，始含笑入。入座，洋酒数十种，菜蔬十余味，别有风致。'"

薛理勇先生还考证出亨白花园就在华山路戏剧学院后门。一百多年过去，花园早就灰飞烟灭了。

薛老师是地方志专家，对吴地一带的民俗也相当熟稔，上述的"海天春"他也在文章中提及，并考证出是一个曾经在外轮上当厨师的广东人在福州路上开的，"它竟成了上海出现的第一家番菜馆"。薛老师用了"竟"字，看来是含有嘲讽之意的。但"第一家由中国人开创的西餐馆"或许是它的历史意义所在。我跟薛先生都不是那个时代的人，"引经据典"均为二手信息。

有一本书为我们留下了一些文字信息。这是葛元煦在光绪二年（1876）撰写的《沪游杂记》。作者在上海居住了十五年，对开埠后的大都市留心观察、客观记述。他的这本书涉及上海的行政机构、市政建设以及商肆货物、交通工具、地方物业等，被史学家认为史料价值颇高。我在书中翻到几则关于饮食方面的记述，虽然简略，却也为后人的想象留出了足够的空间。其中写到《外国酒店》："外国酒店多在法租界。礼拜六午后、礼拜日西人沽饮，名目贵贱不一。或洋银三枚一瓶，或洋银一枚三瓶。店中如波斯藏，陈设晶莹，洋妇当炉，仿佛文君嗣响，亦西人取乐之一端云。"紧接着还写到《外国菜馆》："外国菜馆为西人宴会之所，开设外虹口等处，抛球打牌皆可随意为之。大餐必集数人，先期预定，每人洋银三枚。便食随时，不拘人数，每人洋银一枚。酒价皆另给。大餐食品多取专味，以烧羊肉、各色点心为佳，华人间亦往食焉。"最后一句说明外国菜馆并非老外的会所或俱乐部，高等华人也可尝鼎一脔。

就在葛元煦《沪游杂记》出版后不久的上世纪初，上海先后出现了一品香、一家春、一江春、万年春、品芳楼、惠尔康、岭南楼、醉和春、同香楼、绮红楼、申园等二十几家西菜馆。这些番菜馆大都集中在福州路上。不过也有朋友认为，礼查饭店最早在1860年就有西餐供应了，他家应该是"魔都西餐第一家"。

到了第一次世界大战结束的1918年，上海又有卡尔登、孟海登、客利、南洋、中央、派利、远东、太平洋、亨生、美生、来兴等西餐馆开业，规模已经达到三十多家。

不过上海的西菜一开始就实施本土化的战略，与所在国的本味有很大的不同，为的是吸引高等华人的消费，专程跑来吃一顿西餐的外国人还是少数。当时不少上海人对西餐是抱有成见的："肴馔但从火上烤熟，牛羊鸡鸭非酸即腥膻"，所以，聪明的厨师将爆、炖、烩、焗、熏等中国烹饪方法引入西餐，但餐具及就餐方式还是延用西洋规矩，"仆欧"的名称也被食客记住。再后来，"吐司""色拉""咖啡"等词汇也流播民间，"吃大菜"成为有钱人家的时尚消费，华洋杂处的上海滩接纳并改良了漂洋过海的西餐。

包天笑在他的《钏影楼回忆录》中有一篇《儿童时代的上海》，是他对晚清年间上海的印象记，其中写道："这时以内地到上海来游玩的人，有两件事必须做到，是吃大菜和坐马车。"吴友如的《点石斋画报》中也有一幅题为"别饶风味"的画，画面中四五个盛妆女子在津津有味地吃大菜。

不过，上海人在实施西菜本土化战略的时候，情不自禁地嫁接了中国文化中的一些糟粕。大声喧哗倒在其次，更有甚者，在由本地人经营的西菜馆里居然可以抽大烟、叫妓局，与旧式酒楼并无二致。这种情景，在李伯元写的晚清官场小说《文明小史》中就有所披露。小说中写到姚老夫子走进一家位于三马路的番菜馆，"他上楼到楼梯口，问了一个西崽，才找到胡中立请客的四号房间。房里有席面，还有烟榻，躺在烟榻抽鸦片的，有老夫子式的人物，也有毡衣毡裤穿皮鞋剪短发的外国打扮的人物"。

还有一个故事，是前辈作家说与我的：黄炎培早年参加反清革命，遭到官府通缉，就跑到上海来办职业教育社，曾与商界中大人物颇多来往。有一天，黄炎培被朋友请到一家西菜馆里用餐，这家西菜馆就可以召妓侑饮的。黄炎培自己不叫局，但不能禁止朋友叫局。想不到召来的几个妓女中，有一个是黄炎培在城东女子学校教书时见过的学生，那场面颇为窘迫。后来黄炎培知道，这个学生还是上海当时花界鼎鼎大名的小四金刚之一的金小宝。

我叔父一家住在福州路上，小时候逢年过节随父母走亲戚，叔父家是必定要去的。有一次叔父引我到阳台上，指着马路对面的一座宝塔说："好白相吧？这里还有一座宝塔。这座宝塔原来是一个报馆。四马路在旧社会都是有钱人来白相的，西餐馆也很多！外国人和报馆里的记者在这里进进出出。附近还有许多戏馆，酒馆也不少，还有……"他突然意识到不对，及时刹住话头。

直到二十年后，我才听出他没有说出来的话，他指的是会乐里——少儿不宜。

福州路山东路口的这座塔在"文革"中被削去了飞檐翘角，就像公鸡被拔去了羽毛，改革开放后干脆拆了，平地起了一幢玻璃幕墙的商务楼。

上世纪二三十年代，在上海的日侨日渐增多，最多时在虹口一带集聚了十几万之众，横浜桥一带也被称为"小横滨"。日本人在上海除了经营日料店，还有东洋风格的西菜馆，比如滨屋酒家、宝亭、开明轩、黑头巾、昭和轩等。

十月革命后，白俄的没落贵族和忠于沙皇的旧军官、艺术家等纷纷出逃，有相当一部分从海参崴南下进入中国，上海成了他们的最后避难所。法租界当局接纳了他们，并让出淮海路重庆路至陕西路这一钻石地段让他们做生意。淮海路此时叫做霞飞路，是为着纪念法国一战时期的著名将军霞飞亲临上海而命名的。惊魂甫定后的白俄在霞飞路上开设了俄菜馆、咖啡馆以及糖果店、珠宝店、钟表店、面包房、照相馆、服装店、男子用品商店、药房、书店等，这当然算是比较好的情景。霞飞路因为白俄的聚集而很快繁华起来，上海市民也就叫这条马路为"罗宋大马路"，而白俄则称之为"东方的涅瓦大街""东方彼得堡"。

但是也有些白俄女人就只能在电影院里领位、在酒店里做招待，甚至从事色情业，男人中的落魄者则去修皮鞋、磨剪刀、拉黄包车、去富人家当门卫。

俄菜馆的厨师有不少是山东人，这些山东人，严格说起来是胶东人，早年闯关东而远赴海参崴、伯力、哈尔滨俄租界等俄侨集聚地，在那里学会了做俄式西菜，然后再跟着白俄难民来到上海。在上海，他们被业界称为"山东帮"。山东厨师根据上海人的口味特点对传统俄罗斯菜进行一些改良，比如红菜汤，减少红菜头的用量，而增加番茄酱，使之适应中国南方人的口味，也使罗宋大菜名声大振，有了与欧美菜抗衡的能力。至今，罗宋汤和罗宋面包还是上海人的最爱。

除了罗宋汤，俄菜馆里的基辅大肉丸子、煎鱼饼、炸猪排、西尼茨煎肉饼、菲力牛排、波尔希奇菜汤、奶油鸡丝汤等也颇具俄国风味。

霞飞路上的俄菜馆有客金俄菜馆、特卡琴科兄弟咖啡馆、文艺复兴、拜司饭店、DD'S、伏尔加、卡夫卡、茹科夫、克勒夫脱、东华俄菜馆、康司坦丁劳勃里、飞亚克、华盛顿西菜咖啡馆、亚洲西菜社、锡而克海俄菜馆、奥蒙餐厅、沪江俄菜馆等四十余家。档次最高、规模最大的要数坐落在思南路上的特卡琴科兄弟咖啡馆，这家咖啡馆不光有现磨现煮的咖啡，更有近乎宫廷规格的俄式大餐飨客。餐厅里挂着俄罗斯画家的原版油画，唱机里播放着柴可夫斯基、里姆斯基等俄罗斯著名音乐家的作品，露天阳台还营造成一个可喝咖啡、吃饭的大花园。

霞飞路上的文艺复兴是一家白俄经营的咖啡馆，久居上海的老一辈作家对此怀有特殊的情感。曹聚仁先生在《上海春秋》一书中就这样写道："文艺复兴中的人才真够多，随便哪一个晚上，你只须随便

王安石元日詩之一

山陰嘉華作

挑选几个，就可以将俄罗斯帝国的陆军参谋部改组一过了。这里有的是公爵亲王、大将上校。同时，你要在这里组织一个莫斯科歌舞团，也是一件极便当的事情，唱高音的，唱低音的，奏弦乐的，只要你叫得出名字，这里绝不会没有。而且你就是选走了一批，这里的人才还是济济得很呢。这些秃头赤脚的贵族，把他们的心神浸沉在过去的回忆中，来消磨这可怕的现在。圣彼得堡的大邸高车，华服盛饰，迅如雷电的革命，血和铁的争斗，与死为邻的逃窜，一切都化为乌有的结局，流浪的生涯，开展在每一个人的心眼前，引起他的无限的悲哀。"

罗宋大菜不仅满足中上层白俄的思乡怀人之情，也能满足底层白俄的疗饥之需，上海的老克勒和大学生也经常跑到霞飞路享用价廉物美的罗宋大餐。

于是在上世纪30年代，上海西餐馆的重心慢慢转移到霞飞路一带。除了前述的几家，在老上海心中留下美好印象的还有飞亚克、亚洲、茜顿、老大昌、宝大、华盛顿、复兴、蓝村、檀香山、起士林、东亚又一楼、晋隆西菜社、马尔斯、沙利文、爱凯地、德大、马尔赛、凯司令等。华懋饭店、汇中饭店、礼查饭店、国际饭店里也设有西餐部，主要以住店的外国客人为对象，许多外侨俱乐部和商会都设在著名大饭店里。

鲁迅定居上海后，偶尔也去西餐馆开开洋荤，他的日记中记载有荷兰西菜社、俄国饭店、皇宫西餐社、麦瑞饭店、乍孙诺夫店等，冰淇淋和冻奶酪也是他的最爱。

有关资料表明，到上世纪30年代，上海已有英、法、俄、美、意、德等西菜馆上百家，解放前夕达到高峰，约有近千家，这个数字后面一定有许多精彩故事。

在老上海的记忆中，西冷牛排、奶油忌士焗龙虾、红酒鸡、烤春鸡、奶油焗面、格朗麦年沙勿来、忌司焗鳜鱼、花旗鱼饼、罗尔腓力、芥末牛排、海立克猪排、烟鲳鱼、茄汁牛尾、维尔法西立刻汤纳、生吃鲜蚝、金必多浓汤、洋葱汤、乡下浓汤等，都是值得长久回味的，也是可以在第三代孙辈前夸耀一番的。

1949年山海一新，上海的西餐馆就处于"渐冻"状态了。吃西餐在历次政治运动中成为"冒险的旅程"，弄不好就被扣上一顶"追求资产阶级生活方式"的帽子，百口莫辩。所以能顽强保留下来的，真是幸运得很呐。比如红房子，开在陕西北路长乐路口，它的本名许多人并不知道：喜乐意。上世纪50年代末，刘少奇、邓小平、贺龙、陈毅等第一代无产阶级革命家也在此吃过西菜——据说吧。但可能也因此，它被当作一种可以为无产阶级服务的风味保留下来了。

到了70年代末，整个上海只剩下不到15家，除了红房子，还有天鹅阁、蓝村、德大、绿洲、蕾茜、宝大、来喜等，基本上集中在黄浦区、卢湾区和静安区，那也是出于政策照顾而存活下来的。

改革开放后，西餐馆的复活成了一种标志，所以也会有王安忆通过回沪知青的嘴巴表达一下西餐情结。三十年前我与女朋友第一次去红房子吃西餐，事先找来有关文章——这类文章在当时发行量极大的生活杂志中几乎每期都会刊登——恶补礼仪知识，回家作业做得非常认真，刀叉怎么拿，汤盆怎么拿，如何将黄油抹在面包上等等，这一套程序操练熟了，才敢推开这家老牌西餐馆的门。

结果在小试刀叉的时候，发现老外并不像中国顾客那样讲究，有人甚至将叉子对准一块牛排狠狠戳去，叉起来就往嘴里送。至于面包，那就更随意了。更发嗲的是在盆子朝天后，还有人伸长血红的舌苔猛舔盆子！那番吃相，放在我家早就被老妈骂得狗血淋头了。

上世纪90年代初，因为市政改造的原因，淮海中路襄阳公园旁边的天鹅阁不知所终，十多年后由民营老板以天鹅申阁的名号"借尸还魂"，正好迎合民众的怀旧心绪，赢得一片叫好。后来，凯司令因为电影《色·戒》而再次成为焦点，领受民众的注目礼。

我对德大西餐馆印象不错，比红房子安静，牛排处理得比较到位，乡下浓汤味道也正。多年前南京东路那家老店搬迁时，报纸上传出消息，不少市民恋恋不舍。我也是恋恋不舍中的一员，特地将太太的生日晚宴安排在那里。在走廊里看到德大的老照片，方知它的前身是一家专营鲜牛肉的小店，小小的一开间门面。

现在，上海人吃一顿西餐是很平常的事，各种档次的西餐馆像渐次开放的花朵，一家接一家地开出来，外滩、陆家嘴、古北、新天地、思南公馆，还有各大新开的商场里面，是老外与白领喜欢扎堆一试新味的地方，从菜品到环境装潢再到人均消费水平，可是一家盖过一家，每年米其林发布的榜单少不了给西餐馆加冕。

有一次我与太太在陆家嘴某家老外经营的爱尔兰风味餐馆去尝个新鲜，打开菜谱吓了一跳，从意大利蔬菜汤、美式炸薯条到摩洛哥羊肉螺旋面、墨西哥的烤春鸡、泰式咖喱饭等等，什么都有。蚕豆、春笋、山药等"中国特色"的食材也用得天衣无缝。贴上爱尔兰标签的菜肴只有都柏林金牌牛肉汉堡和爱尔兰烩牛肉，还有一道由厨师长推荐的特色菜——都柏林香辣蟹！我不知道它与上海二十年前风行一时的香辣蟹是不是表兄弟。

目前，上海至少有1500家西餐馆。这个统计数字有点模糊，也可能涵盖了洋快餐、洋简餐及半洋半中的餐厅，但我坚信不疑，为之欢欣鼓舞，为之垂涎三尺、食指大动。

上海是个开放包容、积极进取的国际化大都市，西餐馆的数量应该成为一个过硬的量化指标。

作为非物质文化遗产的美食

前不久，有关部门一口气推出了数百个非物质文化遗产，囊括了市民生活的每个角落，在吃的方面也没有遗漏，连小时候吃得眼睛发白的奉贤鼎丰乳腐也榜上有名，让我深感惊喜。小时候，我家附近就有一家造坊，有一年暑假期间，我与几个邻居野小子偷偷地溜进去看个究竟。很大的天井，罩着巨大的玻璃天棚，灰蒙蒙的光线打在十几口大缸的盖子上，两三个老师傅正在劳作，一股咸滋滋、酸溜溜而且湿漉漉的味道弥漫开来。原来红酱油、甜面酱以及早上过泡饭的什锦酱菜都是从这里出来的！一个老师傅掀开大缸的杉木盖，被我发现甜面酱的表面上"伱江浮尸"般地躺着一只死老鼠，差不多与酱瓜浑然一体了。正当我要发出一声尖叫时，老师傅抓起那只老鼠扔到一边，在我后脑勺上猛击一掌："不要大惊小怪，吃不死人的。"

现在，传统酿造技术成了非物质文化遗产。那个老师傅如果活到今天，可能就成为非遗项目传承人了，甚至挂牌成立工作室。

倒不是我对有关方面保护、传承非物质文化遗产有什么意见，事实上我是一直为之呼吁的，现在大家看看，我们随便吃吃的本帮菜、小绍兴白斩鸡、王宝和蟹宴、东泰祥生煎馒头、高桥松饼、崇明糕、颛桥桶蒸糕、金山吕巷白龙糕、枫泾丁蹄、真如羊肉、王家沙本帮点心、南翔小笼馒头、城隍庙五香豆、梨膏糖、杏花楼月饼、功德林素菜甚至凯司令奶油蛋糕等等，它们的制作技术都成了非遗项目，这可是大好事啊。今天,如果你在城隍庙九曲桥边排队买小笼馒头,再也不要怨气冲天了,因为你吃到的将是热气腾腾的老古董。

我不知道作为非物质文化遗产的美食是如何定义的,照我想来,城隍庙绿波廊的桂花拉糕、眉毛酥,朱家角的熏青豆、大肉粽、扎肉,金泽的赵家豆腐干……也可以入选。而且我还要问一句,这些非遗美食在进入名录后能否保持原有的风味呢?难说的。

首先,原料变了。比如做青团所用的艾草、做松花团的松花粉都比较难找了。有个糕团师傅告诉我,过去种植糯米时施的是农家肥,现在则施以化肥谋求高产,黏性就不如从前,有些糕团在冷却后风味大逊。养猪的农民也不再用泔脚,而用颗粒饲料了,猪肉的味道就不如从前。如果丁蹄和鲜肉粽的口味不如记忆中的鲜美,不要随便怀疑老师傅偷工减料。

《唐鲁孙谈吃》里记载:“无锡巨绅杨赞韶家,在无锡寻浪山下有一块水田,大概是土质关系,出产一种糯米,柔红泛紫,他们称之为‘血糯’,用松子、核桃、桂花,做出糯米糕来,那比苏州采芝斋紫阳观优质的红粉年糕要高出多少倍。第一不加任何颜料,柔光带红,呈现自然粉荔颜色;第二清隽松美,糯不粘牙。因为产量不多,每年春节只做一次,庙祭后分馈亲友,称之为‘粉荔迎年祭’。”现在寻遍苏州,也吃不到这种“清隽松美,糯不粘牙”的美食了。

其次,在激烈的市场竞争下,农耕社会的操作方法被机器操作所取代已是不可逆转的大趋势。手工擀皮子的馄饨再也吃不到了。过去包汤团用的是水磨粉,现在机器加工又快又轻松,你再叫老师傅手推石磨一圈圈转,他肯定甩手不干。过去焖烧丁蹄用的是农家大灶,烧油菜秆、棉花秆之类的硬柴,火焰长而能软绵绵地包住铁锅四周。烧足焐透,丁蹄才能卤香浓郁,酥而不烂。现在用煤气,火头短而急,铁锅受热不均匀,与古法烹制的境界相去甚远。

还听说包粽子也将实行机械化了，我不大相信，不过弄堂里大妈围坐一圈说说笑笑包粽子的风情已经化作一张老照片。几年前每至端午，在我家附近的江阴街上还能看到小饭店门口有几个大妈在包粽子，江阴街那片旧房推倒后，大妈不知去哪里了。

　　其三是风味小吃的生态发生了改变。过去风味小吃的生存与城市的经济、文化、娱乐等环境密不可分，在城市化进程中，上海产生了中国最早一批工人阶级，每天要准时上下班，路边的小吃可以满足他们的日常需要，同时出现了有闲阶层，他们也可以在茶馆、戏院、书场等场所吃到擂沙圆、伦教糕、鸽蛋圆子、五香豆等。现在传统茶馆为现代化的茶坊所取代，三五知己小酌的酒楼也被现代化的酒店所取代，传统书场和戏院所剩无几，而且在房产开发商的层层围伺下，无可奈何地进入"渐冻"状态。

　　还有一点，在市场竞争日趋激烈的情势中，有些非遗美食确实处在弱势地位，成本高，售价低，利润空间一再被压缩，品牌推广也难以实施。比如金山吕巷白龙糕、松江叶榭软糕等，在市区根本看不到，当地人也不一定找得到。再比如有150年历史的奉贤鼎丰玫瑰乳腐，曾经作为贡品进京，所以也叫进京乳腐，在市区的超市里不见它的影子，在最有人气的市食品一店也找不到，我最后在网上发现有，两瓶起售，30元也不到。我吃了感觉不错，到处推荐，有一次在饭局上，尔冬强的太太李琳受了我的"蛊惑"，马上下单，因为她知道中国的红曲中含有他汀类成分，可降血脂。过去在淮海中路有一家高桥食品店，高桥松饼是看家品种，后来这家店没有了，高桥松饼也湮没在滚滚红尘中。后来在高桥镇政府的关心支持下复活，我也采访过这个非遗项目的传承人，手工制作，产量很低，市区里看不到，好在现在也有网购了，一盒18只，只卖40元，每年中秋节前我就在微信群里替它吆喝，与其花时间排长队去买咸蛋黄肉松月饼，不如吃价廉物美的高桥松饼。

英雄點頭額,乘光呼媽女母

戊戌端陽

山陰嘉榮作

风味小吃还与叫卖声一起构成市井风情，现在都化为表演性质的歌谣了。前不久英国某文化机构评选上海最值得记取的十大声音，街头巷尾叫卖小吃的声音昂然入选，这也是对风味小吃文化内涵的肯定。

小吃在宽泛的层面上还属于非物质文化遗产，那么，活态的传承就是保存这份记忆的最佳形式。但这档事情不以你我的意志为转移了。

非物质文化遗产是农耕社会的产物，非遗美食也许与数字化管理和流水线生产有轻微的抵触，但历史的潮流滚滚向前，我们每个人都可以在保护非物质文化遗产的同时享受它，比如参与包粽子、包汤团、做重阳糕等手作，既可借机与家人欢聚一堂，打打闹闹，又能对手艺精神保持一分敬畏与尊重。手艺精神是属于形而上层面的，比食物本身提供的滋味更值得珍藏并传给下一代。

本帮菜是海派文化的产物

作为饮食文化大国，我大中国东西南北中，物产丰饶，气候宜人，名厨辈出，菜系林立，在大城市里吃饭，可选择的菜肴风味很多，比如京帮、广帮、川帮、扬帮……还有一个本帮。

为什么在上海形成的菜系叫"本帮"？难道在皇城根下形成的菜系叫"本帮"还不配吗？其实在民间话语中，所谓"本"者，可以是傲慢的自称，比如电视剧里的角色动不动就"本格格""本姑娘"；也可以是以自我为中心的叙述，"本帮"两字冠以菜系，估计就是站在自我的角度看世界。我，当然就是"本"了。

华洋杂处，经济繁荣，本帮菜是一个"迟来者"

1843年上海被列入五个对外通商口岸后，外国资本加速进入，民族工业开始觉醒，外来移民纷纷涌入上海充当企业与服务业的劳动力，特别是战乱的影响，上海不可避免地形成了华洋杂处的格局。经过半个多世纪的经营，上海成为举足轻重的大城市。交通便利，万商云集，实业兴盛，加之文人修学，承传文化有序，市民阶层受外来文化影响，喜逐风气之先，在消费领域出现了许多时髦花样，比如茶馆酒楼，比如戏院书场，比如跑马场，比如公共花园，再比如后来成为大热门的"中国的迪士尼"——大世界，争先恐后地占据了城市空间。

据统计，自1843年至1949年，上海的户籍人口中，80%来自全国各地，而又以浙江和广东两省移民为多。人口剧增，必然造成上海文化的多元，涵盖方言、礼仪、娱乐、建筑、饮食等各个方面。外来移民登陆上海，当务之急就是建立同乡会，后来还建起了公馆、公所等，这些民间机构为同乡寻找工作、排解矛盾、子女就学、看病就医、办理婚丧嫁娶之事发挥着重要作用。那么谈生意要喝酒，逛公园要喝酒，唱戏听曲要喝酒，交友授徒要喝酒，黑社会老大吃了讲茶后也是要啸聚而痛饮一番的，这样就带来了餐饮业的发展与繁荣，各帮菜馆随着各色人等的汇集应运而生。

不过我们也应该看到，早在鸦片战争之前，上海已经是"东南壮县"，福建、广东、安徽、浙江、江苏等省份的商人捷足先登，建立朋友圈，筑牢桥头堡。我们从当时豫园内的数十处会馆、公所就可以一窥究竟，当时撑握上海豆米、棉花、蓝布、油盐等经济命脉的往往就是这些"外来者"，比如组织、领导、参与"小刀会"起义的主体是福建人，他们的大本营就在点春堂和文庙。

上海开埠后，英国著名植物学家和旅行家罗伯特·福钧在一篇游记里写道："饭店、茶馆、糕饼店移步可见，他们小至挑着烧食担子，敲打着竹梆引人注意，身上所有家当还不值一个美元的穷人，大至充塞着成百个顾客的大酒楼和茶园。你只要花少量的钱，就能美美地吃到美美的饭菜，还能喝到茶。"这篇游记真实客观地反映了当时上海餐饮市场的情况。

但是我们要知道，这些令老外瞠目结舌的饭店、酒楼中，大多数是外帮菜。为人称道的是苏州馆子、金陵馆子、天津馆子、宁波馆子、福建馆子。本地人开的馆子也有，但很少，在当时的主流话语中还没有本帮菜的概念。

文史作家杨忠明向我提供了一份材料，这是一份清同治十一年（1872）上海人请客的菜单，透露了些许有关本地馆子的信息，其中有四拼盆、四干果、清炖鸭子、火腿黄芽菜、小碗鸽蛋、炸虾球、江瑶柱、红烧羊肉、海参、烩蝎蛾、鸡粥明骨、虾子冬笋等。这些菜品与今天我们能品尝到的本帮菜相差很大。

太平天国运动期间及后来的数年里，江南地区的城乡遭到极大破坏，大批外来人口涌入上海，给租界内的房地产业、餐饮业、娱乐业带来了很大的发展机会。据当时文人笔记记载，江苏馆子中有以太湖船菜为特色的浦五房，还有聚丰园、泰和馆，南京馆子则有新新楼、复新园，天津馆子有同兴楼、庆兴楼，这两家馆子是达官贵人宴请的首选。宁波馆子最早开出来的是益庆楼、鸿运楼等，"专以海错擅长，亦复别有风味，然属餍者少，等诸郜以下焉"。

这一时期，安徽人和广东人在上海的实力很强，他们开钱庄、典当行、木材行、茶叶行、百货行等，与这些经营活动相匹配，徽帮馆子和广东馆子也应运而生，日益兴旺。到19世纪90年代，上海的餐饮市场这只蛋糕已经由苏州馆子、南京馆子、宁波馆子、安徽馆子、广东馆子等切割。到辛亥革命爆发，上海公共租界的人口进一步暴增，许多富有者都将上海视作避难栖身之地。"自光复以后，伟人、政客、遗老，杂居斯土、饕餮之风，因而大盛。旧有之酒馆，殊不足餍若辈之食欲，于是闽馆、川馆，乃应运而兴。"

到了20世纪20年代，据1925年出版的《上海指南》记载，当时上海"酒馆种类有四川馆、福建馆、广东馆、京馆、南京馆、苏州馆、镇江扬州馆、徽州馆、宁波馆、教门馆之别"。可谓美馔杂陈，帮派林立。书中列举的各帮酒馆共有82家之多，而且大多集中在公共租界的南京路、九江路、三马路、四马路、河南路等核心地带，关于老城厢内饭店酒楼的情况语焉不详。而且请注意，编者居然没有提到本帮馆，这肯定不是选择性遗漏!

历史学家唐振常揭开了谜底:"上海饮食之可贵,首要一条,即在于帮派众多,菜系比较齐全,全国菜系之较著名者,昔日集中于上海。所谓本帮,在上海从创立到发展,是晚之又晚的事。"

从小饭摊到大酒楼,本帮馆子一路狂奔

读到这里读者朋友或许会问:老正兴、德兴馆、老人和、上海老饭店等不是明摆着的百年老店吗?

是的,这些本帮菜的老前辈那会儿已经在上海的地面上各据一方了。据记载,在1880年前后,老城厢内外差不多聚集了近百家以本地风味为特色的菜馆,比如人和馆、一家春、德兴馆、鸿运楼、荣春馆、泰和馆、老人和、老合记、同泰祥等。只是规模不大,菜品不多,生意差强人意,故而地位很低。这些小馆子的老板与厨师(老板、老板娘往往就是厨师)还在卧薪尝胆,他们脚踏实地,怀有理想,争取有朝一日出人头地,笑傲江湖。

我们可以在1919年出版的《老上海》一书中看到作者有这样的表述:"沪地饭店,则皆中下级社会果腹之地。"没错,本帮馆子出生低微,服务对象也多为下级社会。老上海至今还对弄堂口、马路边的饭摊头有深刻印象,一般就是夫妻老婆档,顶多再雇一两个伙计,供应的菜式有白斩鸡、卤肉、拌芹菜、金花菜、炒三鲜、虾米烧豆腐、红烧菜心、走油拆炖、青鱼头尾、青鱼秃肺、炒腰花、干切咸肉、咸肉黄豆汤、肉丝黄豆汤、炒肉百叶、草鱼粉皮等,有些菜是事先大锅煮,装盆叠在白木桌子上,顶多加个纱罩,客人看中便可取食,或请老板回锅上桌。价廉物美,量大味重,适合贩夫卒子果腹疗饥,游客、工人、商

店职员、小报记者、进城农民等也是稳定的消费对象。

比如老饭店，创建于1875年（清光绪元年），原址在旧校场路11号，是当时上海常见的夫妻老婆店，它只有单开间门面，前店堂后灶间，店堂里只能放三张八仙桌，还有一张靠墙放，所以实际上是两张半桌子。不过这家饭店虽小，起名倒蛮有腔调：荣顺菜馆。德兴馆，开馆于1883年（清光绪九年），原在十六铺，由一个名叫阿生的小商贩开创的，最初只供应咸肉豆腐汤、大血汤、炒百叶肉丝等家常菜。老正兴创设于1862年（清同治元年），创始人祝正本、蔡仁兴两人在慈淑大楼旁边的弄堂口摆一只小饭摊起步，经营咸肉豆腐、炒肉百叶、炒鱼粉皮等大众菜，很受码头工人、三轮车夫的欢迎，生意不错，积累了一点资本后，便在三马路上租下两开间门面，开了一家正儿八经的饭店，两个合伙人各自的姓名中各取一字，起名正兴馆。

再比如美味斋，是1926年一个名叫陈炳坤的淮安人开的，他先在福州路浙江路口一条弄堂口摆了一只小摊头，先卖水果，后来看到周边有不少人开饭店发达，就不卖水果了，改卖面筋百叶之类的上海小吃，不久他在原先的位置上摆了四张小桌子，开起菜馆来了，取名美味斋。美味斋已近百年，菜馆的浇头还是本帮风味，狮子头、辣酱、四喜肉、红烧脚爪、排骨等，都是老百姓的最爱，连北京、广东一带的食吃都知道。

关于本帮菜的由来及在上海的成长经历，据老一辈厨师的回忆来讲，本帮菜就是以川沙、高桥等郊区的农家菜为底本的，进入老城厢后经过一百多年，经由一代代厨师的不断改进和创新，并且从其他帮派的菜肴中吸收技法，最终形成一个具有江南风味特征的帮派。

海纳百川，兼容并包，方有本帮菜的今天

本帮菜刚刚从乡下跻身县城之初，还像一个面孔红通通、说话有点结巴的傻小子，他要在熙熙攘攘的城里头站稳脚跟，必须融入这个城市，了解市场经济那一套生意经，味道要对吃客的胃口。好在一路上他相当勤勉，又肯用心，又从别的帮派厨师手中偷学独门秘技，慢慢就形成气候，立起了一个令人刮目相视的山头。

早期的本帮菜以猪肉、河鲜、时令菜蔬为主要原料，以老城厢内外的商人、游客、小店员、工人等为服务对象。比较知名的菜品有白斩鸡、蒸三鲜、炒三鲜、咸肉百叶、肉丝黄豆汤、拆炖、走油肉、青鱼甩水、青鱼肚裆、汤卷、炒圈子、炒肚片、酱爆猪肝、扣三丝、韭菜炒百叶、清炒鳝糊、干切咸肉等，总体风味是浓油赤酱、咸淡适中、原汁原味、醇厚鲜美，农家菜的影子还是相当分明的。

上海与苏州、扬州、宁波等千年古城相比，历史较短，餐饮业本来就没有什么本钱，所以本帮菜的厨师必须知道"我从哪里来，我要到哪里去"，必须广采博取，海纳百川，从别的帮派菜品中吸取经验，从食材的拓展到烹饪技法的革新，再到厨房设备的改良，以及自来水、电、煤气的引进，都要步步跟进，与时俱进，方能提升自己的品质。这个过程，与上海工业化的进程是同步的。

在本帮菜的形成过程中，我们可以看到一些外帮菜的基因，或者说影子。

徽菜馆子在清末民初的上海一时风头无二，其中九华楼、同乐园、聚宾园、九华楼、善和馆、来元馆、醉白楼等都是大牌，特色菜有黄山炖鸽、无为熏鸭、炒腰虾、滑炒山鸡片、炒鳝背、葡萄鱼、清炖马蹄鳖、大血豆腐等。到上世纪30年代，集中在老城厢以及外围四马路、盆汤弄、八仙桥等处的徽菜馆有三十多家，比如民乐园、第一春、聚宝

园、大中国、大有利、大兴楼、大中南、海华楼、富贵楼、鼎新楼等。

大富贵酒楼创建于清光绪七年（1881），由邵运家等数位安徽老板众筹创建，在中华路肇州路（今复兴东路）转角处的"丹凤楼茶园"开业，最初名为"徽州丹凤楼"，一炮打响，成为当时在沪徽商的聚集场所，供应徽菜和点心。后来酒楼逐步扩大经营，并迁到老西门，以徽菜立身扬名。大富贵今天还在，正宗百年老店，二、三楼是散席和包房，正儿八经吃饭喝酒，楼下经营生煎馒头、馄饨、面筋百叶、各色浇头面等，熟菜和馒头糕点天天排队，此种盛况跟淮海中路的光明邨有得一拼。曹聚仁也在那时说过："独霸上海吃食业的，既不是北方馆子，也不是苏锡馆子，更不是四川馆子，而是徽州馆子。"

安徽菜有"三重"的特点：重油、重色、重火功，本帮菜的浓油赤酱就是从安徽菜来的。

苏州馆子与南京馆子代表着江苏菜的风味，大加利、大鸿运、正兴馆等都是业界翘楚。有人会问：老正兴不是本帮馆子吗？错，老正兴一开始定位于苏锡帮，以前也叫膳帮菜。当然这是一个误会，从学术上说，根本不存在膳帮菜的概念，菜系都以地方命名的，一个"膳"字又能说明所来何处呢？其实它是船帮菜的讹传。这个帮派的风味主要以太湖船菜为底子，进入上海进一步得到丰富。所以老正兴的厨师烹治河鲜别有一功，油爆虾、响油鳝糊、红烧头尾、红烧甩水、松鼠黄鱼、砂锅鱼头、汤卷（以青鱼内脏为食材）、咸肉烧豆腐、叫花鸡等都是拳头产品。

老正兴生意一好，一直被模仿，从未被超越，数十年间，在二马路、三马路一带开出上百家老正兴，"真正老正兴""兴聚老正兴""七二三老正兴""洽记老正兴""聚商老正兴""雪园老正兴"等，叫外来客人搞不清楚谁是真身。最早开出的那家老正兴只好在招牌上注明："起首老店，别无分出"。

安戏拔萝卜

山陰嘉蒸作

后来老正兴还是一家接一家开出来，据老一辈文化人回忆，上世纪30年代在报馆里谋差的记者、编辑每到饭点，常去老正兴吃饭，老正兴底楼是供应劳动阶级的，拉老虎榻车、踏三轮车、掮包子的挑夫贩卒都来这里吃饭，长板凳、八仙桌，任你脱了短裤将满是污垢的腿搁在长凳上，伙计也不会责斥。二楼才是雅座，专门招待职员、文化人等所谓长衫党。但设施一点也不讲究，所谓"浓油赤酱，赤膊台子"，就是市井风情。不过上海的文化人一般都不会端架子，他们愿意与老板、厨师交朋友，有时还会提一些建议，把有些菜品质量也提升上去了。

　　直到建国后的60年代初，有一次周总理来上海，在山东路上那家最最正宗的老正兴吃了一顿便饭，还特地问饭店经理：到底哪家老正兴是最早开业的。

　　一百年前在上海滩大行其道的还有广帮馆子和川帮馆子。广州历史上与西方国家贸易往来最早，早在康熙年间就有十三商行获准与西方做生意，这些商家在交际中需要接待洋人和北方客人（广州人将广州以北的都称为北方），所以餐饮业也是相当发达的，而且在烹饪中最早引进吸取西菜的食材和烹饪方法。

　　广帮馆子由广州菜、潮州菜和东江菜组成，也在同治年间来到上海，一开始聚集在虹口区北四川路一带，它们不仅动了上海餐饮市场的奶酪，还至少在三个方面改变了餐饮业的格调。首先将消夜的习惯带入上海，许多酒店都兼作消夜店，比如一品香、荣华楼、杏花楼、新雅、大三元、红杏楼、奇珍楼、品香居、燕华楼等。其次，以前上海的酒楼餐馆清一色的男伙计，长衫响堂是特色，而广东老板领风气之先，公开聘用女服务员，面目姣好，身材苗条，楚楚动人。三是改善就餐环境，店外悬挂名人题写的店招匾额，店内画栋雕梁，张挂字画，红木桌椅，铺设地毯。到20世纪初，有实力的广帮酒楼还竞相安装冷气设备，播放背景音乐，客人入店就餐，舒适怡情。当时洋行招待客人，一般都选择环境优美、气氛欧化的广帮酒楼。

川菜馆子在上海的出现始于清末，民国初年，川菜馆势力在上海渐强，究其原因，与革命党人汇聚于沪滨大有关系，像樊樊山、易实甫、沈子培、李梅庵诸人，都是川菜馆的粉丝。小有天、别有天、醉讴斋、式式轩等都是名重一时的川菜馆，后起之秀有都益处、陶乐春、美丽川菜馆、消闲别墅、大雅楼等。开始规模不大，但很快就俘获了食客的胃，加上文化界人士的宣传，不断做大做强。董竹君创建锦江小餐厅的传奇也证明了这个过程。

在外帮馆子"抢逼围"的形势之下，本帮馆子的厨师在夹缝中求生存，必须努力学习，励精图治。他们以市场为导向，根据吃客的需要调整或创新菜品，拉拢并形成稳定的客户群。比如三鲜汤和炒三鲜，还有酱爆猪肝、炒猪心、炒时件、大血豆腐、咸肉豆腐汤、肉丝黄豆汤等价廉物美的菜品，主要是供应下层体力劳动者的，那么高大上的馆子就不经营，让小饭店专营。

今天我们还能在经典本帮菜中看到外帮菜的影子，比如油爆虾、草头圈子、红烧肚裆、红烧划水、响油鳝糊、八宝辣酱、炒蟹黄油等菜品，它们的源头其实在苏锡帮、徽帮、川帮、广帮。

苏州烹饪协会会长、原苏州饮服公司总经理华永根先生有一次在与我谈及本帮菜中的红烧划水时说："此菜本属苏州，传到上海后吃的人多了，就成了本帮菜，上海的影响比苏州大，苏州硬不过上海啊。苏州评弹在苏锡常唱红不作数，一定要在上海这个大码头唱红，才算响档。本帮菜里有不少名菜都是从苏州传过去的！还有苏州糕团、苏州船点，上海人接过去后做得也不差，但厨师不承认它们的渊源在苏州是不对的。有些负责任的资料里提到一些像红烧圈子、清炒虾仁、炒蟹黄油、蜜汁火方、松鼠鳜鱼、红烧划水等菜品，还会说明源头有两个，分别是苏锡帮和本帮，而一般人以为本来就是本帮菜。"

据沪上美食家江礼旸先生考证，目前归在本帮菜名下的烟熏鲳鱼，最早是广帮菜。特别黄鱼羹本来是宁波菜，松仁鱼米、油酱毛蟹都是苏锡帮的看家菜，现在还在供应，青鱼秃肺明显受苏锡帮青鱼肺卷的影响。

八宝鸭在上海人的心目中是一道节庆大菜，在1887年重修的《沪淞杂记·酒馆》中早有明确记载，八宝鸭是上海苏帮菜馆的名菜，取鸭肉拆出骨架，塞入馅料蒸制而成。那么此菜是何以转换门庭的呢？

相传上世纪30年代，一个老顾客到城隍庙老饭店吃饭，酒足饭饱后对一位姓黄的厨师说，法国大马路（金陵东路）大鸿运有一只八宝鸡，卖相跟味道都不错，吃的人不少。老板听说后就派"细作"去买一只回来，拆开来仔细分析。哦，所谓"八宝"就是这么回事啊！鸡肚里塞满了莲子、火腿、开洋、冬菇、栗子、糯米等辅料，一吃，味道果然不错。于是老饭店的厨师也依样画葫芦做了几次，考虑到鸡肚的"世界"太小，就将老母鸡由拆骨改为带骨，改红烧为油炸后上笼蒸透，使主辅料相互渗透，鸡肉酥软，味道果然更胜一筹。后来老板想到八宝鸡的版权是苏帮馆子的，就将鸡改为鸭，别开生面。后来老饭店生意一好，大家都吃八宝鸭，大鸿运的八宝鸡反倒湮没了。呵呵，一个小小创意，造就了一道传世的本帮名菜！

本帮厨师不仅有学习借鉴，还有所创新。1937年淞沪会战历时三个月之久，后来中国军队南撤，市内公共租界和法租界沦为"孤岛"。其时，小东门外法租界洋行街（今阳朔路）一批经营海味的商号生意清淡，对外贸易中断，原来销往港澳及东南亚的一批大乌参积压仓库。此事被德兴馆的厨师杨和生获悉，便以低价采购了一批，然后在店里以本帮菜的原理进行试制，从选料、涨发到烹调，一次又一次试验，终于创制出虾子大乌参，一炮打响，不少社会名流尝后广为传播。

后来上海浦东人李伯荣来城里学生意，拜杨和生为师，成为名菜虾子大乌参的衣钵传人。李伯荣在建国后是上海老饭店的当家主厨，按现在的说法就是行政主厨，通过他与一班徒弟的精心研制，精益求精，使虾子大乌参的质量又上一个新的台阶。

海参有很多品种，老饭店采购大的乌绉参，色乌、肉厚、体大，每500克干品有五至六头。其次，每年7月间子虾上市时，他们专门选购蓝青色河虾，自行剥制虾子，烘干后置于冷库供全年备用。此河虾子有芳香味、鲜味足，是形成特色风味的重要因素。

海参本身并无鲜味，故而要将辅料的滋味烧进去，烹调一环就显得相当重要。老饭店的厨师先将干乌参置于炉火上烘焦外皮，用小刀刮净后放入清水中涨发十余小时，然后洗净用清水煮沸，反复三次，以期洗净消腥，肉质柔软，浸于清水待用。烹制时，先将备用的大乌参放入八成热的油锅中炸爆，使参体形成空隙，便于入味，然后捞出乌参滤油；再用猪大排、草鸡等原料加红酱油煮的红高汤卤作调料，配以河虾子以及黄酒白糖，在加盖的锅中煮10分钟后，加适量的水淀粉，勾芡再加入滚热葱油，盛于长圆形瓷盘中，色、香、味俱佳，再要加上一个烫字。

李伯荣大师曾跟我说过，以前烧大乌参，最后环节是用红烧肉的卤打开芡汁，现在以葱油增亮，这是为了适应现代人的饮食理念而进行的改良。

虾子大乌参以其营养丰富、糯软柔清的口感和鲜香浓醇的味道，令人百吃不厌，七十多年来成为本帮菜的招牌。如果在老饭店摆酒席，这道名菜非点不可，否则会被别人认为有怠慢客人的意思。

到了上世纪30年代后期，也就是所谓的"孤岛时期"，本帮馆子的菜肴品种多了，也能开出筵席了，"本帮"二字才为老饕们认可。

没有舍取，就没有经典

近百年来，本帮馆子的厨师通过实践，掌握并创造了炸、熘、爆、炒、炖、烩、蒸、烧、煎、贴、煮、熏、烤、炙、煸、扣、涮、烟、扒、泡、浸等数十种技艺，并不断吸收外帮菜的优点，拓展食材，推出一系列具有经典意义的看家菜，同时为新时代下的上海菜奠定了基础。今天在市场繁荣的大好局面下，本帮菜厨师还自觉负担起革故鼎新的任务，在传承的基础上，做优做精。主要有几个思路，一是降低用油，二是减少内脏的使用，三是精细刀工。

本帮菜中糟钵斗的名气也是响当当的。这是一道古董级的名菜，相传始创于清嘉庆年间，由本地著名厨师徐三创制。到清代光绪年间，老饭店和德兴馆等本帮饭店烹制的糟钵斗已经盛名沪上。现在为适应消费者的饮食习惯，老饭店的厨师精选了猪内脏，制作上更加精细。比如将香糟压榨成汁，加上好的黄酒和水调和成糟卤待用。内脏是分批投入锅内炖的，至内脏酥软后，加笋片、熟火腿、油豆腐等，再小火炖10分钟，兜头浇上一勺香糟卤，见滚即装深腹广口大碗上桌。还有些本帮馆子推出升级版糟钵斗，弃用猪内脏，食材改为家禽或纯素，更加符合健康饮食的理念。

不少本帮饭店推出红烧鮰鱼下巴，也是化腐朽为神奇的成功案例。老饭店在红烧之外还有鮰鱼狮子头和白汤鮰鱼，前者汤汁澄清，清鲜典雅，肥而不腻；后者汤色乳白浓郁，丰腴鲜美不输红烧。

本帮菜多以酒糟入肴，厨师还善治动物内脏，比如草头圈子、炒猪肝、酱爆腰花、糟钵斗等。草头圈子以猪直肠为食材，取其肥厚，洗净焯水，切段后下高温油锅，稍煸后加葱姜调料，转小火焖一小时以上，再改大火收汁勾薄芡，碧绿生青的生煸草头（苜蓿）打底，兜头盖上浓油赤酱的圈子，在热油吱吱冒泡声中上桌，筷子一夹，入口即化。当年发明蝴蝶牌牙粉的陈蝶仙（即鸳鸯蝴蝶派代表作家天虚我生）最嗜好这款风味，常去老饭店或弄堂饭摊品尝炒圈子，甚至每与朋友谈生意、谈出版也借炒圈子营造的家常氛围徐徐推动。如今有些本帮饭店将圈子改为冬笋块，同样以浓油赤酱"古法"烹饪，风韵犹存，也颇受欢迎。

精扣三丝这道菜是旧时上海农村婚庆上的大菜，有讨口彩的用意，鸡丝、火腿丝和笋丝纵向排列整齐后堆在碗中，意思是女儿嫁到男家后会财源茂盛，财物多得像金山银山一样。后来本帮馆子引进这道菜，精加工后刀工精细，口味淡雅，色泽悦目，故而大受欢迎。这是本帮馆子厨师对农家菜改造的成功案例。

扣三丝看似简单，其实是一道很难操作的刀工菜，火腿、冬笋、熟鸡脯全部切丝，每块横批26刀，竖切72刀，一共1872根，一根不少，每根切得像火柴杆那般细。切成后的三丝塞入杯内，不能断、不能扭曲，上笼蒸透，再往透明的玻璃盆里一扣脱模，一座色泽分明的三丝宝塔矗立在盆子中央，浇上清汤，再飘两三叶豆苗嫩芽，先不吃，已经把人看呆了。

海纳百川，兼容并包，打造经典，追求卓越。所谓经典，应该包括两层含义，一是继承传统不走样，二是创新发展不离谱。本帮菜的形成与发展，应证了这个道理，体现了海派文化的特质，所以说本帮菜是海派文化的产物。

本帮菜应有博物馆

上周与朋友一起去杭州探访龙井村。对于平民茶客而言，这几年的形势比较有利，三公消费得到遏止，明前狮峰茶的价格降了三成，那么找到可靠的茶商，也许可以买到价格适中、质量保证的狮峰龙井了。

在龙井村一家农户的客堂里坐定，主人用一早从虎跑挑来的泉水给我们泡了今年的雨前，所谓的"西湖双绝"水质甘醇，茶香馥郁，果然超凡脱俗。每人买了半斤新茶，再去钱塘江边的江洋畈原生态公园参观。这是一个高台湿地，是亿万年前江海退去后形成的滩涂。江洋畈的得名也有1500年之久，而作为新开发的旅游胜地，还是近几年的节目，这里最大限度地保留了原始生态，不收门票。莺飞草长，杂花生树，是值得游客到访并大口吸氧的。

从江洋畈出来，顿觉神清气爽，一拐弯就到了杭帮菜博物馆。这个博物馆在2008年建成，青砖墙，黛瓦顶，体现了江南建筑的秀雅神韵，与周边的生态环境相生相融。展馆建筑面积超过12000平方米，上下两层，馆内设十个展区，以二十个历史事件串成线索，梳理了上溯至良渚文化，下至明清两朝等不同历史阶段，杭帮菜传承和发展的肌理脉络，当然还有建国后，特别是改革开放以来杭帮菜令人瞩目的新格局。

杭帮菜，在业内被目为小帮菜，与绍兴、宁波、台州、舟山等地方风味归于一类，属于旁门左道，锦上添花。但在改革开放后，餐饮市场日新月异，百舸争流，价廉物美的杭帮菜深受群众欢迎，拉动内需功不可没，对本帮菜也形成了有力挑战，那么这个博物馆将向观众呈现何种风采呢？

走马看花的匆匆脚步，打破了馆内的宁静，以肤浅的饮食文化知识与经验为依托，我欣喜地欣赏了从远古时期到近现代的炊具与餐具，还有超出我们想象的各时期的食物模型。丰富的图片与文字、惟妙惟肖的食物模型与人物蜡像都在努力复原历史现场，它们有力地说明了长江流域河姆渡的先民，已经掌握了相当发达的烹饪技术——而这，也是杭帮菜的历史底蕴与文化基础吧——然后通过秦汉及隋唐的逐级发展实现多次转型。比如京杭大运河的开凿，使杭州在隋唐时期形成南北交流而繁华的第一个高峰。宋室南渡后，杭州作为一个注重享乐型消费的都城，接受了以北方贵族为主体的官僚阶层和文人的生活风尚，顺应了南料北烹的历史趋势，促使当地餐饮业以开放的姿态兼容各个流派的理念与技术，形成了今天杭帮菜的底本。

及至明清两朝，经过文人与厨师的整理与推动，使杭帮菜获得极大的滋润与刺激，最终独树一帜。这一时期的菜点面貌缤纷多姿，无论在选材、调味还是烹饪及食俗方面，都形成了对内民间与官府相互呼应、比对、借鉴，对外则广泛吸纳外省风味为我所用的和谐状态。而在诸如西湖醋鱼、东坡肉、炸响铃、龙井虾仁、宋嫂鱼羹、叫化童鸡、八宝豆腐、清汤鱼圆、砂锅鱼头豆腐、糟烩鞭笋、板栗烧肉、油焖春笋、杭三鲜、盐件儿、葱包桧儿、油墩儿、定胜糕等名菜名点中，我们也可以看到历史事件的影响和文化名人的醉吟。

作为一个策展理念和整体设计都相当现代化的展馆，在互动性上也留下了足够的空间。在室内辟有观众体验区——老百姓大厨房，用于烹饪表演与名师示范，市民游客也可以参与菜点制作，并摆开擂台与对手PK。展馆外也辟有观众体验区，逢年过节可以参与打年糕、包粽子、做月饼、磨豆浆等活动。彼时的热闹场面，是可以想象的。

欣喜过后，我不免有点惆怅。前不久上海市文广局提供的数据显示，全市共有博物馆、纪念馆和陈列馆125座，比"十一五"增加了11座。以上海常住人口计，每20万人拥有一座，高于全国平均水平。

但是上海还没有一座本帮菜博物馆。

为本帮菜建一座博物馆有必要吗？这要看你站在哪个角度来认识。

本帮菜的历史不长，却是上海城市精神的完美体现。本帮菜的形成得益于安徽菜、江苏菜、广东菜的影响与融合，经过一代代厨师的努力，完成了规范化、商业化、现代化，它体现了上海人的智慧，是海纳百川、兼容并包的结晶。今天，本帮菜在全国甚至全世界的影响越来越大，一座城市如果没有本帮饭店，几乎不能有力证明它的繁荣与开放。前几年我听说某区准备建一个本帮菜博物馆，计划投资三个亿，建馆的地方也寻好了，但不久一把手荣升，这项计划就无限期地搁置下来。黄浦区是中央商务区，从历史上看，本帮菜的大本营就在黄浦区（也就是以前南市区老城厢的那部分），我也多次向有关领导提过建议，但黄浦区的领导调任更加频繁，或者"首善之区"要抓的事情实在太多，饮食文化这种"吃吃喝喝档次不高的事情"，根本无暇顾及。大世界开放前，我曾想象它应该拿出一个场馆来讲述这个故事，可惜……没有。

据上海文广局的预计，到2020年上海将基本形成以国有博物馆为主体、非国有博物馆为补充的博物馆体系，而且将达到每16万人拥有一座博物馆的水平。如果那时上海还没有一座本帮菜博物馆，吃货们将会何等的失望啊。上周我与一帮餐饮界老法师茶叙，他们也异常激动地希望此议题引起政府的关注，鼓动我写文章呼吁。去年我去苏州所辖的盛泽镇游访，在那里意外地看到了一座农家菜博物馆，以太湖流域为叙事范围，有图有真相，还有一系列衍生产品。不是说大上海要有温度吗，那么本帮菜里就有满满的温度呀！

跋

　　《上海老味道》是2007年由上海文化出版社出版的，问世后就收到积极反响，给了我莫大的鼓舞。对上海的读者，包括新上海人，还有已在外省学习、工作、生活的上海籍读者来说，这本书里讲到的风味美食以及它所承载的故事，可能会激起他们对过往生活的回忆，对上海这座城市的历史以及人文生态也有了更加感性的认识，值得倍加珍惜，倍加怀念。这是我根据读者反馈做出的判断，倒也并非王婆卖瓜。是成千上万的读者与我一起完成了这本书，在此我要真诚地说声谢谢！

　　《上海老味道》并不是我的第一本美食随笔集，却是最受读者欢迎的一本，经过两次修订，至今已出了第三版。坦白说，我无意成为一个美食家，更希望心无旁骛地做一个小说家。

　　小说创作是极其辛苦的劳作，同时也是让人思绪飞扬、感情深刻沉浸的体验与创造，我非常享受这样的过程。美食文章的写作并不需要死去活来的折腾，具备一定的专业知识，有美食体验和相当的积累，交几个厨师朋友，三观正确，始终与广大人民群众站在一起，就可以纵情走笔。对一个具有小说创作经历的人来说，可以将此视作一种心灵的休息。

不过后来的情势由不得我了，上海的旅游业和餐饮业大踏步地走向繁荣繁华，打造国际化大都市的美好前景也需要刺激消费，拉动内需，助推经济总量稳定持续的增长。而餐饮这一块，作为现代服务业的重要内容得到了前所未有的重视。于是不少报刊编辑请我开专栏写美食文章，外省、外国的报刊也来约稿。情面难却，加上本人兴趣未消，于是，春风十里山阴道，踏花归来马蹄香。每月要按时按量完成好几篇稿子，使命必达，不敢懈怠。除了《上海老味道》，后来又有好几本美食随笔集相继推出，在实体书店、当当网上销得都还不错。而在每年的上海书展，《上海老味道》都会在上海文化出版社的展位上与读者重逢，如果我在现场签售别的新书，有心的读者也会拿着这本书找到我要求签名。这一刻，我的手是颤抖着的。

苏东坡《初到黄州》诗云："自笑平生为口忙，老来事业转荒唐。长江绕郭知鱼美，好竹连山觉笋香。逐客不妨员外置，诗人例作水曹郎。只惭无补丝毫事，尚费官家压酒囊。"读到这首诗后我凝噎良久，东坡先生不仅自我排解，也是为后人开脱，足可安慰的是，我现在拿的是养老金，倒也不费官家压酒囊了。

现在，《上海老味道续集》要出版了。这是编辑与我的同谋，也是读者的鞭策与要求。一个地方的老味道，总有说不完的故事，它不仅与传说、食物、风土、习俗、秘方、手艺、时间、作坊主、老师傅、老板娘等等有关，更与地域历史、人文积淀有关，与我们的家庭有关，与个人的成长史有关。所以我们在品味老味道的同时，也在回望朦胧的童年，怀念流逝的岁月，甚至凭吊正在化为黑白影像的城市、街区、弄堂、老虎天窗、灶披间……还有春潮起伏般的市声。

续集延续了前一本的叙事基调。风味，依然是老旧的、朴素的、实在的，留下清晰的手工痕迹，甜蜜的烟火气在慢慢弥散，被我从记忆的角落里牵引出来，有些则是近年来在市场上复活的、属于舌尖上的老古董。人，也包括上海弄堂里的大叔大妈、邻家小妹、小赤佬、老吃客，开私房菜馆的阿姨，笑傲江湖的食神，摆小吃摊的新上海人。在文化精神与审美倾向上，我也努力向前看齐。

我不追求包罗万象，只写自己亲身的经验、有趣的所见所闻，表达草根阶层民众的普遍情感，努力展现上海人的集体性格与城市风骨。

现在有越来越多的人写起了美食文章，在社交平台上发布，动作迅速，粉丝多多，一不小心就成了大V。当然，也有不少文章写得相当草率、肤浅、夸张，不懂装懂，自以为是，还有人理直气壮地抄袭、肢解人家的文章，这居然叫"洗稿"。几年前我开了个公众微信号"老有上海味道"，谈历史，谈美食，谈艺术，还有过往的岁月，不料屡遭侵权。经常有朋友将网上的美食文章转发给我"学习学习"，一看哭笑不得，我的姓名被抹去了，或者署了个莫名其妙的昵称，他收获的点赞和打赏倒是不少。所以今天出版这本书也有点"立此存照"的意思。

谢谢上海文化出版社的罗英老师催生了《上海老味道续集》，谢谢本书的责任编辑黄慧鸣、张悦阳和美术编辑王伟等几位老师，谢谢广大读者！

《上海老味道》初版时，我请海上名家戴敦邦先生配了插图。戴先生对上海市井生活十分熟悉，旧时风味小吃的生态与从业人员的形象也了然于胸，他的作品为拙作增色不少，也可弥补文字的不足，又是诱导读者回望人间烟火的极妙媒介。这次《上海老味道续集》若请戴先生配插图，当然是不二人选，但我知道戴先生每天在画室里忙活，冠状病毒大肆淫威的那段日子，大家宅家避祸，他也没放下手中的画笔。走笔至此忍不住剧透一下：戴老正在用中国画的形式演绎马克思的《资本论》，第一批作品已于去年捐给了交通大学博物馆，所以我就不好意思麻烦他了。

那么我就请三哥沈嘉荣出马。他以工业设计和儿童画创作有名于世，作品多次入选全国美展和联合国亚太地区插图展，曾获全国图书奖和山东省美术一等奖。三哥在上海轻工业专科学校毕业后分配到青岛，学非所用，用非专长，锅炉的熊熊烈焰又使他的眼睛深受伤害。回归专业也太晚，白白蹉跎了二十余年！不过重拾画笔后，三哥无可争议地印证了一句西谚：是金子总是会发光的！

在我的成长之路上，三哥深刻地影响我了的艺术审美。2017年春天他与我在朵云轩办过一个兄弟画展，这是我第一次参加正儿八经的画展，如果没有他的提携，我断不敢在"中华第一街"的百年老店打酱油。那一年上海书店出版社出版了我的《吃剩有语》，请他配几幅插图，此次再请他为《上海老味道续集》配插图，数量较多，针对性强，更加耐人寻味。从类型上看是儿童画，纳入中国画的系统来说则属于婴戏图，在美术史上是一个饶有情趣而不可小觑的画种。

我请二哥沈贻伟为本书写序言。他是我文学创作的引路人，他的创作以小说和影视剧为主，与谢晋、谢衍父子也合作过，《女儿红》《信访办主任》《梦寻》《有家》《快乐世界》《大明天子》等作品得过华表奖最佳编剧奖、捷克维·发利国际电影节大奖、浙江省鲁迅文化艺术奖和五个一工程奖。上世纪60年代二哥去新疆生产建设兵团，后在新疆大学读研，按政策回祖籍浙江绍兴当教师，后调到杭州，在浙江传媒大学任教一直到退休，春风杨柳，桃李芬芳。他们这一代知青与黑龙江知青相比，吃的苦更多，但理想主义色彩从未褪色，二哥尤其用力过猛，从此落下痼疾，退休后越发严重，现在只能在轮椅上怀想峥嵘，神驰江山了。

我们沈家并非王谢之类的名门望族，但仿佛也得到曲水流觞的惠泽，出了两个作家一个画家，没有辱没先祖。

"山川异域，风月同天"，这句唐诗近来成了流行语，用在我们三兄弟身上也正好。我们分别定居杭州、青岛、上海，"关山万里明月夜，偏照诗人自白头"，不能长相见，唯有长相思。此次二哥三哥为我执笔点睛，让我深感于血浓于水的骨肉情谊之外，还有点小小得意——兄弟三人在一本书里留下雪泥鸿爪，也算天涯共此时的纸上雅聚吧。

庚子早春二月

图书在版编目（CIP）数据

上海老味道续集 / 沈嘉禄著. -- 上海：上海文化
出版社, 2020.6（2023.2 重印）
ISBN 978-7-5535-1934-0

Ⅰ.①上… Ⅱ.①沈… Ⅲ.①饮食 - 文化 - 上海
Ⅳ.①TS971.202.51

中国版本图书馆CIP数据核字(2020)第059839号

出 版 人　姜逸青
封面题签　沈嘉荣
责任编辑　黄慧鸣　张悦阳
装帧设计　王　伟

书　　　名　上海老味道续集
作　　　者　沈嘉禄
绘　　　者　沈嘉荣
出　　　版　上海世纪出版集团　上海文化出版社
地　　　址　上海市绍兴路7号　200020
发　　　行　上海文艺出版社发行中心
　　　　　　上海市绍兴路 50 号　200020　www.ewen.co
印　　　刷　苏州市越洋印刷有限公司
开　　　本　710×1000 1/16
印　　　张　28
版　　　次　2020年6月第一版　2023年2月第三次印刷
书　　　号　ISBN 978-7-5535-1934-0/I.759
定　　　价　58.00元

敬告读者　本书如有质量问题请联系印刷厂质量科
电　　　话　0512-68180628